冶金工业出版社

普通高等教育“十四五”规划教材

矿业工程项目管理

主　编　易　璐
副主编　顾东明　刘志刚

北　京
冶　金　工　业　出　版　社
2023

内容提要

本书按照高等院校人才培养目标以及专业教学改革的需要，以国家现行建设工程标准规范、规程为依据编写而成。全书共九章，主要内容包括矿业工程项目管理概论、矿业工程施工技术、矿业工程项目组织管理、矿业工程项目进度管理、矿业工程项目质量管理、矿业工程项目费用管理、矿业工程项目安全与环境管理、矿业工程项目风险管理、矿业工程项目招投标与合同管理，每章后均附有复习思考题。

本书可作为高等院校矿业工程、工程管理等专业的教材，也可供相关专业的管理人员和研究人员参考。

图书在版编目(CIP)数据

矿业工程项目管理/易璐主编. —北京：冶金工业出版社，2023.8
普通高等教育“十四五”规划教材
ISBN 978-7-5024-9571-8

Ⅰ.①矿… Ⅱ.①易… Ⅲ.①矿业工程—工程管理—高等学校—教材 Ⅳ.①TD

中国国家版本馆 CIP 数据核字（2023）第 136890 号

矿业工程项目管理

出版发行	冶金工业出版社	**电　　话**	(010)64027926
地　　址	北京市东城区嵩祝院北巷 39 号	**邮　　编**	100009
网　　址	www.mip1953.com	**电子信箱**	service@mip1953.com

责任编辑 郭冬艳 美术编辑 吕欣童 版式设计 郑小利
责任校对 范天娇 责任印制 窦 唯
北京捷迅佳彩印刷有限公司印刷
2023 年 8 月第 1 版，2023 年 8 月第 1 次印刷
787mm×1092mm 1/16；13.75 印张；329 千字；208 页
定价 59.00 元

投稿电话 (010)64027932 投稿信箱 tougao@cnmip.com.cn
营销中心电话 (010)64044283
冶金工业出版社天猫旗舰店 yjgycbs.tmall.com
(本书如有印装质量问题，本社营销中心负责退换)

前　言

矿业是国民经济的基础产业，矿业所提供的矿物能源和矿物原材料是人类生存、社会发展和文明进步不可或缺的物质资源，也是现代化建设的重要物质基础。随着我国经济社会发展和对矿产资源需求的日益增加，矿业工程项目管理越来越受到人们的重视，项目管理成为实现项目成功的重要手段。

矿业工程项目管理课程需要学生既掌握工程项目管理学科的知识，同时又熟悉矿业工程的专业特点，能够将工程项目管理学的基本原理、基本方法与矿业工程实际相结合，对矿业工程项目管理的特殊性有深刻认识，以便学生适应矿业领域的相关工作。

本书根据我国近年来制定的有关矿业工程的开采管理、招标投标、安全生产和工程验收等法律、法规，结合现代工程项目管理的理念、方法和矿业工程建设的实践，全面介绍了矿业工程项目的组织、进度、质量、费用、安全、风险、招投标等管理理论与方法。本书注重实用性和可操作性，结合“注册建造师”资格考试内容，体现了项目管理在矿业工程领域的应用。

本书为江西理工大学的教材建设项目，由江西理工大学易璐副教授担任主编并负责总纂，全书共九章，其中第一、三、四、五、六章由易璐负责编写，第二、七章由顾东明负责编写，第八、九章由刘志刚负责编写。本书在编写过程中，参考了有些学者的相关研究成果及文献资料，引用了全国建造师执业资格考试用书的案例资源，在此，特向诸位同仁表示由衷的感谢！

由于编者水平所限，书中不足之处，敬请广大读者和同行批评指正。

编　者

2023年3月

目　录

第一章　矿业工程项目管理概论

第一节　矿业工程项目

一、矿业工程项目的涵义

（一）矿业工程的涵义

矿业是工业的命脉并被誉为“工业之母”，是人类社会赖以生存和发展的基础产业，为国民经济提供主要的能源和冶金等原料。矿业工程是开发和利用资源的工程，即是把矿产资源从地壳中经济、合理、安全地开采出来，并进行有效加工利用的科学技术。矿业工程专业涉及所有矿山行业的建设工作，包括煤炭、冶金、建材、化工、有色金属、铀矿、黄金等行业的井工、露天矿山工程和地面工业建筑工程以及相关配套项目工程。

一般来说，矿业工程包括矿建工程、土建工程和机电安装工程等三大类工程。矿建工程包括井工矿或露天矿的建设工作；土建工程指矿区地面的工业广场、生活区的房屋建筑和工业厂房建筑工程以及井下的土建工程，包括准备开采矿产资源及采出后运输、加工、存储和外运矿物过程中的各种设施、厂房建设和办公、居住等生活用房建设；安装工程包括为矿山建设、采矿及生产过程中的通风、排水、提升运输、供电等各种机电设备安装以及针对不同选矿方法所用的选矿设备的安装内容。矿业工程还涉及矿区公路、铁路、桥梁及场地等建设工程。

（二）项目的涵义

项目是一个组织为实现既定的目标，在一定的时间、人员和其他资源的约束条件下，所开展的一种有一定独特性、一次性的工作。在建设领域中，建造一栋大楼、一个工厂、一座大坝、一条铁路以及开发一个油田，这都是项目。在工业生产中开发一种新产品；在科学研究中，为解决某个科学技术问题进行的课题研究；在文化体育活动中，举办一届运动会，组织一次综合文艺晚会等，也都是项目。

项目的定义有许多，其中最有代表性的是美国项目管理协会（Project Management Institution，PMI）给出的定义：项目是为提供某些独特产品、服务或成果所做的临时性努力。这一定义中的“临时性”是指每个项目都有明显的起点和终点，而其中的“独特性”是指一个项目所形成的产品、服务或成果在关键特性上的不同。

《建设工程项目管理规范》（GB/T 50326—2006）规定，项目是由一组有起止日期、相互协调的受控活动组成的独特过程，该过程要达到包括时间、成本和资源约束条件在内的规定要求的目标。

项目作为被管理的对象，具有以下特征：

（1）单件性。项目的单件性又称任务的一次性，是项目的最主要特征。任何项目由于目标、环境、条件、组织和过程等方面的特殊性，都有自己的任务内容、完成的过程和最终的成果，不存在两个完全相同的项目，即项目不可能重复。项目不同于工业生产的批量性和生产过程的重复性，每个项目都有自己的特点，每个项目都不同于别的项目，项目是一次性的任务。

(2) 目标性。任何项目都是为实现一定的目标而设立的，围绕这一目标必然形成其约束条件，而且只能在约束条件下实现目标。这就要求项目实施前必须进行周密的策划，比如规定总体工作量和质量标准，规定时间界限、空间界限、资源（人力、资金、材料、设备等）的消耗限额等。项目实施过程中的各项工作都是为完成项目的目标而进行的。

(3) 系统性。在现代社会中，一个项目往往由许多个单体组成，同时又要求几十、几百甚至上千个单位共同协作，由成千上万个在时间空间上相互影响制约的活动构成。每一个项目在作为其子系统的母系统的同时，又是其更大的母系统中的子系统。

(4) 制约性。项目在一定程度上受客观条件和资源的制约。任何项目都是在一定的限制条件下进行的，包括资源条件的约束（人力、财力和物力等）和人为的约束，其中质量（工作标准）、进度、费用目标是项目普遍存在的三个主要约束条件。

(5) 具有生命周期。项目有自己明确的时间起点和终点，因此项目是在一定时期内存在的。项目实现过程中各个阶段的集合称为项目生命周期，项目的生命周期划分为以下四个阶段：

1) 概念阶段：主要任务是提出并论证项目是否可行。

2) 规划阶段：对可行项目做好开工前的人、财、物及软硬件准备。

3) 实施阶段：按计划启动实施项目工作。

4) 收尾阶段：项目结束的有关工作。

由上述内容可以看出，项目有其明显的特征，主要表现为以下几个方面：明确的目标，独特的性质，资源成本的约束性，项目实施的一次性，组织的临时性和开放性，项目的系统性和整体性以及结果的不可逆性等。

(三) 矿业工程项目的概念

本书中所要研究的矿业工程项目是大型综合性建设项目。从具体工程项目内容而言，一个完整的矿业工程项目关系到井巷工程、土建工程以及采矿、选矿设备等大型生产和施工设备的安装工程，是一个复杂的综合性工程项目。它包括进入地下的生产系统以及联系地下的地面系统，地下生产系统决定了地面生产系统的布局，同样也影响施工的布局。因此，除有通常的各个环节之间关系的协调外，还要考虑井上下工程的空间关系和工程间的制约关系，以及矿建、土建、安装工程间的平衡关系。从管理角度而言，一个矿业工程项目应该是在一个总体设计及总概算范围内，由一个或者若干个互有联系的单项工程组成的，建设中实行统一核算、统一管理的投资建设工程。

矿业工程项目建设与矿业生产的联系密切，例如项目施工内容、形式以及设备的利用与采矿作业有许多类似之处。矿山工程的施工，往往可以利用部分生产设施来完成，矿业工程开拓所获得的地质资料是生产期间更可靠的依据，应按规定移交给生产建设单位，往往会利用建设过程来培训生产人员，这也常常被列入施工企业移交生产的一项内容。

二、矿业工程项目的特点

(一) 矿产资源的属性

国家矿产资源法规定，矿产资源属于国家所有，矿产资源的开发（勘查和开采）必须符合国家矿产资源管理等有关法律条款规定和国家关于资源开发的政策，必须依法分别申请，经批准获得探矿权、采矿权，并按规定办理登记，纳入国家规划，获得开采和勘探许可。矿产资源的属性也决定了资源市场不同于一般市场的属性，它是在国家产业政策与规划的引导下，发挥市场在矿产资源配置中的基础作用，建立政府宏观调控与市场运作相结合的资源优化配置机制。

(二) 矿业工程项目的特殊性

矿业工程项目除了具有一般项目所共同拥有的系统性、目标性、一次性、制约性等特点外，还具有它的特殊性。这种特殊性表现在以下几个方面：

(1) 综合性强。矿业工程项目往往具有投资大、周期长、组织关系复杂的特点。一个大型矿业工程项目建设可能影响一个地区的经济建设和地方发展。矿山工程项目的一个局部延误，会涉及整个项目的方方面面，不仅会造成建设企业、施工单位的损失，甚至还会影响国家或者局部的国民经济计划部署。

(2) 施工条件复杂性。矿业工程项目的地下施工占有重要比例，地下施工条件较地面要复杂得多，场地狭窄，环境恶劣，工程条件复杂困难，灾害诱发因素多，致害性质严重。矿业工程项目施工不仅要解决复杂的技术问题，还要预防工程中可能遇到的各种灾害。矿业工程项目施工不仅需要对这些情况有充分的估计和技术准备，还要利用好科学管理手段，充分做好预案。复杂的环境条件经常给矿山带来重大安全隐患，甚至造成事故和灾害。因此，矿业工程施工的安全预防和事故处理是其管理工作的重要内容。

(3) 高风险性。与一般工程项目不同，矿业工程项目的主要风险是施工过程中存在的风险。目前，受地下勘探技术水平的限制，矿产资源的储存环境无法完全掌握，施工过程可能出现的各种复杂地质环境，使得施工过程风险管控难度大。由于这些复杂性以及技术条件的限制，有些施工措施难以完全达到设计的目标要求，导致矿业工程项目的施工条件和施工效果就会存在某种不确定，因此风险显然要比其他工程更大。

三、矿业工程项目的组成

工程项目组成的合理和统一划分，对评价和控制项目的成本、费用、进度、质量等方面的工作是必不可少的。矿业工程项目可划分为单项工程、单位工程、分部工程和分项工程。

(1) 单项工程。单项工程是建设项目的组成部分，一般是指具有独立的设计文件，建成后可以独立发挥生产能力或效益的工程，如矿区内矿井、选矿厂、机械厂的各生产车间；非工业性项目一般是指能发挥设计规定主要效益的各独立工程，如宿舍、办公楼等。

(2) 单位工程。单位工程是构成单项工程的组成部分。一般是指具有独立的设计文件，可以独立组织施工，但完成后不能独立发挥生产能力或效益的工程。通常按照单项工程中可独立组织施工，单独编制工程预算的不同性质工程部分划分为若干个单位工程。如煤矿井巷工程划分为立井井筒、斜井井筒、巷道、硐室、安全通风设施、井下铺轨等单位工程。跨年度施工的井筒、巷道等单位工程，可以按施工年度划分为子单位工程。单位工程和子单位工程的地位是相同的。

(3) 分部工程。分部工程按工程的主要部位划分，它们是单位工程的组成部分。分部工程不能独立发挥生产能力，没有独立施工条件，但可以独立进行工程价款的结算。如尾矿坝单位工程划分为坝体填筑、反滤排水设施与护坡、导流与度汛等分部工程。对于支护形式不同的井筒井身、巷道主体等分部工程，可按支护形式的不同划分为子分部工程；对于支护形式相同的井筒井身、巷道主体等分部工程可按月验收区段划分为子分部工程，和子单位工程性质一样，子分部工程的地位和分部工程相同。

(4) 分项工程。分项工程主要按工序和工种划分，是分部工程的组成部分。分项工程没有独立发挥生产能力和独立施工的条件，也同样可以独立进行工程价款的结算。通常根据施工的规格、形状、材料或施工方法不同，分为若干个可用同一计量单位统计工作量和计价的不同分项工程，如井身工程的分项工程为掘进、模板、钢筋混凝土支护、锚杆支护、预应力锚索支护、喷射混凝土支护、钢筋网喷射混凝土支护、钢纤维喷射混凝土支护、预制混凝土支护、料石支护等。墙体工程的分项工程有基础、内墙、外墙等分项工程。尾矿坝的坝体填筑的分项工程有测量放线、坝基与岸坡处理、土石方工程等。

某矿业工程项目分解如图 1-1 所示。

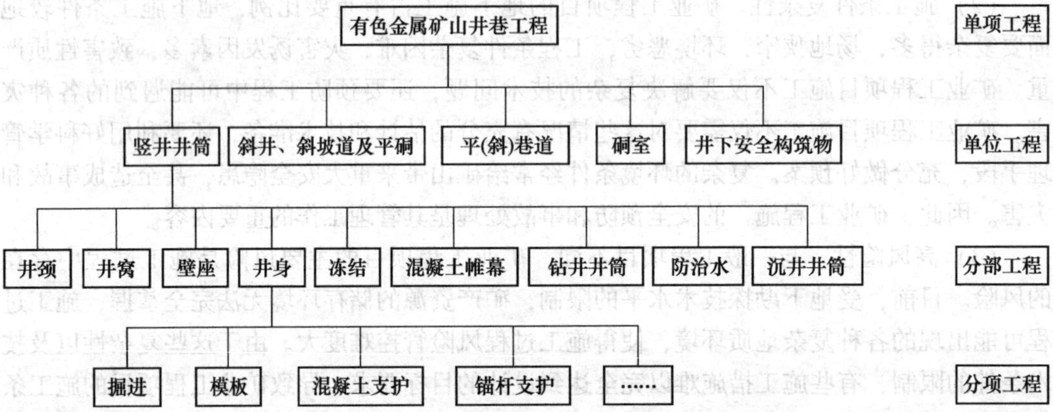

图 1-1　某矿业工程项目分解

第二节　矿业工程项目基本建设程序

一、基本建设程序各阶段的内容

矿业工程项目建设是从资源勘探开始，到确定建设项目、可行性研究、设计文件、制订基本建设计划、进行施工直至项目建成、竣工验收。建设的各个阶段需遵守国家规定的先后程序，称为基本建设程序。

(一) 资源勘探

资源勘探是矿业项目基本建设的首要工作，即通过各种勘探手段，查清矿区的范围、储量、矿层赋存条件、结构、地质构造、工程地质及水文地质条件，并对矿区开采价值作出评价。资源勘探可分为找矿、普查、详查、精查四个阶段，每个阶段都应写出相应报告，经批准的普查地质报告可作为行业基本建设长远规划的编制依据，详查地质报告可作为矿区总体设计的依据，精查地质报告可作为矿山初步设计的依据。

（二）提出项目建议书

项目建议是投资前对矿山建设的基本设想，主要从项目建设的必要性、可能性来分析，同时初步提出项目建设的可行性。项目建议书包括以下主要内容：建设项目提出的目的和根据；矿产资源、水文、地质和原材料、燃料、动力、供水、运输等协作配合条件；建设规模、产品方案、生产方法或工艺原则；资金筹措和投资估算；产品的去向、市场研究及目标用户；项目的建设进度安排及经济效益、社会效益和环境效益的初步估计。

（三）可行性研究

矿山建设项目可行性研究是在矿山建设投资决策前，对拟建项目进行全面技术经济分析论证的工作阶段，包括对拟建项目有关的社会、经济和技术等方面情况进行深入细致的调查研究，对各种可能拟定的技术方案和建设方案进行认真的技术经济分析和比较论证，从中选出投资少、效益好、产品销路广的最佳建设和生产方案，对项目建成后的经济效益进行科学的预测和评价。可行性研究是保证矿山建设项目以最少的投资消耗，取得最佳社会经济效益的科学手段，也是实现项目在技术上先进，经济上合理和建设上可行的科学方法。可行性研究是一项内容广泛、难度较大的综合性技术工作，其重点是对可行性方案论证，深入进行技术经济评价的主要内容包括矿山建设外部环境分析、对资源条件的分析、矿山生产能力分析、开拓与开采方法分析、经济分析等。

（四）编制设计文件

设计是复杂的综合性技术经济工作，工程设计是分阶段进行的，设计文件的编制一般包括初步设计、技术设计及施工图设计。

(1) 初步设计。初步设计的主要目的是确定建设项目的设计能力、场地选择、矿井开拓布置、主要工艺流程等重要的技术经济问题。初步设计的主要内容包括：设计指导思想、设计生产能力、总平面布置、开拓布置、采煤方法、生产工艺、通风运输、提升方式等重要的经济技术问题。经批准的初步设计和总概算是确定建设项目总投资、征用建设用地、设备材料订货及编制施工图的依据。

(2) 技术设计。技术设计是根据初步设计和更详细的调查研究资料编制的。技术设计进一步具体地确定初步设计中所采用的工艺流程、开拓开采方案和相应的工程建筑。对初步设计中的设备选择及其数量、建设规模和技术经济指标进行校正，并修正初步设计总概算。规模不太大或技术不太复杂的项目也可以不设置技术设计步骤。

(3) 施工图设计。施工图设计是在初步设计和技术设计的基础上，将设计的工程形象化。施工图设计是按单位工程编制的，是指导施工的依据。施工图设计一般包括：矿井总平面图（包括巷道布置、开拓系统、采区布置等）；支护设计及巷道断面、房屋和构筑物的平面图、剖面图等；设备安装图及管道、道路、线路施工图以及施工图预算等。

（五）制订基本建设计划及建设准备

建设项目必须有经过批准的初步设计和总概算，并经综合平衡后，方可列入基本建设计划。由于矿建项目建设周期长，往往要跨越几个计划年度，因此项目建设要根据批准的总概算、施工组织设计以及长远规划的要求，合理地安排分年度的投资计划。建设准备工作的内容主要有水文地质勘探、征地拆迁工程等，其中落实建筑材料的供应工作要按设计文件和计划中的建设速度进行。

（六）组织施工

组织施工是基本建设程序中的一个重要环节，它是落实计划和设计的实践过程。施工前，施工承包商要认真做好施工图纸的会审和交底工作，明确质量要求，如有修改原设计的建议，要经设计单位、监理单位和建设单位的同意。要严格按照设计及施工验收规范施工，确保工程质量。对隐蔽工程要做好原始记录，要进行隐蔽前的质量检查。对不符合质量要求的工程要及时采取措施补救。工程施工还要遵循合理的施工顺序，处理好矿建、土建、机电设备安装各类工程的衔接，狠抓关键工程的施工，确保工程按期高质量地完成。当施工准备工作基本就绪后，由建设单位申请开工报告，经有关部门严格审核批准后，方可正式开工。工程开工后，为保证施工的顺利进行，必须取得各方面的协作配合，保证资金、设计、施工三个环节的相互衔接，做到投资、施工图、物资、施工力量全面落实，加快建设速度。

（七）生产准备

生产准备工作是在工程项目即将建成前一段时间，为确保项目建成后尽快投入生产而进行的一系列准备工作。生产准备的主要工作内容有：

（1）生产组织机构的建立。包括组织机构的设置，各级领导人员的配备，各项管理制度的制订，生产资料的收集和各种档案的建立。

（2）人员配备。招收和培训投产所需要的各类人员，并组织他们参加设备的安装、调试、联合试运转、试生产和竣工验收。

（3）生产原材料及工器具等的供应。落实原材料、半成品、燃料、水、电、气的来源和供应协作关系。

（4）搞好对外协作。与上级主管部门、相邻单位、煤矿所在地的政府、村镇等相关部门和团体保持经常的、良好的合作关系。

（八）竣工验收及交付使用

竣工验收分为单位工程竣工验收和单项工程交接验收两个阶段，它们是评价工程质量优劣、总结建设经验教训、保证建成的项目按设计要求的技术经济指标正常生产的重要环节，是办理工程决算和固定资产转账的依据。大、中型建设项目的竣工交接验收，必须由国家验收委员会组织进行。

建设项目经过施工过程按移交标准确定的工程全部建成，并经质量认证后，方可办理竣工验收并交付使用。

（九）后评估

建设项目竣工验收若干年后，为全面总结该项目从决策、实施到生产经营各时期的成功或失败的经验教训，找出失误的原因，明确责任，提出解决办法，弥补建设与生产的缺陷，进行建设项目的后评估工作。其主要内容包括：前期工作评价、建设实施评价、投资效益评价。

二、基本建设程序各阶段的组织工作

（1）地质详查阶段的工作。在制订详查勘探设计时，应有设计部门参加共同研究确定，使勘探设计符合设计部门设计要求，然后由建设单位与勘探部门签订施工合同。建设单位应定期组织详查阶段勘探资料的分析研究，根据掌握的实际资料及时对原有勘探设计作必要补充和修改。在详查过程中，除地质部门应及时分析资料外，设计部门也应当指定项目负责人，主动、及时地深入现场提出对勘探工作的意见和要求，共同研究存在问题。

当勘探工作基本完成，地质部门整理编制详查报告期间，设计部门可以开始考虑矿区开发可行性研究的初步意见。地质与设计互相配合，加强联系，把有关问题解决在勘探施工过程中，有利于设计人员提前熟悉地质资料，提前考虑开发可行性研究的有关问题，并能提高勘探质量。

（2）地质精查阶段的工作。地质和设计部门共同研究确定井田精查勘探顺序和勘探设计，并由建设单位定期组织地质资料研究分析和中间预审，既能使设计部门及时了解地质资料，又能尽早提出需要补充的工作，使有关问题能够在勘探过程中得到解决。建设单位在组织单项工程可行性文件预审时，应邀请施工、生产和地质部门有关人员参加，听取各方面意见，为编制初步设计创造条件。

在精查地质报告编制中，设计部门可考虑单项工程可行性研究的有关问题。精查勘探还可以由设计部门根据矿区总体设计的部署和矿井初步设计的需要，提出精查勘探设计，地质部门负责施工，这样做可以密切勘探与设计的配合，缩短编制和审查精查地质报告的时间。

（3）初步设计阶段的工作。设计任务书批准后，建设单位应与设计部门签订委托设计合同，设计部门一方面编制初步设计文件，另一方面尽早提出井筒检查孔的位置，并由建设单位负责委托施工。在编制初步设计时，同时优先考虑创造提前进行施工准备需要的施工图设计（如矿井工业场地、居住区、场外公路等）；可供施工单位提前施工、利用的永久建筑和永久设施施工图（如供水、供电、排水、压风、道路、场地总平面布置图等）；单身宿舍、辅助厂房、食堂等永久工程施工图；编制供招标使用的单项工程施工组织设计。

（4）施工准备阶段的工作。初步设计批准后，建设单位可按批准的总概算、建设工期和投产标准，着手建设项目的招标。落实施工单位和监理单位，并与他们签订正式的承发包、委托监理合同。当井筒检查孔确认设计井筒位置后，施工单位即可根据批准的单项工程（矿井）初步设计、招标文件、正式委托施工合同，开始编制单项工程施工组织设计。在审批初步设计时，要审定矿井征地范围，初步设计一经批准，建设单位即可办理征用土地手续，施工单位即可根据初步设计中的工业场地和居住区总平面布置图界，全面开展“五通一平”的施工准备。根据井筒施工图编制井筒工程施工组织设计，并开始井筒施工准备，如果采用特殊施工方案（地面预注浆、冻结法）的井筒，可开始井口平整，打注浆（冻结）孔等工作。

施工准备与初步设计的编制、审批平行交叉进行，既可缩短施工准备工期，施工单位又可以在单项工程初步设计批准后的较短时间内，编报施工组织设计，使井筒提前开工。

（5）施工阶段的工作。设计单位应满足施工需要，尽快完成施工图设计，便于施工单位有充分的施工准备时间，有利于单位工程正常而有秩序地进行。一方面按合同规定和设计要求，加强对建设工程的工期、质量、投资的控制与检查，同时组织综合平衡，解决外部协作关系中出现的问题，全面掌握矿井建设情况；另一方面要根据工程进展情况和生产筹备需要，逐步做好接收生产的准备工作，组织生产人员学习设计文件，参加工程的试运转和试生产，有条件的还要组织生产人员参加工程的施工，如采区开拓、装备，大型设备的安装和调试。施工单位应根据工程进展情况、施工合同、工程的实际施工条件进行经常性的工程排队，综合平衡施工中出现的各类矛盾，确保工程顺利施工，使矿井施工取得较好的技术经济效果。

施工阶段只有做好建设、设计、施工单位的紧密配合，互相支持，才能有效地按照基本建设程序施工，才能使矿井建设取得快速、优质、高效、低成本的技术经济效益。

（6）新井投产和达产阶段的工作。矿井按设计标准建成，经过正式验收交付生产后，为了努力实现早日达到设计能力，充分发挥投资效果，必须做好以下工作：矿井建设的全过程必须始终做到集中统一管理，建设单位是向国家负责的主要责任者，应努力全面完成生产建设任务。除组织领导好设计、施工中的协作配合工作和工程施工中的技术检查监督外，必须切实抓好生产筹备工作。

第三节　矿业工程项目管理概述

一、项目管理

（一）项目管理的发展

从20世纪40年代中期到60年代，项目管理主要是应用于国防工程建设。传统项目管理方法是致力于项目预算、规划和为达到特定目标而借用的一些运营管理的方法，在相对较小的范围内所开展的一种管理活动。自20世纪60年代起，建立起了国际性项目管理协会，即以欧洲为主的国际项目管理协会（International Project Management Association，IPMA）和以美国为首的美国项目管理协会（Project Management Institute，PMI）以及各国相继成立的项目管理协会，为推动项目管理的发展发挥了积极的作用，作出了卓越的贡献。

20世纪80年代之后，项目管理进入现代项目管理阶段，项目管理的应用领域在这一阶段也迅速扩展到社会生产与生活的各个领域和各行各业，并且在企业的战略发展和日常经营中的作用越来越重要。今天，项目已经成为社会创造精神财富、物质财富和社会福利的主要方式，所以现代项目管理也成为发展最快和使用最为广泛的管理领域之一。

（二）项目管理的概念

项目管理是通过项目经理和项目组织的努力，运用系统理论和方法对项目及其资源进行计划、组织、协调、控制，以实现项目特定目标的管理方法体系。项目管理的对象是项目或被看作项目来处理的运作，一切项目管理活动都是为实现"满足或超越项目有关各方对项目的要求与期望"这一目的服务的。项目管理的全过程都贯穿着系统工程的思想，项目管理的方式是目标管理。项目管理的方法、工具和手段具有先进性、开放性。项目管理是对于创新的管理，项目管理本身需要创新，没有一成不变的模式和方法。

美国项目管理协会（PMI）还从创新的角度对项目管理做出了进一步的定义，认为"项目是一种创新的事业，所以项目管理也可简洁地称为实现创新的管理或创新管理"。PMI认为项目管理已发展成为管理学的一个独立分支，同时也发展成了一个新兴的专门性职业。PMI 还提出了一整套的项目管理知识体系。

（三）项目管理知识体系

项目管理知识体系总结出了人们做好项目的一些经验，把它们归纳成一系列的管理过程。这些过程根据其涉及的领域和起到的作用，按照两个维度进行了分类，即知识领域和过程组。

1. 知识领域

2012 版 PMBOK 将项目管理需要的知识分为相对独立的九个部分。

（1）项目范围管理。项目范围管理是在项目管理过程中所开展的计划和界定一个项目或项目阶段所必须要完成的工作，以及不断维护和更新项目范围的管理工作。开展项目范围管理的根本目的是要通过成功地界定和控制项目的工作范围与内容，确保项目的成功。这项管理的主要内容包括：项目起始的确定和控制、项目范围的规划、项目范围的界定、项目范围的确认、项目范围变更的控制与项目范围的全面管理和控制。

（2）项目时间管理。项目时间管理是在项目管理过程中为确保项目按既定时间成功完成而开展的项目管理工作。开展项目时间管理的根本目的是要通过做好项目的工期计划和项目工期的控制等管理工作，确保项目的成功。这项管理的主要内容包括：项目活动的定义、项目活动的排序、项目活动的时间估算、项目工期与排产计划的编制和项目作业计划的管理与控制。

（3）项目成本管理。项目成本管理是在项目管理过程中为确保项目在不超出预算的情况下完成全部项目工作而开展的项目管理。开展项目成本管理的根本目的是全面管理和控制项目的成本（造价），确保项目的成功。这项管理的主要内容包括：项目资源的规划、项目成本的估算、项目成本的预算和项目成本的管理与控制。

（4）项目质量管理。项目质量管理是在项目管理过程中为确保项目的质量所开展的项目管理工作。这一部分的主要内容包括：项目质量规划、项目质量保障和项目质量控制。开展项目质量管理的根本目的是要对项目的工作和项目的产出物进行严格的控制和有效的管理，以确保项目的成功。这项管理的主要内容包括：项目产出物质量和项目工作质量的确定与控制，以及有关项目质量变更程序与活动的全面管理和控制。

（5）项目人力资源管理。项目人力资源管理是在项目管理过程中为确保更有效地利用项目所涉及的人力资源而开展的项目管理工作。项目人力资源管理的根本目的是要对项日组织和项目所需人力资源进行科学的确定和有效的管理，以确保项目的成功。这项管理的主要内容包括：项目组织的规划、项目人员的获得与配备、项目团队的建设等。

（6）项目信息管理。项目信息管理是在项目管理过程中为确保有效地、及时地生成、收集、储存、处理和使用项目信息，以及合理地进行项目信息沟通而开展的管理工作。开展项目信息管理的根本目的是要对项目所需的信息和项目相关利益者之间的沟通进行有效的管理，以确保项目的成功。这一部分的主要内容包括：项目沟通的规划、项目信息的传送、项目作业信息的报告和项目管理决策等。

（7）项目风险管理。项目风险管理是在项目管理过程中为确保成功地识别项目风险、分析项目风险和应对项目风险所开展的项目管理工作。开展项目风险管理的根本目的是要对项目面临的风险进行有效识别、控制和管理，是针对项目的不确定性而开展的降低项目损失的管理。这一部分的主要内容包括：项目风险的识别、项目风险的定量分析、项目风险的对策设计和项目风险的应对与控制等。

(8) 项目采购管理。项目采购管理是在项目管理过程中为确保能够从项目组织外部寻求和获得项目所需各种商品与劳务的项目管理工作。开展项目采购管理的根本目的是要对项目所需的物质资源和劳务的获得与使用进行有效的管理，以确保项目的成功。这一部分的主要内容包括：项目采购计划的管理、项目采购工作的管理、采购询价与采购合同的管理、资源供应来源选择的管理、招投标与合同管理和合同履行管理。

(9) 项目干系人管理。干系人是指那些对项目目标、活动或结果有影响的个人、群体和组织。不同角度、不同角色、不同类型的干系人对项目的诉求是不一样的，而且很多时候都处于一种矛盾角力之中，而项目管理人员在沟通、平衡与取舍干系人之间的诉求上的工作与技巧往往成为项目是否顺利并取得成功的关键之处。项目干系人管理包含有：识别干系人、规划干系人管理、管理干系人参与、控制干系人参与。

2. 过程组

按照过程本身的作用来分类的，共分为：启动过程组、计划过程组、实施过程组、控制过程组和收尾过程组。这几个过程组最主要的是计划、实施和控制。启动过程组主要承担项目的立项过程，收尾过程组主要承担项目的结项过程。各个过程组之间的主要关系如下：制订计划，这是项目管理活动的必要要求；计划作为实施活动的参照；控制过程获取实施的实际状态，对比计划过程来判断是否存在偏差；当存在偏差时，或者纠正实施过程，或者变更计划。我们可以把项目管理看作一系列相互联系的过程。也就是说，它的核心就是一系列的管理过程，这些过程构成了实践当中的基本活动。

二、矿业工程项目管理

矿业工程项目管理是以矿业工程项目为对象，在既定的约束条件下，为最优地实现矿业工程项目目标，根据矿业工程项目的内在规律，对从项目构思到项目完成（项目竣工并交付使用）的全过程进行计划、组织、领导和控制，以确保该矿业工程项目在满足限定条件的要求情况下完成。

(一) 矿业工程项目管理的类型

矿业工程项目管理按照参与单位划分，包括业主的项目管理、总承包单位的项目管理、设计单位的项目管理以及施工单位的项目管理。

(1) 业主的项目管理。矿业工程项目业主对项目的管理是全过程的，包括项目决策和实施阶段以及生产、结束等各个环节，也即从编制矿业建设项目的建议书开始，经可行性研究、设计和施工，直至项目竣工验收、投产使用的全过程管理。在市场经济体制下，矿业工程项目的业主可以依靠社会化的咨询服务单位为其提供项目管理方面的服务。工程监理单位可以接受业主的委托，在工程项目实施阶段，为业主提供全过程的监理服务。此外，监理单位还可将其服务范围扩展到工程项目前期决策阶段。

(2) 总承包单位的项目管理。矿业工程项目在设计、施工总承包的情况下，业主在项目决策之后，通过招标择优选定总承包单位全面负责工程项目的实施过程，直至最终交付使用功能和质量标准符合合同文件规定的工程项目。由此可见，总承包单位的项目管理是贯穿于项目实施全过程的全面管理，既包括工程项目的设计阶段，也包括工程项目的施工安装阶段。总承包方为了实现其经营方针和目标，必须在合同条件的约束下，依靠自身的技术和管理优势或实力，通过优化设计及施工方案，在规定的时间内按质按量地全面完成工程项目的承建任务。

(3) 设计单位的项目管理。设计单位的项目管理是指矿业工程设计单位受业主委托承担工程项目的设计任务后，根据设计合同所界定的工作目标及责任义务，对建设项目设计阶段的工作所进行的自我管理。设计单位通过设计项目管理，对建设项目的实施在技术和经济上进行全面而详尽的安排，引进先进技术和科研成果，形成设计图纸和说明书，以便实施，并在实施过程中进行监督和验收。由此可见，设计项目管理不仅局限于工程设计阶段，而且延伸到了施工阶段和竣工验收阶段。

(4) 施工单位的项目管理。矿业工程项目施工单位可通过投标获得工程施工承包合同，并以施工合同所界定的工程范围组织项目管理。施工项目管理的目标体系包括工程施工质量（quality）、成本（cost）、工期（delivery）、安全和现场标准化（safety），简称QCDS目标体系。显然，这一目标体系既和整个工程项目目标相联系，又带有很强的施工企业项目管理的自主性特征。

(二) 矿业工程项目管理的特点

(1) 矿业工程项目管理是综合性管理。矿业工程一般是综合性建设项目，涉及勘探、设计、建设、施工、材料设备提供等方面的共同工作。矿山工程建设通常包含有生产系统、通风系统、提升运输系统、排水系统、供水系统、压风系统、排铅系统、安全监测系统、通信系统、供电系统、动力照明系统、生活办公系统以及选矿工程系统、矿产品的储运系统等，建设好这些系统才能构成完整的矿山生产系统。矿业工程具有投资多、周期长、组织关系复杂的特点。由此可见，矿业工程项目管理工作是一项综合性管理工作。

(2) 矿业工程项目管理内容十分复杂。矿业工程建设的环境条件存在大量复杂的和不确定的因素，目前工程地质和水文地质的勘查水平还无法提供满足生产、施工所需详尽、准确的地质资料。因此，在项目建设中，不论是建设、设计、施工或其他管理单位，不仅需要对这种情况有充分的估计和应对准备，尽量对可能出现的问题考虑周全、细致，而且还要充分利用管理、技术、经济和法律知识与经验，对这些已经出现的变化做好协调和善后工作，将风险降低到最低。

(3) 矿业工程项目施工、管理与生产联系紧密。由地下工作的特点所决定，矿业工程建设期的井巷施工内容与投产后的采矿作业形式、施工设备有许多类似之处。因此，矿业工程的施工是可以利用部分永久（生产）设施或设备来完成的。利用永久设施施工，既有利于建设单位尽早发挥设施与设备的效益，又有利于减少施工单位的投入和临时工程的建设；反之，施工过程又是建设单位培训生产人员的一个好机会。因此，建设单位与施工单位处理这类设施的租赁和人员培训问题也是矿业工程项目管理中有特色的内容。

(三) 矿业工程项目管理的任务

矿业工程项目管理的主要工作可以分为许多管理职能，这也体现了管理专业化的要求，通常工程项目的管理职能有以下几个方面：

(1) 组织与协调管理。组织工作包括建立项目管理机构和人力资源管理，促进团队建设；落实各方面的责、权、利，制定项目管理工作流程和工作规则；领导团队工作，解决出现的各种问题等。组织协调是管理技能和艺术，也是实现项目目标必不可少的方法和手段，在项目实施过程中，各个项目参与单位需要处理和调整众多复杂的业务组织关系，其中外部协调包括与政府管理部门之间的协调，项目参与单位之间的协调；内部的协调主要指项目参与单位内部各部门、各层次之间以及个人之间的协调。

(2) 投资管理。投资管理包括以下具体的管理活动：投资的预测和计划，包括投资估算、设计概算、招标控制价和施工图预算；编制建设项目的支付计划、收款计划、资金计划和融资计划；投资控制，包括审核投资支出、分析投资变化、研究投资减少途径并采取投资控制措施等任务；审核竣工结算并提出投资决算报告。

(3) 进度管理。进度管理包括方案的科学决策、计划的优化编制和实施有效控制三个方面的任务。方案的科学决策是实现进度控制的先决条件，它包括方案的可行性论证、综合评估和优化决策。只有决策出优化的方案，才能编制出优化的计划。计划的优化编制，包括科学确定项目的工序及其衔接关系、持续时间，优化编制网络计划和实施措施是实现进度控制的重要基础。实施有效控制包括同步跟踪、信息反馈、动态调整和优化控制，是实现进度控制的根本保证。

(4) 质量管理。质量管理包括制定各项工作的质量要求及质量事故预防措施，各方面的质量监督与验收制度，以及各个阶段的质量处理和控制措施三个方面的任务。制定的质量要求要具有科学性，质量事故预防措施要具备有效性；质量监督和验收包含对设计质量、施工质量及材料设备质量的监督和验收，要严格检查制度和加强分析；质量事故处理与控制要对每一个阶段均严格管理，采取细致而有效的措施，以确保质量目标的实现。

(5) 风险管理。工程建设客观现实告诉人们，要保证建设工程项目的投资效益，就必须对项目风险进行科学管理。建设工程项目的风险管理是项目管理班子通过对风险的识别、分析评估、应对和监控，以最小的代价，在最大程度上实现项目目标的科学和艺术。风险管理贯穿于项目的整个寿命周期。风险管理是一个确定和度量项目风险，以及制定、选择和管理风险处理方案的过程，其目的是通过风险分析减少项目决策的不确定性，以使决策更科学，并在项目实施阶段保证目标控制的顺利进行，更好地实现项目质量、进度和投资目标。

(6) 合同管理。建设工程合同管理主要是针对各类合同的依法订立过程和履行过程的管理，包含以下具体管理活动：项目合同策划；招、投标管理（包括招标准备、起草招标文件、合同审查等）；合同实施控制；合同变更管理；索赔管理及合同争执的处理等。

(7) 信息管理。信息管理是建设工程项目管理的基础工作，是实现项目目标控制的保证，只有不断提高信息管理水平，才能更好地承担起项目管理的任务。信息管理主要是对有关建设工程项目的各类信息的收集、储存、加工整理、传递与使用等一系列工作的总称。信息管理的主要任务是及时、准确地向项目管理的各级领导、各参加单位及各类人员提供所需的综合程度不同的信息，以便在项目进行的全过程中，动态地进行项目的规划，迅速正确地进行各种决策，并及时检查决策执行结果。

(8) 安全与环境保护。安全管理是为保证建设工程项目顺利进行、防止伤亡事故发生、确保安全生产而采取的各种对策、方针和行动的总称，包括安全法规、安全技术、职业卫生三个相互联系又相互独立的内容。一个矿业工程项目的实施过程和结果存在着影响甚至恶化环境的种种因素。因此，应在工程建设中强化环保意识，切实有效地把环境保护和防止损害自然环境、破坏生态平衡、污染空气和水质、扰动周围建筑物和地下管网等现象的发生作为项目管理的主要任务之一。

第四节 案 例 分 析

某矿山项目采用一对立井开拓，建设单位将一期工程（包括主、副井两个井筒的矿建掘砌、冻结和地面土建、井上下安装工程等）分别发包给两个矿建单位、四个土建单位、两个安装单位、两个冻结单位承建。在施工中发生以下事件：

(1) 立井冻结施工单位已经完成了井筒的冻结准备工作，但主井矿建施工单位由于进场公路问题，以致还不能将施工设备运进场地，预期无法按计划进行井筒的正常施工，造成冻结施工单位设备和人员窝工；副井冻结施工单位按照原计划进入积极冻结，冻结完成后，由于副井矿建施工单位大型设备调剂问题，造成副井不能正常掘进，难以达到计划进度，虽然建设单位协调冻结单位及时进入维持冻结状态，但是依然造成下部冻结壁进入井筒较多，给矿建施工单位开挖带来很大影响，形成恶性循环状态，使副井冻结施工单位工期延长三个月，费用损失严重。

(2) 因为主井、副井在同一工业场地，建设单位协调了两家矿建单位的绞车、稳车的布置，但是在协调工业场地的其他临时施工设施布置问题时，由于施工单位过多，临时设施众多，引起各家纠纷。特别是两家施工单位砂石材料堆放太近，造成使用和管理的混乱，还发生相互抢占地面轨道运输等问题。

(3) 因为矿建施工单位推迟了副井移交给安装到安装单位的时间，安装单位在完成主井改装后，等待副井装备时发生窝工。为避免损失，经过建设单位同意，安装单位先进行副井绞车安装，然后进行井筒装备，最后统一调试。但由于副井绞车房施工与绞车安装时间不匹配，造成了绞车房施工与绞车安装相互影响，使两者施工进度都受到影响而发生拖延。

(4) 土建单位因为副井绞车房施工延期，向建设单位要求索赔。

问题：

(1) 如何处理矿建与冻结施工单位之间的纠纷？

(2) 造成两家矿建施工单位之间矛盾的根本原因是什么，此矛盾是否影响工程质量？

(3) 建设单位在安排安装单位与土建单位的工作中有何过失？

答：(1) 矿建和冻结施工单位都是独立承包单位，相互之间没有直接的联系，所有的协调工作都是通过建设单位或者是监理单位进行的，而目前建设单位或监理单位的施工经验和技术力量还有待提高，矿建单位在施工井筒时的条件不符合合同要求的情况，应与建设单位交涉。冻结施工单位在没有获得发包单位指令的情况下，只能根据合同的要求进行正常冻结（虽然有建议权），因此该纠纷实际是矿建单位与建设单位的矛盾，而过失均在建设单位。

这种将矿业工程划分过细进行分别发包的情况，浪费了大量的资源，同样也大大增加了建设单位的管理协调难度。在可能的情况下，应该尽可能采用总承包方式发包，然后由总包单位进行专业分包，这样就会大大降低现场管理的难度，同时也会降低成本，加快施工进度。

(2) 直接矛盾是材料堆放和使用混乱问题，根本原因却是两个井筒分别安排两家单位施工，两家都考虑各自的施工利益。根据主副井筒相邻不远且同期施工的特点，两家施工相同性质的项目，使用同种材料，却属于两套不同的管理系统，于是形成在有限井筒周围区域相互占地且界限不清、材料乱用的情况，同时也增加材料和场地资源的浪费。

（3）矿山工程项目的特点就是系统大、关系复杂，一个环节会影响各个不同方面。本案例就是因为井筒施工延期带出的一系列问题，建设单位又没有妥善协调，造成几乎所有参与单位工作的混乱，出现索赔也是不可避免的。因此，建设单位应承担其在项目管理工作上的过失责任。

复习思考题

1-1 项目的内涵及特点是什么？

1-2 矿业工程项目的概念是什么，由哪些部分组成？

1-3 简述矿业工程项目的基本建设程序。

1-4 矿业工程项目管理的类型有哪些？

1-5 如何进行矿业工程项目的管理工作？

第二章　矿业工程施工技术

第一节　采矿基本技术

一、凿岩与爆破技术

凿岩是指在岩体中穿凿孔眼。凿岩作业是岩石穿爆作业主要工序之一，工作量较大，花费时间较多，对穿爆效率影响很大，特别是在难钻和特难钻的坚硬岩石中。工程爆破是利用炸药爆炸放出来的巨大能量来破碎岩体，至今不论是从操作技术的方便性，还是从生产的经济性来说，应用凿岩与爆破技术仍然是一种最基本和应用最广泛的矿岩破碎手段。

（一）凿岩工具及设备

1. 凿岩机械分类

凿岩机械根据应用的动力可以分为气动（风动）、液压、电动、内燃、水压，气动的有气动凿岩机和气动潜孔钻机，液压的有支腿式和导轨式，电动的有手持式、支腿式和导轨式；按用途分为掘进凿岩台车（钻车）和采矿凿岩台车；按行走方式分为轨轮式、履带式和轮胎式；按辅助设备可以分为支腿式、钻架式、台车式。

2. 气动凿岩机

气动凿岩机也称风动凿岩机，是用压气驱动，以冲击为主，间歇回转（内回转式凿岩机）或连续回转（独立回转式凿岩机，也称外回转式凿岩机）的一种小直径的凿岩设备。目前我国地下金属矿山凿岩作业主要还是用气动凿岩机，少数有条件的矿山采用液压凿岩机。

凿岩机按支撑方式分为四种机型：

（1）手持式凿岩机。这类凿岩机较轻，一般在 25kg 以下，工作时用手扶着操作。它可以打各种小直径和较浅的炮孔，一般只打向下的孔和近于水平的孔。由于它靠人力操作，劳动强度大，冲击能和扭矩较小，凿岩速度慢，现在地下矿山很少用它。属于此类的凿岩机有 Y3、Y26 等型号。

（2）气腿式凿岩机。如前所述，这类凿岩机安装在气腿上进行操作，气腿能起支撑和推进作用，这就减轻了操作者的劳动强度，凿岩效率比前者高，可钻凿深度为 2~5m、直径 34~42mm 的水平或带有一定倾角的炮孔，为矿山广泛使用。YT-23（7655）、YT-24、YT-28、YTP-26 等型号均属于此类凿岩机。

（3）上向式（伸缩式）凿岩机。这类凿岩机因气腿与主机在同一纵轴线上，并连成一体，又有“伸缩式凿岩机”之称，专用于打 60° ~ 90°的向上炮孔，主要用于采场和天井中凿岩作业。一般其质量为 40kg 左右，钻孔深度为 2~5m，孔径为 36~48mm。YSP-45 型凿岩机属于此类。

(4) 导轨式凿岩机。该类型凿岩机机器质量较大（一般为 35~100kg），一般安装在凿岩钻车或柱架的导轨上工作，因而称为导轨式。它可打水平和各个方向的炮孔，孔径为 40~80mm，孔深一般在 5~10m，最深可达 20m。YG-40、YG-80、YGZ-70、YGZ-90 等型号属于此类。

3. 液压凿岩机

液压凿岩机按其配油方式可分为有阀型和无阀型两大类。前者按阀的结构又可分为套阀式和芯阀式（或称外阀式）；按回油方式分为单面回油和双面回油两种，在单面回油中，又分前腔回油和后腔回油两种。常用型号有 YYG-20、YYG-260B、YYG-90A（单面回油）、YYG-80（双面回油）。

4. 掘进凿岩台车

掘进凿岩台车也称掘进凿岩钻车，凿岩钻车的使用标志着矿山凿岩机械化的水平已进入一个更高的阶段。凿岩钻车与气腿式凿岩机相比较，凿岩钻车既能够精确地钻凿出一定角度和孔位的炮孔，又可以装长钎杆（可长 5.5m）钻凿较深和直径较大（64mm）的炮孔，而且能提供最优的轴推力，并使工人远离工作面操作，以及由一人可操纵多台凿岩机。

5. 采矿凿岩台车

采矿凿岩台车也称钻车，是为回采落矿而进行钻凿炮孔的设备。不同的采矿方法要钻凿不同方向、不同孔径、不同孔深的炮孔。因此也就有了不同种类的地下采矿钻车。地下采矿凿岩钻车的分类方法如下：

(1) 按照凿岩方式，可分为顶锤式钻车和潜孔式钻车。

(2) 按照钻孔深度，可分为浅孔凿岩钻车和中深孔凿岩钻车。

(3) 按照配用凿岩机数量，可分为单机、双机，也称为单臂、双臂钻车。

(4) 按照钻机的行走方式，可分为轨轮式、履带式、轮胎式采矿钻车。

(5) 按照动力源，可分为液压钻车和气动钻车。

(6) 按照炮孔排列形式，可分为环形孔钻车和扇形孔钻车。

(7) 按照炮孔是否平行，可分为有平移机构钻车和无平移机构钻车。

6. 潜孔钻机

潜孔钻机的工作原理和普通冲击回转式风动凿岩机一样。风动凿岩机与冲击回转机构制作在一起，冲击能通过钻杆传递给钻头，而潜孔钻机将冲击机构（冲击器）独立出来，潜入孔底。无论钻孔多深，钻头都是直接安装在冲击器上，不用通过钻杆传递冲击能，因而减少了冲击能的损失。

7. 牙轮钻机

牙轮钻具是由钻头和钻杆组成的。按照牙齿的形状，牙轮钻具可分为钢齿牙轮钻头和硬质合金柱齿牙轮钻头两类。前者用于软岩；后者强度大、耐磨，适用于中硬和坚硬的矿岩。

(二) 爆破

爆破是指把炸药及起爆器材装入炮眼内，并使其爆炸，将指定部位的岩石或其他爆破对象崩塌或松动。爆破是利用炸药爆炸所释放的能量来破碎岩石或其他介质的方法。

1. 爆破材料

（1）起爆材料。雷管是用来起爆炸药或导爆索的，它是一种最基本的起爆材料。雷管的引爆过程是通过火焰或电能首先使雷管上部起爆药着火，起爆药很快由燃烧转为爆轰。爆轰波将雷管下部的高猛炸药激发，从而完成整个雷管的爆炸。

导火索也称作导火线，它是一种用作传递火焰的索状点火材料。索芯是黑火药。导火索主要用于引爆火雷管或黑火药包。在索式秒延期雷管中，它还可作为延期元件，在花炮、军工制品（手榴弹、爆破筒等）中，也常用作延期元件。但在有瓦斯、煤尘或矿尘爆炸危险的场所不能使用。

（2）传爆材料。导爆索是以猛炸药（如黑索金或泰安）为索芯，以棉、麻或人造纤维等为被覆材料，能够传递爆轰波的一种索状起爆器材。它经雷管起爆后可以引爆其他炸药或另一根导爆索。根据使用条件不同，导爆索有普通导爆索、震源导爆索、煤矿许用导爆索、油井导爆索、金属导爆索、切割索和低能导爆索等多种类型。

2. 炸药

炸药是一种固体或液体的化合物或混合物，这种物质受到一定的外界能量（热、冲击、摩擦等）作用时，就能迅速分解，同时产生大量的气体和热量。在炸药迅速分解的过程中，由于气体的膨胀作用对周围介质产生突然的冲击压力，致使介质破坏，同时发生巨大的声响和振动，这种现象称为爆炸。炸药爆炸多是指固体状态的物质，经过短时剧烈的反应，骤然变成气态，放出高能量。

矿用炸药泛指各类矿山井巷工程掘进及矿山采剥作业爆落岩石所应用的炸药，其特点是来源广泛、成本低、物理化学性质稳定。根据炸药的组成，矿用炸药可分为硝酸铵类炸药、含水炸药和硝化甘油类炸药。

3. 起爆方法

起爆方法通常是根据所采用的起爆器材和工艺特点来命名的，选用起爆方法时，要根据炸药的品种、工程规模、工艺特点、爆破效果和现场条件等因素来决定。在爆破作业中，起爆方法直接关系到装药爆破的可靠性、起爆效果、爆破质量、作业安全和经济效益等方面的问题。

起爆方法主要包括：（1）非电力起爆法：火雷管起爆法、导爆索起爆法、导爆管起爆法；（2）电力起爆法：即利用电能引爆电雷管进而起爆炸药的起爆方法，它所需要的器材有电雷管、导线和起爆电源等。

二、井巷施工技术

（一）施工工艺

井巷工程的工艺过程主要包括：

（1）钻孔爆破。

（2）装岩提升（含井上、下运输）。

（3）井巷支护（包括临时支护和永久支护）。

（4）井巷装备（包括井筒装备和巷道装备）。

由于目前井巷工程施工仍以钻眼爆破法为主，因此，根据岩石条件和选用的施工设备的不同，钻眼深度有一定的限度，一般为1～5m。由于井巷工程每个巷道都有较大的长度，只能一段一段地进行施工，逐步完成施工任务。

（二）井巷普通施工技术

井巷普通施工技术主要包括立井施工、斜井施工、平巷施工等。

1. 立井施工技术

立井开拓是矿山建设工程设计的主要形式之一。当矿层埋藏深、倾斜大、表土层厚或水文地质情况复杂时，一般均采用立井开拓。在立井施工时，一般将井筒全深划分若干段，逐段进行。掘进和砌壁两大工序若按先后顺序在同一井段内独立进行时，称为单行作业；若分别在上下相邻两个井段内同时进行时，则称为平行作业，掘进与砌壁两大工序在同一井段内组合在一起，则称为混合作业。立井施工主要有以下几种方式：

（1）单行作业。单行作业施工时，先自上而下掘凿井筒，并用井圈、背板或锚喷作临时支护，待掘够预定的井段高度，即由下往上砌筑井壁。这种作业方式的优点是工序单一，管理方便，井内设备简单。

（2）平行作业。平行作业分为长段平行作业和短段平行作业。长段平行作业的砌壁和掘进在两个相邻井段内反向同时进行，其临时支护都是以挂圈背板方式，而且需增设稳绳盘。砌壁以稳绳盘所在高度为界，自下而上进行。短段平行作业的掘进工作在金属掩护筒或锚喷临时支护的保护下进行，掘砌共用一个多层吊盘，砌壁工作在距掘进工作面30~40m的吊盘上随着掘进同时向下进行，段高一般为2~4m。

（3）混合作业。立井混合作业是一种短段掘砌施工方式。在井筒工作面规定的段高内（一般3~5m），把掘进和砌壁两个独立的工艺组合在一个成井循环中，施工工序重新组合，既有单行作业，又有少量平行作业。

（4）一次成井法。一次成井指井筒下掘和永久支护、井筒装备一次完成。其基本方法类似混合作业法井筒下掘的施工工序主要是：钻孔、装药、爆破、通风、抓岩、清底、临时支护，完成一个掘进循环再开始新的掘进循环。完成一定的掘进进度（段高）掘进停止，开始进行永久支护，然后再进行井筒下掘工作。这样逐步完成井筒下掘任务。

2. 斜井施工技术

相对于立井而言，斜井数量较少，对斜井的施工工艺和施工专用设备的研究较少。斜井施工有其自身的特点，立井施工的一些先进的施工设备和工艺在斜井中都不能使用。斜井和平巷相似，但又不完全相同。从施工系统上讲，斜井有比较独立的提升运输系统以及独立的通风排水系统；斜井一般断面比较大，适合选用大型的施工设备。斜井施工主要有以下几种方式：

（1）掘进和永久支护顺序作业法。掘进和永久支护顺序作业法是，先掘进后支护，互不联系。此法适用于岩石稳定、规格轻小的巷道。

（2）掘进与永久支护平行作业法。掘进与永久支护平行作业法是，边掘进、边支护，同时施工，互不影响。掘进工作与支护工作面间隔一定距离（一般30~40m为宜）。

（3）掘进与永久支护交替作业法。掘进与永久支护交替作业法是，掘进一段距离，进行一段永久性支护，交替施工。

3. 平巷施工技术

平巷施工的基本工序有：破岩、通风、装岩、运输、支护。通风是平巷施工过程的重要步骤，通风对改善作业环境有重要作用，有关施工期间平巷的通风设计方法可参阅相关文献。这里重点讲解其他4个工序。

(1) 破岩。平巷的破岩方法以钻爆法为主，钻眼爆破是掘进作业的重要工序，新型凿岩机具与爆破器材不断涌现，爆破理论与破岩机理研究逐步深入，从而使钻眼爆破技术得到迅速的提高。

(2) 装岩。根据工作机构和结构的不同，装岩机大致可分为铲斗式，耙斗式，蟹爪式、立爪式和蟹立爪式等几类。最先推广使用的是铲斗式装岩机（后卸式）。

(3) 运输。巷道施工除了要求及时地将岩石送出外，还需要将大量爆破、支护等材料运往工作面。我国煤矿巷道掘进运输多用电机车牵引矿车，将重车拉到井底车场，空车供应工作面。

(4) 支护。巷道支护是采矿工作的重要环节，巷道稳定与否关系到采矿工作能否顺利进行。常用的支护方法有棚式支护、整体混凝土支护、锚杆支护和喷射混凝土支护。

三、提升运输技术

矿井提升运输的基本任务是：

(1) 把井下回采工作面开采的煤炭与煤巷掘进的煤炭，通过井下运输巷道中的运输设备运至井底车场；再通过井筒内的提升设备提升到地面。

(2) 把井下掘进岩巷与各种室的岩石，像运送煤炭一样运至井底车场，再提升到地面。

(3) 井下各采、掘工作面所需的材料、设备、管道、电缆以及其他材料设备从地面通过井筒内的提升设备送到井下各需用的地点。

(4) 运送上下班的工作人员。

(一) 立井提升的安全技术

立井提升设备包括提升绞车、电动机、提升钢丝绳与尾绳、井架、天轮、提升容器、连接装置、装卸载设备、安全装置电控设备以及信号装置等。这些设备和装置是立井提升中不可缺少的部分，对保证提升安全有着十分重要的意义。

1. 立井提升容器

立井提升容器是用来装运煤炭、岩石、材料设备以及人员的。目前我国煤矿立井主要采用吊桶、罐笼、箕斗三种。

吊桶是立井开凿和延深时运送人员、矸石以及器材等用的。罐笼可用来提升煤炭、岩石、人员以及材料设备。它可在主立井、主暗立井及副立井、副暗立井中使用。立井箕斗一般用于提升煤炭和岩石。它由框架、斗箱及悬挂装置组成。框架由两根直立的槽钢和上、下横向槽钢组成。斗箱、悬挂装置及瓘耳均固定于框架上。

2. 提升容器的安全装置

(1) 连接装置。连接装置和其他有关部分，按极限（破断）强度计算的安全系数，必须符合下列要求：专为升降人员或升降人员和物料的提升装置的连接装置及其他有关部分的安全系数，都不得小于13；专为升降物料的提升装置的连接装置和其他有关部分的安全系数，都不得小于10；吊桶的连接装置的安全系数不得小于13，提梁的安全系数不得小于8。

(2) 防坠器。《煤矿安全规程》规定：升降人员或升降人员和物料的单绳提升罐笼，

（包括带乘人间的箕斗），必须装置可靠的防坠器。新安装或大修后的防坠器，必须进行脱钩试验，合格后方可使用。使用中的立井罐笼防坠器，每半年应进行一次脱钩实验。

（3）井口安全门。在使用罐笼提升的立井，井口及各水平的井底车场内靠近井筒处，必须设置防止人员、矿车及其他物件坠落到井下的安全门。井口安全门必须在提升信号系统内设置闭锁装置，安全门未关闭，就发不出开车信号。

（4）罐座和摇台。为了使矿车在井口或井底装卸载台进、出罐笼时，支撑住罐笼，并能使罐笼内的轨面和装卸载台的轨面准确地对正，保证矿车进、出罐笼的安全，在井口或井底装设罐座。目前罐笼的承接装置一般采用摇台，尤其在中间水平井底车场的装卸载工作台必须采用摇台。

（5）阻车器。罐内阻车器，根据其位置不同，可分为腰卡式和轮卡式两种。

（6）罐门和罐帘。为了防止发生人员从罐笼内掉落的事故，《煤矿安全规程》规定升降人员和物料的罐笼在进出口两头必须装设罐或罐帘，高度不得小于1.2m，罐门或罐帘下部距罐底距离不得超过250mm，罐帘横杆的间距，不得大于200mm。

（7）罐耳和罐道。在提升容器上必须安装罐耳，才能在井筒中沿罐道上下稳定地运动。根据罐道的不同分为刚性（木、钢）罐道罐耳和钢丝绳罐道罐耳。

（8）松绳保护。立井或斜井箕斗提升，当发生卡箕斗而造成松绳时，如绞车司机没有及时发觉，就会造成坠箕斗的恶性事故。如某矿在箕斗下放时，由于箕斗被卡住，绞车司机没有发觉继续松绳，等绞车司机发现时，因松绳过多箕斗突然坠下，把提升钢丝绳拉断，造成坠箕斗事故。

3. 提升容器与井壁或罐道梁之间的安全间隙

立井提升容器和井壁、罐道梁、井梁之间的最小间隙，必须符合规定。提升容器在安装或检修后，第一次开车前必须检查各个间隙，不符合规定，不得开车。

（二）斜井（倾斜巷道）提升及安全运行

1. 倾斜井巷运输设备

倾斜井巷的运输设备，包括提升绞车、提升容器（矿车、箕斗、人车）以及胶带输送机等。当采用提升绞车时，除提升容器外，还应有提升钢丝绳、天轮、井架、轨道、装卸载设备以及安全保护装置等。

2. 倾斜井巷运输类型

我国目前倾斜井口运输类型主要有斜井串车提升、斜井箕斗提升及斜井胶带输送机运输三种。

（1）斜井串车提升。这种运输系统包括斜井串车提升，井下上、下山串车提升。斜井串车提升可分为单钩提升和双钩提升两种。

（2）斜井箕斗提升。斜井箕斗提升具有提升速度大，生产能力较大，容器自重小，电耗小，装卸载自动化等优点。缺点是需安设装卸载设备，井上、下都要有煤仓，投资较多，设备安装时间长；为解决矸石、材料及人员上下井问题，还需另设一套副井提升设备。斜井箕斗提升，一般用在井筒倾角为20°~35°的中型矿井。

（3）斜井胶带输送机提升。胶带输送机在煤矿中最常用的有下列几种：

1）绳架式胶带输送机。有固定式和可伸缩式两种，在采区上下山及集中运输巷，一般用固定式的；在工作面运输巷，一般用可伸缩式的。

2）钢绳芯胶带输送机。由于它用钢绳芯胶带代替了普通胶带，所以强度大，铺设距离长，运输能力大，一般用于斜井提升及井下主要运输大巷中。

3）钢丝绳牵引胶带输送机。它用钢丝绳作为牵引机构，胶带只起承载作用，不承受牵引力，运距可长达十几公里，胶带寿命长，运行上传输成本低。

4）刚性机架胶带输送机。有固定式和解体式两种，固定式主要用于矿井地面和斜井运输；解体式由于容易拆卸、转运、安装，适用采区巷道。

3. 倾斜井巷无极绳运输的安全装置

（1）上、下行矿车的防跑车装置。上行矿车的防跑车装置：当矿车朝一个方向运行时，车用自己的轮轴向下压跑车装置的杠杆，此杆在矿车通过后，在重锤的作用下又恢复原位多发生跑车时，就能挡住轮轴，把矿车停住。

下行矿车的防跑车装置：它由带两块铁板的支撑轨枕所组成，在两块铁板之间的横轴上安装带阻爪的三角摇动杠杆。在矿车的速度正常时，杠杆受到矿车轴碰撞，稍微转动一个角度便立即恢复原位。当矿车发生跑车时，车速加大，矿车前轴冲击杠杆，此时阻车爪转到垂直位置而将矿车的第二个轮轴挡住，将矿车停住。

（2）防止牵引钢丝绳从托滚上脱落的装置。在倾斜井巷使用无极绳运输时，为了悬挂牵引钢丝绳，常使用星形轮作为叉形的或羊角钩连接装置的托滚。当叉形的或羊角钩连接装置错过托滚时，可能发生牵引钢丝绳的掉落，对运输工人的安全有严重威胁。为了防止牵引钢丝绳从轮上滑落，可安装一对星形轮。一个轮在钢丝绳的右方，另一个轮在左方，装在同一个支架上。在巷道转弯处，为了支撑及导向牵引钢丝绳，使用直径为0.5~1m的星形轮，或带有完整凸缘及捕捉钩的滑轮。

四、回采技术

回采是指从完成采准、切割工作的矿块内采出矿石的过程。回采工艺包括落矿、出矿（矿石搬运）和地压管理三种作业。

（一）落矿

落矿是指将矿石以合格块度从矿体上采落下来的作业。

1. 对落矿的要求

（1）工作安全；

（2）矿石破碎块度均匀；

（3）满足矿块生产能力的要求；

（4）落矿费用最低。

2. 凿岩爆破方法落矿

（1）浅孔落矿。目前我国地下矿山应用的采矿方法，浅孔落矿的比重约占50%。同巷道掘进比较，回采时浅孔落矿的最大特点，就是与采矿方法结合，与回采工艺密切相关，回采工作面的自由面至少有两个，在一个自由面上凿孔，另一个自由面方向崩矿。

（2）中深孔落矿。中深孔落矿是我国地下矿山应用极为广泛的落矿方法，是在分段巷道中凿岩和天井中凿岩的主要方法。提高这种落矿方法效率的途径是：研制全液压凿岩台车，逐步提高机械化程度，为增加炮孔凿岩深度和凿岩效率创造良好条件。

（3）深孔落矿。随着孔深的增加，其凿岩速度大约按双曲线关系下降。为了消除这种冲击凿岩的缺点，出现了深孔落矿方法。深孔落矿可提高劳动生产率，减少采准工程量，改善劳动条件和工作安全性。

(4) 深孔挤压落矿。深孔挤压落矿是20世纪60年代以后推广应用于崩落采矿法中的新技术。这种落矿方法和自由空间落矿不同，是在较小的补偿空间条件下落矿，崩落的矿石不能充分松散。

(5) 药室落矿。药室落矿是在专门开凿的巷道和硐室内，大量集中装药爆破的落矿方法。由于巷道工程量大，崩下的矿石块度难于控制，充填工作量大以及劳动条件恶劣等缺点，近年来这种落矿方法几乎完全为深孔落矿所代替。

(二) 出矿（矿石搬运）

出矿（矿石搬运）是指将采下的矿石从落矿工作面运到阶段（按一定高度划分，具有走向全长的开采矿段）运输水平的作业。出矿效率直接影响矿块的生产能力，采落矿石中大于规定标准的不合格大块，需在出矿前或出矿过程中进行二次破碎。

(1) 矿石二次破碎。回采落矿后所产生的不合格大块，在矿石搬运过程中需进行破碎，成为为二次破碎。浅孔落矿时，在回采工作面和放矿闸门处或振动放矿机上；深孔落矿时，一般都在此破碎巷道和放矿漏斗中。矿石二次破碎方法，目前主要用覆土爆破法。对于韧性大的矿石，覆土爆破效果不好时，也采用浅孔破碎。

(2) 重力搬运。回采崩落的矿石在重力作用下，沿采场溜至矿块底部放矿巷道，直接装入运输水平的矿车中。这种从落矿地点到运输巷道全过程上的自重溜放矿石方法，称为重力搬运。

(3) 电耙搬运矿石。长期以来，采用电耙机械搬运矿石，在我国应用最广泛。这是因为电耙具有构造简单、设备费用少、移动方便、坚固耐用、修理费用低和使用范围广等优点。主要缺点是：运矿工作间断，钢绳磨损很大，电能消耗较多，矿石容易粉碎，搬运距离增加时生产率急剧下降。

(4) 自行设备搬运矿石。自行设备有无轨的，也有有轨的。目前无轨自行设备应用极为广泛，有轨自行设备仅在少数中小型矿山应用。因此，习惯上将无轨设备，称为自行设备。

(5) 爆力搬运矿石。爆力搬运是利用深孔爆破时产生的动能使崩下的矿石沿采场地板移动，抛到受矿巷道中。

(6) 水力搬运矿石。水力搬运矿石主要用于薄和中厚倾斜矿体可采用冲洗重力搬运、机械搬运或爆力搬运底板残留的矿石或矿粉。我国有少数矿山用水冲运残留在地板的矿石，获得较好的效果。

(7) 向矿车装矿。矿石搬运到运输水平时，应向矿车装矿。常用的装矿方式是从放矿溜井通过漏口闸门或振动出矿机，有时用电耙从耙矿巷道或采场底板装车平台的“窗口”向主要运输水平的矿车装矿，搬运通过撞车平台缓倾斜矿体或电耙巷道，极少数情况可从放矿巷道底板用装载机将矿石装入矿车。

(三) 地压管理

地压管理包括维护和处理采空区。回采工艺中的落矿、出矿和地压管理是密切相关的，应根据最优技术经济效果，选取合理的回采工艺。

采场地压管理的基本方法有：

（1）利用矿岩本身的强度和留必要的支撑矿柱，以保持采场的稳定性。

（2）采取各种支护方法，支撑回采工作面，以维护其稳定性。

（3）充填采空区，支撑围岩并保持其稳定性。

（4）崩落围岩，使采场围岩应力降低，并使其重新分布，达到新的应力平衡。

1. 采场暴露面和矿柱

（1）采场暴露面的稳定性评价。采场暴露面积大小的主要因素有：矿石和围岩的力学性质、开采深度、施加在开采空间顶板的上覆岩层高度、暴露面维持的时间、暴露面的几何形状等。

（2）矿柱。矿柱的强度与其形状有关。矿柱的宽度越大，高度越小，（即矿柱的宽高比越大）矿柱处于三向压缩状态的部分越大，则矿柱的强度越高。

（3）支撑压力。开采空间上部覆岩的重量，由其两侧围岩（或矿柱）支撑，因而两侧围岩所承受的压力比开挖前要高，升高的压力称为支撑压力，压力升高的范围称为支撑压力区。

2. 支护

当采用不够稳固的矿体或围岩时，有时应用支柱或支架支护采空区，以保证回采工作的安全。

（1）木材支护包括：横撑支柱和立柱、木垛、方框支架和木棚。

（2）锚杆和锚杆桁架支护包括：锚杆支护；锚杆桁架支护。

（3）金属支架支护。金属支架在地下开采中的应用逐渐增加，因为它具有强度大、使用期限长、可多次复用、安装容易、耐火性好等优点。

（4）混凝土和喷射混凝土支护。这种支护方法主要用于电耙巷道，喷射混凝土之后有时也用于采矿巷道。

3. 充填

这种支护方法可以有效地控制采场地压减缓岩层移动和地表下沉的程度；能同时开采相邻矿房，允许多阶段回采和安全的回采矿柱，从而保证回采过程中的矿石损失和贫化最低；对于易燃矿石，没有火灾危险。

4. 崩落围岩

在回采过程中或回采结束后，可采用自然方式或强制方式崩落围岩充满采空区的方法，以改变围岩应力分布状态，达到有效控制地压的目的。

五、井下通风、排水供水技术

（一）井下通风

矿井通风是矿井安全生产的基本保障。矿井通风是借助于机械或自然风压，向井下各用风点连续输送适量的新鲜空气、供给人员呼吸、稀释并排出各种有害气体和浮尘。

1. 通风方式

按照进风井与回风井的相对位置，其布置可分为三类：

（1）中央并列式。通风井和回风井相距较近，并大致位于井田走向中央。中央并列式布置的优点是：基建费用少，投产快，井筒延深工作方便。

（2）中央对角式。进风井和回风井分别布置在井田的中央和侧翼，一进风井位于井田中央，回风井位于井田两翼。中央对角式布置的优点是：风流路线比较短，长度，变化不大，因此不仅压差小，而且在整个矿井服务期间压差变化范围也较小，漏风少，污风出口距工业场地较远。

(3) 侧翼对角式。进风井与回风井分别布置在井田的两侧翼。侧翼对角式布置的优点是：基建费用少，地面建筑物集中，便于管理，在整个生产期长度变化不大，因此在整个矿井服务期间压差变化范围较小，漏风少，污风出口距工业场地较远，有利于环保。

2. 矿井通风方法

(1) 矿井自然通风。矿井自然通风是指在自然风压作用下风流不断流过矿井而形成的通风过程。它是客观存在的一种自然现象。因它受季节气温影响，对矿井通风有时有利，有时又不利，有时还扰乱原来拟定的通风系统。

(2) 扇风机扇风。矿井使用的扇风机根据用途可分为：用于全矿通风的扇风机，称为主要扇风机，简称主扇；用于加强某一区域通风的扇风机，称为辅助扇风机，简称辅扇；用于独头工作面通风的扇风机，称为局部扇风机，简称局扇。这些扇风机根据使用要求，具有不同的特性。

(3) 掘进工作面通风。掘进工作面又称独头工作面，在掘进过程会产生粉尘及炮烟，不进行有效的通风，很难达到安全规程的要求。通风的主要特点是独头，只有一条通路，既要作进风，又要作出风之用。因此必须采取专门措施才能达到通风目的，这种措施通常称为局部通风。

3. 矿井通风工作要求

井下通风工作的要求有：

(1) 由于通风工作的特殊性，通风工不许单独井下作业，必须两人或两人以上同时作业。回风巷、独头井巷等要加倍注意，并且佩戴好必要的劳动保护用品。

(2) 进入某地点工作前，首先要确认地点的安全性，包括风流畅通情况、顶板稳固情况、岩壁的安全状况等。确认工作环境安全可靠无危险方可开始工作。

(3) 风机和风筒等材料和设备的运输要使用平板车，不许用矿车运输。运输过程中要捆绑牢固、装卸、移动风机时要有专人指挥。

(4) 运输设备的过程中要注意设备的宽度和高度，严禁撞坏架线、电线电缆、风水管线及各种电气设备。

(5) 安装局扇时，局扇的底座应该平整，局扇应安装在木制或铁制的平台上，电缆和风筒应吊挂在巷道壁上，吊挂距离为5~6m。

(6) 通风风筒的安装必须要平直牢固，百米漏风量在10%以内，吊挂风筒的铁线与架线应采取一定的安全绝缘、隔离措施，以免发生触电现象。

(7) 进入局扇工作面前要注意观察工作面炮烟情况，严禁顶烟进入工作面，开启局扇前应对风机的各部进行认真仔细的检查，确认设备状态良好才可开机工作。

(二) 井下排水供水

1. 供水系统

供水大体上可分为从地面供水和从井下供水：

(1) 从地面供水。水源可来自地面生活用水管网或打井取水；高位水池供水地面；加压泵房供水。

(2) 从井下供水。水源可来自井下探放水清水，采空区清水涌水或来自地面管网水加压泵房。

2. 排水系统

(1) 排水系统分类。

1) 直接排水系统：如各水平涌水量都很大，各水平可分别设置水仓、泵房和排水装置，将各水平的水直接排至地面。此方法的优点是上、下水平互不干扰，缺点是井筒内管路较多。

2) 集中排水系统：当上水平的涌水量较小时，可将上水平的水下放到下水平，而后由下水平的排水装置直接排至地面。此方法的优点是只需一套排水设备，缺点是上水平的水下放后再上提，损失了位能，增加了电耗。

3) 分段排水系统：若下水平的水量较小或井过深则可将下水平的水排至上水平的水仓内，然后集中一起排至地面。

(2) 排水系统组成。

1) 水仓：用来专门储存矿水的巷道。

2) 水泵房：专为安装水泵、电机等设备而设置的硐室，大多数主水泵房布置在井底车场附近。

(3) 排水设备的组成。排水设备一般由水泵、电动机、启动设备、管路、管路附件和仪表等组成。

3. 排水系统工作

(1) 水泵正常工作条件：

1) 稳定性工作条件。泵在管路上稳定工作时，不管外界情况如何变化，泵的扬程特性曲线与管路特性曲线只有一个交点，并且只能是一个，反之是不稳定的。水泵运转时，对于确定的排水系统管路特性曲线基本上不变。

2) 经济性工作条件。为了提高经济效益，必须使水泵在高效区工作，通常规定运行工况点的效率不得低于最高效率的85%~90%。

3) 不发生汽蚀条件。为保证水泵正常运行，实际装置的汽蚀余量应大于泵的允许汽气蚀余量。

(2) 水泵工况点调节。

水泵在确定的管路系统工作时，一般不需要调节，但若选择不当，或运行时条件发生变化，则需要对其工况点进行调节。由于工况点是由水泵的扬程特性曲线和管路特性曲线的交点决定的，所以要改变工况点，就可以采用改变管路特性或改变泵的扬程特性的方法达到，常用的做法有：1) 闸门节流法；2) 减少叶轮数目；3) 削短叶轮直径。

六、露天开采技术

露天开采是指先将覆盖在矿体上面的土石剥离，自上而下地把矿体分为若干梯段，直接在露天下进行采矿的方法，是从袒露地表的采矿场采出有用矿物的过程。当矿体埋藏较浅或地表有露头时，应用露天开采最为优越。与地下开采相比，露天开采优点是资源利用充分、回采率高、贫化率低，适于用大型机械施工，建矿快，产量大，劳动生产率高，成本低，劳动条件好，生产安全。

(一) 露天采矿作业内容

露天采矿作业内容主要包括穿孔爆破、采装、运输和排土。这四项工作的好坏及它们之间如何配合，是露天采矿的关键，其具体工作如下：

(1) 穿孔爆破：是指在露天采场矿岩内钻凿一定直径和深度的定向爆破孔，以炸药爆破，对矿岩进行破碎和松动。穿孔设备主要有冲击式钻机、潜孔钻机和牙轮钻机等，多用铵油炸药、浆状抗水炸药和乳化炸药及粒状乳化炸药等。

(2) 采装工作：是指用人工或机械将矿岩装入运输设备，或直接卸到指定地点的作业。常用的设备是挖掘机（有多斗和单斗两类）、轮斗铲和前端式装载机。

(3) 运输工作：是指将露天采场的矿、岩分别运送到卸载点（或选矿厂）和排土场，同时把生产人员、设备和材料运送到采矿场。主要运输方式有铁路、公路、输送机、提升机，还有水力运输和用于崎岖山区的索道运输。

(4) 排土工作：是指从露天采场将剥离覆盖在矿床上部及其周围的大量表土和岩石，运送到专门设置的场地（如排土场或废石场）进行排弃的作业。排土方法依其排土设备的不同，分为推土犁推土、推土机排土、前装机排土和拖拉铲运机或索斗铲排土等。

(二) 露天开采生产工艺

1. 露天矿床开拓方式

露天矿床开拓就是建立地面与露天采场各工作水平之间的运输通道（即出入沟或井巷），以保证露天采场正常的运输联系，及时准备出新水平。

露天矿床的开拓方式与运输方式有密切关系。露天矿床开拓分类主要按运输方式来确定，按运输干线的布线形式和固定性作为进一步分类的依据。露天矿床开拓按运输方式可分为：公路运输开拓、铁路运输开拓、联合运输开拓。

2. 露天矿的开采方式及安全问题

我国金属露天矿开采方式大体分为全境界（不分期）开采方式和分期开采方式两大类。而分期开采又分为分期过渡开采（分期时间长）、扩帮开采（或称分期开采，其分期时间短）和分区开采。

分期开采的主要安全问题包括：

(1) 安全平台宽度。安全平台宽度不宜过窄，一般留有15~25m为宜。

(2) 接滚石平台。当采用陡帮扩帮作业时，一般每隔60~90m高度应布置一个接滚石平台，其宽度为20~25m，以防止扩帮滚石威胁下部正常采剥作业。

(3) 分区扩帮。扩帮剥离与正常剥离应分区作业，如在同一区段应交错作业，根据扩帮高差大小不同，水平错开距离一般应大于200m。

(4) 定向爆破。扩帮采用定向爆破，使爆破方向不转向采空区一侧，以防止扩帮爆破滚石威胁下部正常采剥作业安全。严禁两个相邻的组合台阶同时进行爆破。

(5) 保证运输作业安全。陡帮采剥阶段，如上部扩帮作业，不允许有运输设备。

(6) 辅助设备。设计应考虑配备必要的辅助设备，如前装机、推土机等，用于扩帮作业的辅助作业，清理道路边坡碎石等。

(7) 要制定科学的生产管理制度和必要的安全规程。

第二节　地面工业建筑结构与施工

一、厂房结构及其施工方法

(一) 单层厂房的主要结构形式

一般分两种类型：墙体承重和骨架承重结构。

骨架承重结构的主要组成构件有：房盖结构，吊车梁，柱子，基础，外墙围护系统，支撑系统。

单层工业厂房由于面积大、构件类型少而数量多，一般多采用装配式钢筋混凝土结构。柱和屋架等尺寸大、重量大的大型构件一般都在施工现场预制，中小型构件一般在构件预制厂生产，现场吊装，所以承重结构构件的吊装是钢筋混凝土单层工业厂房施工的关键问题。

(二) 多层厂房结构及其施工方法

(1) 多层厂房的主要结构类型。常采用多层装配式或装配整体式钢筋混凝土框架结构，多层装配式钢筋混凝土结构主要分为装配式框架结构和装配式墙板结构两大类。

(2) 多层厂房的施工特点。多层装配式钢筋混凝土结构房屋的施工特点是：房屋高度较大而施工现场相对较小；构件类型多、数量大；各类构件接头处理复杂，技术要求较高；应着重解决起重机械的选择与布置，结构吊装方法与吊装顺序，构件吊装工艺等问题。其中起重机械的选择是主导的，选用的起重机械不同，结构吊装方案也各异。

(三) 厂房结构吊装主要施工设备

1. 起重机

结构吊装过程中常用的起重机械有自行杆式起重机、塔式起重机、桅杆式起重机。

(1) 自行杆式起重机。有履带式、汽车式、轮胎式起重机三种。

1) 履带式起重机：操作灵活，机身可作360°回转，具有较大起重能力和工作速度，在一般平整坚实的场地上可以载荷行驶和作业；其缺点是稳定性差，一般不宜超负荷吊装，行走速度慢，对路面破坏大，长距转场时，需用拖车，是结构安装过程中的主要起重机械。

2) 汽车式起重机：具有汽车的行驶通过性能，机动性强、行驶速度快，转移迅速、对路面破坏小，缺点是吊装时必须设支腿，因而不能负荷行走。

3) 轮胎式起重机：一种自行式全回转起重机械，行驶时对路面的破坏性较小，行驶速度比汽车式起重机慢，故不宜长距离行驶，适宜作业地点相对固定而作业量较大的现场。

(2) 塔式起重机：可作360°回转，有效起升高度较高，工作半径大，工作面广，用于大型厂房的施工和高炉等设备的吊装。

(3) 桅杆式起重机：能在比较狭窄的场地使用，制作简单，装拆方便，起重量大，可达1000kN以上；但灵活性差，移动较困难起重半径小，须有较多缆风绳，它适用于安装比较集中的工程。

2. 其他起重设备

结构安装工程施工中除了使用起重机械外，还要用到许多辅助工具和设备，如卷扬机、滑轮组、横吊梁、地锚、龙门架和提升机等。

（四）厂房结构的施工方法

厂房结构施工按构件的吊装次序可分为分件吊装法、节间吊装法和综合吊装法。

（1）分件吊装法是指起重机在单位吊装工程内每开行一次只吊装一种构件的方法。

主要优点有：施工内容单一，准备工作简单因而构件吊装效率高，且便于管理；可利用更换起重臂长度的方法分别满足各类构件的吊装。

主要缺点有：起重机行走频繁；不能按节间极早为下道工序创造工作面；屋面板吊装往往另需辅助起重设备。

（2）节间吊装法是指起重机在吊装过程内的一次开行中，分节间吊装完各种类型的全部构件或大部分构件的吊装方法。主要优点有：起重机行走路线短；可及早按节间为下道工序创造工作面。主要缺点有：要求选用起重量较大的起重机，其起重臂长度要一次满足吊装全部各种构件的要求，因而不能充分发挥起重机的技术性能；各类构件均须运至现场堆放，吊装索具更换频繁，管理工作复杂。

起重机开行一次吊装完房屋全部构件的方法一般只在下列情况下采用：

1）吊装某些特殊结构（如门架式结构）时；

2）采用某些移动比较困难的起重机（如桅杆式起重机）时。

（3）综合吊装法是指建筑物内一部分构件采用分件吊装法吊装，一部分构件采用节间吊装法吊装的方法。此法吸取了分件吊装法和节间吊装法的优点，是建筑结构中较常用的方法。普遍做法是采用分件吊装法吊装柱、柱间支撑、吊车梁等构件；采用节间吊装法吊装屋盖的全部构件。

二、井架的结构及其施工方法

井架是用来支承天轮，同时也是固定井筒以上部分的罐道、卸载曲轨、防坠钢丝绳等。

（一）钢井架的形式与结构组成

1. 井架的结构分类

井架按建造材料不同可分为钢井架、钢筋混凝土井架、砖井架、木井架。竖井生产井架高度在25m及以下时，一般采用钢筋混凝；土结构；高度超过25m时，多采用钢井架。

2. 钢井架的结构组成

钢井架分为普通单绳提升井架和落地式多绳提升井架。其中落地式多绳提升井架（也称为“箱形钢井架”）使用比较普遍。箱形井架结构包括头部、立架、斜架、井口支撑梁、斜架基础五大部分。

井架的头部结构直接承受提升运行荷载，包括天轮托架、天轮平台、天轮起重架及防护栏杆等。立架是井架的直立空间结构，用来固定地面以上的罐道、卸载曲轨等，并承受头部下传的荷载。斜架斜撑于提升机一侧，承受大部分提升钢丝绳荷载，并维持井架整体稳定性。

（二）利用永久井架凿井的井架改造

1. 利用永久井架凿井的基本原则

（1）利用永久井架凿井应当能够有效地缩短主副井交替装备的工期。

(2) 利用永久井架凿井应当能够取得较好的经济效益。

2. 利用永久井架凿井的结构改造工作

(1) 改造永久井架的主要内容有:

1) 永久井架结构要兼顾凿井荷载的特性。凿井时井架荷载复杂，悬吊荷载较多，悬吊点不确定，荷载的影响因素多。

2) 永久井架的结构布局要兼顾凿井的需要。凿井提升要求井架提升平台布置较多地采用梁格结构与永久井架提升平台相对简单的结构形式不同。

(2) 改造永久井架的主要措施有:

1) 新增设提升平台，增设的平台与井架主体；杆件之间采用螺栓连接，不得在永久井架上施焊；

2) 增设卸矸平台；

3) 永久井架的局部增强或增加稳定性杆件，增加凿井提升悬吊必要的稳定设施。

三、钢筋混凝土井塔结构

井塔用于支持塔式多绳提升机，承受提升荷载并起维护作用的结构物。

井塔可以有砖或砌块砌筑，现有的井塔绝大部分为钢筋混凝土结构，采用爬模施工。井塔结构一般由基础、塔体和提升机大厅三大部分组成。钢筋混凝土井塔中，采用箱型和箱框型两种结构的井塔占主要比例。

四、筒仓结构

矿业工程采用筒仓结构用于贮存散料（矿石、水泥等）和进行装车。用于装车的筒仓采用架空的形式，下面通过装载车辆；也可以采用装贮合一的形式。按建筑材料分，筒仓有砖、混凝土砌块或钢筋混凝土等结构形式。目前筒仓多做成预应力混凝土结构，预应力混凝土筒仓主要包括基础、筒体、仓斗以及仓顶结构，筒体和仓斗两部分可采用预应力结构。

五、防水工程施工

1. 地面建筑结构防水的类型

地面建筑防水按所用材料分为柔性防水和刚性防水。

(1) 柔性防水包括卷材和涂料，有聚氯脂涂膜、氯丁胶乳沥青防水涂料、硅橡胶防水涂料和高聚物（SBS）等；以及沥青卷材、高聚物沥青防水卷材、合成高分子防水卷材等。

(2) 刚性防水采用掺用少量外加剂、高分子聚合物等的水泥砂浆或混凝土类防水材料。按其作用又可分为有承重作用的防水（即结构自防水）和仅有防水作用的防水，分别为防水混凝土和防水砂浆。

2. 室内地面涂料防水的施工技术要求

(1) 施工环境温度应符合防水材料的技术要求，并宜在5℃以上。

(2) 防水层应从地面延伸到墙面，高出地面100mm。

(3) 涂膜涂刷应均匀一致，不得漏刷。玻纤布的接槎应顺流水方向搭接，搭接宽度应不小于100mm。两层以上玻纤布的防水施工，上、下搭接应错开幅宽的1/2。

(4) 防水层完工后，经蓄水试验无渗漏，方可铺设面层。蓄水高度不超过200mm，蓄水时间为24~48h。

3. 屋面卷材防水的施工技术要求

(1) 卷材铺贴应选择在好天气进行，严禁雨、雪天施工，五级及以上大风时不得施工，施工中途下雨、下雪应做好卷材周边的防护工作，低温施工应符合相关规定。

(2) 屋面防水层卷材铺贴时，应先做好节点、附加层和排水较为集中的处理工作，然后再由屋面最低标高处向上进行。对于多层卷材的屋面，各层卷材的铺贴方向应相同，不得交叉。

(3) 卷材铺贴应采用搭接法。平行于屋脊的搭接缝应顺流水方向，垂直于屋脊的搭接缝应与年最大频率风向一致；上下层及相邻两幅的搭接缝应错开；应尽量减少搭接数量。

(4) 底层卷材与基层黏结形式分为满铺法、空铺法、点粘法和条粘法；当卷材防水层上有重物覆盖或基层变形较大时，应优先采用空铺法、点粘法或条粘法，以避免结构变形拉裂防水层。

4. 刚性防水施工的施工技术要求

(1) 防水混凝土（砂浆）的配合比与结构尺寸应符合设计或产品的要求。防水层应与基层结合牢固，表面应平整，不得有空鼓、裂缝和麻面起砂，阴阳角应做成圆弧形。

(2) 在预制混凝土板上采用刚性防水时，应用细石混凝土灌当预制板的板缝较宽时，可以在板缝内设置构造钢筋；板端缝应进行密封处理。

(3) 防水层宜用普通硅酸盐水泥或硅酸盐水泥；采用矿渣硅酸盐水泥时应采取减小泌水性的措施，防水层内严禁埋设管线。

第三节 案例分析

某瓦斯矿井南翼采区首采工作面轨道顺槽为半煤岩巷道，设计为矩形断面，其岩石硬度为$f=7$，工作面预计涌水量6m^3/h，巷道采用锚网索联合支护。根据这一条件，施工单位编制了施工方案。

问题：

(1) 选择适合该巷道施工的炸药。该工程对雷管的延时有何要求，说明理由。

(2) 该巷道爆破掘进应采用何种爆破网路，对起爆器有何要求？

(3) 为使巷道断面成型规整，在周边眼的布置和装药方面应采取哪些措施？

答：(1) 该巷道虽为半煤岩巷道，但岩石硬度中等，且巷道工作面有水和瓦斯，因此应选用爆炸威力较大的抗水型安全炸药，如煤矿许用乳化炸药、煤矿许用水胶炸药。由于该矿为瓦斯矿井，因此爆破网路电雷管应选用毫秒延期电雷管，且不准跳段使用，相邻两段之间的间隔时间<50ms，最末一段雷管的总延期时间<130ms。不同厂家生产的或不同品种的电雷管，不得掺混使用。不得使用导爆管或普通导爆索。

(2) 由于该矿井为瓦斯矿井，因此应选用不能引发瓦斯有害气体爆炸的爆破网路，即电力爆破网路，同时要使用防爆型电力起爆器。

（3）为使巷道成型规整，周边眼的间距要小，以控制在400~600mm，周边眼的眼底应落在巷道断面轮廓线以外；且应采用不耦合装药结构。

复习思考题

2-1 井架的顶部结构主要包括哪些？

2-2 采矿基本技术有哪些？

2-3 矿井提升运输的基本任务是什么？

2-4 按照进风井与回风井的相对位置，其布置方式有哪几种？

2-5 厂房结构的施工方法有哪些，其优缺点分别是什么？

第三章　矿业工程项目组织管理

第一节　组织基本原理

一、项目组织概述

（一）项目组织的概念

“组织”有两种含义。第一种含义是作为名词出现的，指组织机构。组织机构是按一定领导体制、部门设置、层次划分、职责分工、规章制度和信息系统等构成的有机整体，是社会人的结合形式，它要完成一定的任务，并为此而处理人和人、人和事、人和物的关系。第二种含义是作为动词出现的，指组织行为（活动），即通过一定权力和影响力，为达到一定目标对所需资源进行合理配置，处理人和人、人和事、人和物关系的行为（活动）。

“组织”一词的两个方面含义派生出组织管理理论的两个分支，即组织结构学和组织行为学。组织结构学侧重于组织的静态研究，以建立高效的组织机构为目的；组织行为学侧重于组织的动态研究，以建立良好的组织关系和实现组织职能为目的。

项目管理组织是为完成特定的工程建设项目任务而建立，是完成工程建设项目任务的组织。项目管理组织的根本作用是通过组织活动，汇聚和放大项目管理组织内部成员的力量，保证目标的实现。项目管理组织的作用主要体现在以下几个方面：

（1）组织机构是项目管理的组织保证。一个好的组织机构可以有效地完成项目管理目标，有效地应对环境的变化，有效地供给组织成员生理、心理和社会需要，形成组织力，使组织系统正常运转，产生集体思想和集体意识，完成项目管理任务。

（2）形成一定的权力系统以便进行指挥。组织机构的建立，首先是以法定的形式产生权力。权力是工作的需要，是管理地位形成的前提，是组织活动的反映。没有组织机构，便没有权力，也没有权力的运用。

（3）形成责任制和信息沟通体系。责任制是项目组织中的核心问题。一个项目管理组织能否有效地运转，取决于是否有健全的岗位责任制。项目管理组织的每个成员都应肩负一定责任，责任是项目管理组织对每个成员规定的一部分管理活动和生产活动的具体内容。

信息沟通是组织力形成的重要因素。信息产生的根源在组织活动之中，下级（下层）以报告的形式或其他形式向上级（上层）传递信息；同级不同部门之间为了相互协作而横向传递信息。越是高层领导，越需要信息，越要深入下层获得信息，原因在于领导离不开信息，有了充分的信息才能进行有效决策。

（二）项目管理组织的要素

一般来说，组织由管理层次、管理跨度、管理部门和管理职能四要素构成，四大因素密切相关并相互制约。

（1）管理层次。管理层次是指从组织的最高管理者到最基层的实际工作人员的等级层次的数量。管理层次可分为三个层次，即决策层、协调和执行层、操作层。三个层次的职能要求不同，表示不同的职责和权限，由上到下权责递减，人数却递增。

（2）管理跨度。管理跨度是指一个主管直接管理下属人员的数量，在组织中某级管理人员的管理跨度的大小直接取决于这一级管理人员所要协调的工作量。跨度大，处理人与人之间关系的数量随之变大。跨度太大时，领导者和下属接触频率会增大，常有应接不暇之感。因此，在设计组织结构时，必须强调跨度适当。跨度的大小又和分层多少有关。一般来说，管理层次增多，跨度会小；反之，层次少，跨度会大。

（3）管理部门。按照类别对专业化细分的工作进行分组，以便使共同的工作进行协调，即为部门化。部门可以根据职能来划分，可以根据产品类型来划分，可以根据地区来划分，也可以根据顾客类型来划分。组织中各部门的合理划分对发挥组织效能非常重要。如果划分不合理，就会造成控制、协调困难，浪费人力、物力、财力。

（4）管理职能。组织机构设计确定的各部门的职能，要在纵向使指令传递、信息反馈及时，在横向使各部门相互联系、协调一致。管理职能分工表是用表的形式反映项目管理班子内部项目经理、各工作部门和各工作岗位对各项工作任务的项目管理职能分工，如图 3-1 所示，用拉丁字母表示管理职能，其中 P 代表计划职能，D 代表决策职能，I 代表执行职能，C 代表检查职能。

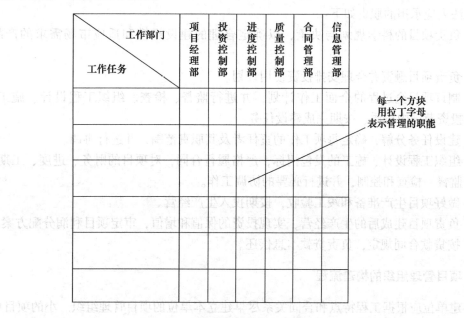

工作部门 工作任务	项目经理部	投资控制部	进度控制部	质量控制部	合同管理部	信息管理部

每一个方块用拉丁字母表示管理的职能

图 3-1 管理职能分工表

（三）项目法人责任制

1. 内涵

项目法人是指由项目投资者代表组成的对项目全面负责并承担投资风险的项目法人机构，它是一个拥有独立法人财产的经济组织。项目法人责任制是一种项目管理组织制度。

1992年国家计划委员会（现国家发展和改革委员会）颁发了《关于建设项目实行业主责任制的暂行规定》，同年党的十四届三中全会改称项目法人责任制。

项目法人责任制是将投资所有权和经营权分离，对项目规划、设计、筹资、建设实施直至生产经营，以及投资保值增值和投资风险负全部责任，实行自主经营、自负盈亏、自我发展、自我约束的经营机制。

我国政府规定：从1992年起，新开工和进行前期工作的全民所有制单位的基本建设项目，原则上都要实行项目法人责任制。项目法人责任制与投资项目的传统管理体制在管理上最大的不同之处在于：传统体制下独立建设的项目是先有项目，后有法人，即只有项目建成后，投产之时才到工商局登记，取得法人资格；而项目法人责任制是指项目由法人筹建和管理，因而对任何项目都是先有法人，后有项目。

2. 组织形式

（1）政府出资的新建项目：如交通、能源、水利等基础设施工程，可由政府授权设立工程管理委员会作为项目法人。

（2）由企业投资进行的改建、扩建、技改项目，企业的董事会（或实行工厂制的企业领导班子）是项目的法人。

（3）由各个投资主体以合资方式投资建设的新建、扩建、技改项目，则由出资方代表组成的企业（项目）法人是项目法人。

3. 职责

项目法人应承担的职责如下：

（1）负责项目的科学规划与决策，以确定合理的建设规模和适应市场需求的产品方案。

（2）负责项目融资并合理安排投资使用计划。

（3）制订项目全过程的全面工作计划，并进行监督、检查、组织工程设计、施工、在计划的投资范围内按质、按期完成建设任务。

（4）建设任务分解，确定每项工作的责任者及其职责范围，并进行协调。

（5）组织工程设计、施工的发包招标，严格履行合同，对项目的财务、进度、工期、质量进行监督、检查和控制，并进行必要的协调工作。

（6）做好项目生产准备和竣工验收，按期投入生产经营。

（7）负责项目建成后的生产经营，实现投资的保值和增值，审定项目利润分配方案。

（8）按贷款合同规定，负责贷款本息偿还。

二、项目管理组织的构建流程

各参建单位应根据工程特点和合同关系尽早建立本单位的项目管理组织。小的项目可由一个人负责，大的项目应由一个小组甚至一个集团负责。组织构建的流程图如图3-2所示。

项目管理组织的建立一般具有以下流程：

（1）确定项目管理目标。项目管理目标是项目组织存在和设立的前提，也是确定项目组织形式和工作内容的基础。项目管理目标对承担工程建设项目不同任务的单位而言是有区别的，建立项目组织时应该明确本组织的项目管理目标。

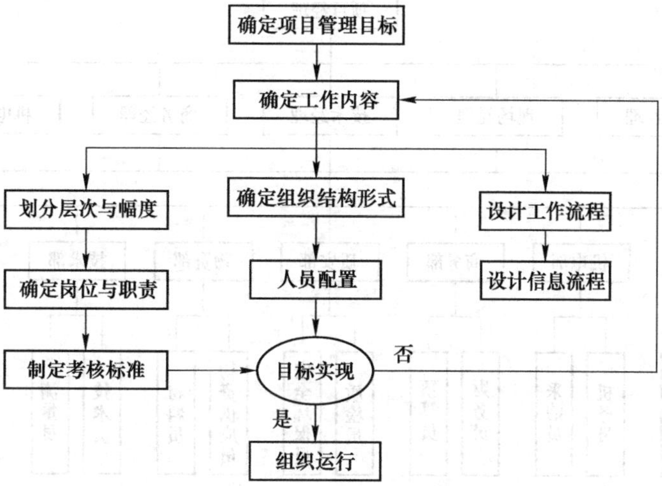

图 3-2　组织构建流程图

(2) 确定工作内容。明确项目组织工作内容，一方面是项目目标的细化和落实，另一方面也是项目组织的根本任务和确定项目组织机构形式的基础。根据项目管理目标确定完成目标所必须完成的工作，并对这些工作进行分类和组合。在进行分类和组合时，应以便于目标实现为目的，考虑项目的规模、性质、复杂程度以及组织人员的技术业务水平、组织管理水平等因素。

(3) 选择组织结构形式。根据项目的性质、规模、建设阶段的不同可以选择不同的组织结构形式以适应项目管理的需要。组织结构形式的选择应考虑有利于项目目标的实现、有利于决策的执行、有利于信息的沟通，根据组织结构形式和例行性工作确定部门和岗位以及它们的职责，并根据职权一致的原则确定他们的职权。

(4) 确定项目组织结构管理层次和管理幅度。管理层次和管理幅度构成了项目组织结构的基本框架，是影响项目组织效益的主要因素，应根据项目具体情况确定相互统一、协调一致的管理层次和跨度。

(5) 定岗、定责和定员。以事设岗、以岗定人是项目组织机构设置的一项重要原则。根据项目工作内容划分工作岗位，根据工作岗位安排不同层次、不同特长的人，并确定相应的工作岗位职责，做到权责一致。

(6) 设计组织运行的工作流程和信息流程。组织形式确定后，项目组织大致的工作流程基本已经明确，但具体的工作流程和信息流程要在工作岗位和职责明确后才能确定下来。合理的工作流程和信息流程是保证项目管理工作科学有序进行的基础，以规范化程序的要求确定各部门的工作程序，规定它们之间的协作关系和信息沟通方式。

(7) 制定考核标准，规范化开展工作。为保证项目目标的最终实现和项目工作内容的完成，必须对各工作岗位制定考核标准，包括考核内容、考核时间、考核形式等，以保证规范化地开展各项工作。

图 3-3 为某大厦项目经理部的部门设置和人员配备。

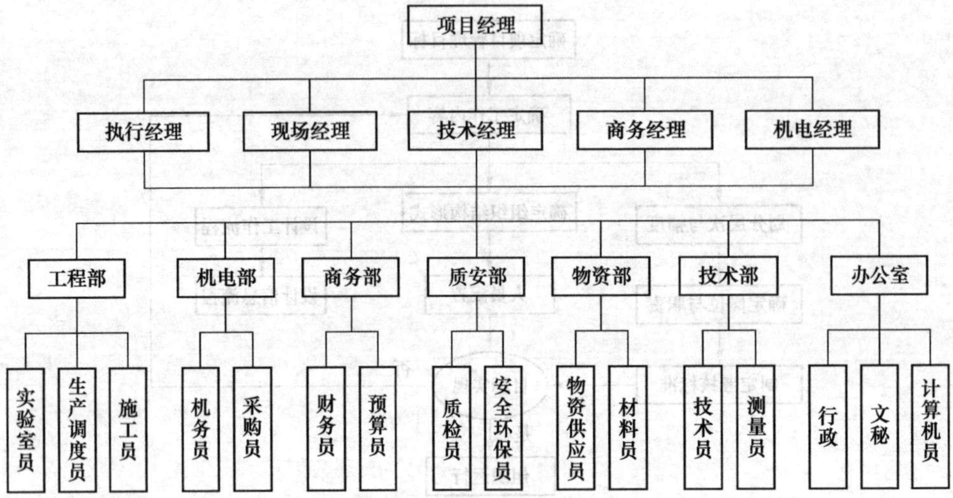

图 3-3　某大厦项目经理部组织结构

第二节　项目管理组织结构设计

一、组织结构设计的内容和原则

（一）内容

组织结构是指组织内部各构成要素相结合的形式和相互关系，是组织管理的主要研究对象。为保证组织结构的协调运行和组织目标的有效实现，必须对组织要素之间的相互关系和运作规则进行优化设计。组织结构设计的具体内容有：

（1）设置组织内各个职能部门并明确各部门及人员职责。

（2）确定各部门及人员的权利和相互关系。

（3）确定组织内指令下达和信息沟通方式。

（4）确定各种规章制度和工作流程。

（二）原则

（1）任务目标原则。任何一个组织，都有其特定的任务和目标，每一个组织及其每一个人，都应当与其特定的任务目标相关联；组织的调整、增加、合并或取消都应以是否对其实现目标有利为衡量标准；没有任务目标的组织是没有存在价值的。

在进行组织设计时，为了保证组织任务目标的实现，要分析必须做的工作是什么，设什么机构、什么职能才能做好这些事。因目标而设事，因事而设人、设机构、分层次；因事而定岗定责，因责而授权。

（2）统一指挥原则。统一指挥原则的实质就是在管理工作中实行统一领导，建立起严格的责任制，消除多头领导和无人负责现象，保证全部活动的有效领导和正常进行。确定管理层次时，要使上下级之间形成一条等级链，并明确上下级的职责、权力和联系方式。在建立项目组织时，每一级领导都要保持适当的管理跨度，以便集中精力在职责的范围内实施有效的领导。

（3）分工与协作统一原则。分工与协作是社会化大生产的客观要求。组织设计中要坚持分工与协作统一的原则，就是要做到分工要合理，协作要明确。对于每个部门和每个职工的工作内容、工作范围、相互关系、协作方法等，都应有明确规定。

分工时，应注意分工的粗细要适当。一般说，分工越细，专业化水平越高，责任划分明确，效率也较高，但也容易出现机构增多，协作困难，协调工作量增加等问题。分工太粗，则机构可较少，协调可减轻，但专业化水平和效率比较低，容易产生推诿责任的现象。为了实现分工协作的统一，组织中应明确部门内部和部门之间的协作关系与配合方法，各种关系的协调应尽量规范化、程序化。

（4）精干高效原则。精干就是指在保证工作按质按量完成的前提下，用尽可能少的人去完成工作。之所以强调用尽可能少的人，是因为根据大生产管理理论，多一个人就多一个发生故障的因素。另外，人多容易助长推诿拖拉、相互扯皮的风气，造成效率低下。为此，要坚持精干高效的原则，力求人人有事干、事事有人管、保质又保量、负荷都饱满。

（5）责权利相对应原则。有了分工，就意味着明确了职务，承担了责任，就要有与职务和责任相等的权力，并享有相应的利益。这就是责、权、利相对应的原则。这个原则要求职务要实在、责任要明确、权力要恰当、利益要合理。在设置职务时，应当做到有职就有责，有责就有权。因为有责无权和责大权小，会导致负不了责任并且会束缚管理人员的积极性、主动性和创造性；而责小权大，甚至无责有权，又难免造成滥用权力。

（6）弹性结构原则。所谓弹性结构，是指一个组织的部门结构、人员职责和工作职位都是可以变动的，保证组织结构能进行动态的调整，以适应组织内外部环境的变化。矿业工程项目是一个开放的复杂系统，其本身以及所处的环境变化往往较大，所以项目组织结构应能满足由于项目以及项目环境的变化而进行动态调整的要求。

二、组织结构模式

组织结构模式是指一个组织以什么样的结构方式去处理层次、跨度、部门设置和上下级关系。组织结构模式可用组织结构图来描述，反映一个组织系统中各组成部门（组成元素）之间的组织关系（指令关系）。在组织结构图中，矩形框表示工作部门，上级工作部门对其直接下属工作部门的指令关系用单向箭线表示。常用的组织结构模式有直线式组织结构、职能式组织结构、矩阵式组织结构和事业部式组织结构。

（一）直线式组织结构

在直线式组织结构中，每一个工作部门只能对其直接的下属部门下达工作指令，每一个工作部门也只有一个直接的上级部门，因此，每一个工作部门只有唯一一个指令源，避免由于矛盾的指令而影响组织系统的运行。直线式组织结构如图 3-4 所示。

直线式组织结构模式的组织机构简单、隶属关系明确，权力集中、命令统一、职责分明、信息流畅、决策迅速，但项目经理责任较大且项目组织成员之间合作困难。直线式组织形式适用于独立的中小型项目。

（二）职能式组织结构

在职能式组织结构中，项目管理组织中按职能以及职能的相似性组织设置若干部门，每一个职能部门可根据它的管理职能对其直接和非直接的下属工作部门下达工作指令。因

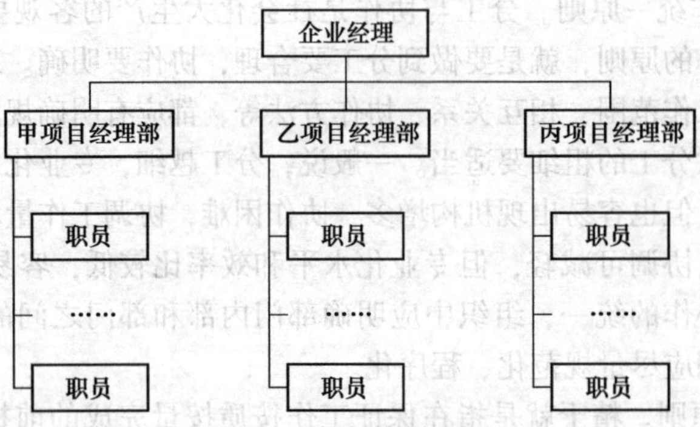

图 3-4　直线式组织结构

此，每一个工作部门可能得到其直接和非直接的上级工作部门下达的工作指令，这样就会形成多个矛盾的指令源。一个工作部门的多个矛盾的指令源会影响企业管理机制的运行。职能式组织结构如图 3-5 所示。

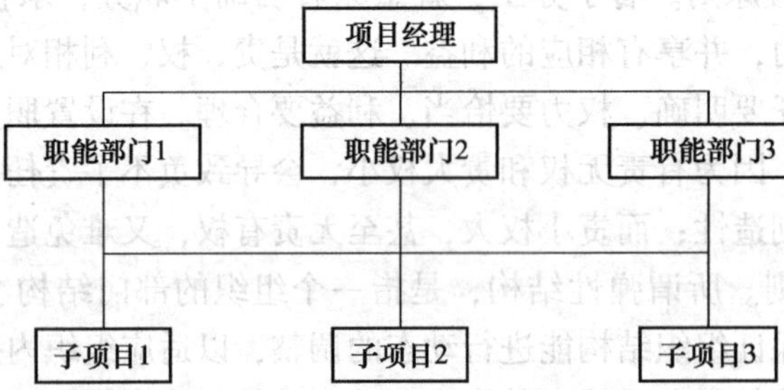

图 3-5　职能式组织结构

职能式组织结构模式加强了项目管理目标控制的职能分工，充分发挥了职能机构的专业管理作用，同时增加了资源利用的灵活性，降低了人力及其他资源的成本。但容易产生矛盾的指令，项目整体协调困难。职能式组织形式一般适用于小型的或单一的、专业性较强而不需涉及众多部门的工程项目。

(三) 矩阵式组织结构

在矩阵式组织结构模式中项目管理组织由公司职能部门、项目两套系统组成，呈矩阵状，其中项目管理人员由企业有关职能部门派出并对其进行业务指导。在项目建设期间，项目管理人员接受项目经理直接领导，其组织结构如图 3-6 所示。

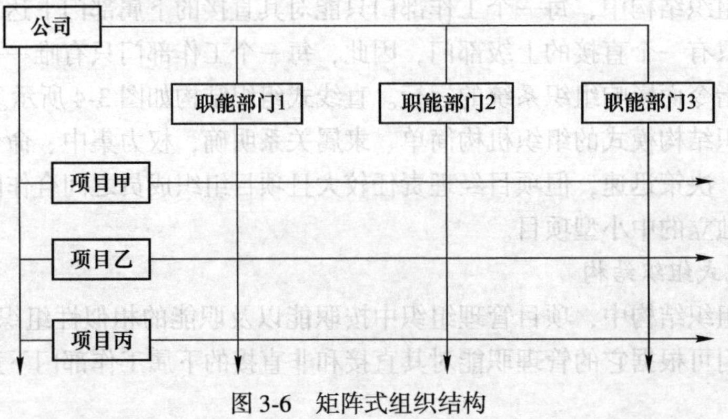

图 3-6　矩阵式组织结构

矩阵式组织结构模式加强了各职能部门的横向联系，把职能原则和对象原则结合起来，既发挥职能部门的纵向优势，又发挥项目组织的横向优势，组织具有弹性，应变能力强。矩阵中的每个成员或部门，接受原部门负责人和项目经理的双重领导，可能产生矛盾指令，纵向、横向的协调工作量大，要求在水平方向和垂直方向有良好的信息沟通及良好的协调配合，对整个企业组织和项目组织的管理水平和组织渠道畅通提出了较高的要求，对于管理人员的素质要求较高。矩阵式组织形式主要适用于大型复杂项目或多个同时进行的项目。

(四) 事业部式组织结构

事业部式组织结构模式是在企业内作为派往项目的管理班子，对企业外具有独立法人。事业部对企业内来说是职能部门，对企业外来说具有相对独立的自主权，有相对独立的利益和市场。事业部可以按地区设置，也可以按工程类型或经营内容设置，事业部能较迅速适应环境变化，提高企业的应变能力，调动部门积极性。事业部式项目组织结构如图 3-7所示。

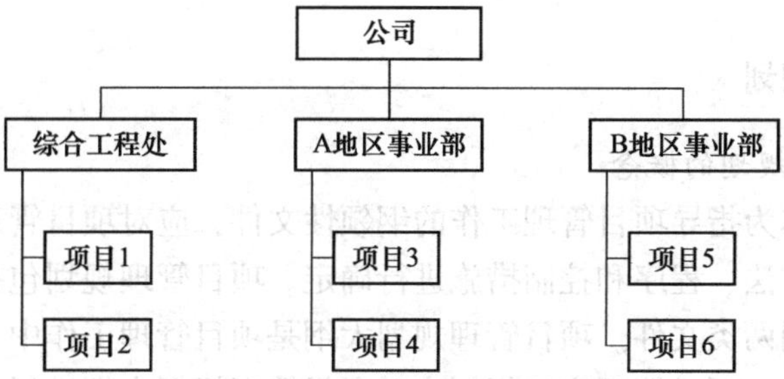

图 3-7　事业部式项目组织结构图

事业部式项目组织结构模式有利于延伸企业的经营职能，扩大企业的经营业务，便于开拓企业的业务领域，还有利于迅速适应环境变化。缺点是企业对项目经理部的约束力减弱，协调指导的机会减少。事业部式项目组织适用于大型经营性企业的工程承包，特别是适用于远离公司本部的工程承包。

三、组织结构模式的选择

在选择工程项目管理的组织形式时，应考虑项目的规模、业务范围、复杂性等因素，分析标准规范、合同条件等硬性要求。同时要结合企业的类型、员工的素质、管理水平，以及企业的任务、环境条件、工作基础等，选择最适宜的项目管理组织形式。项目组织结构模式的选择与以下三个因素有关：

(1) 项目建设单位管理能力及管理方式。如果项目建设单位管理能力强，人员构成合理，以建设单位自身的项目管理为主，将少量的工作由专业项目管理公司完成或完全由自身完成，此时建设单位组织结构较为庞大。反之，由于建设单位自身管理能力较弱，将大量的工作由专业项目管理公司去完成，则建设单位组织结构较简单。

(2) 项目规模和项目组织结构内容。如果项目规模较小，项目组织结构也不复杂，那么项目实施采用较为简单的直线式组织结构。反之，如果规模较大，项目组织复杂，建设单位组织上也应采取相应的对策加以保证，如采用矩阵型组织结构。

（3）项目实施进度规划。由于工程项目的特点，既可以同时进行全面展开，也可以根据投资规划确定分期建设的进度规划。因此，项目建设单位组织结构也应与之相适应。如果项目同时实施，则需要组织结构强有力的保证，因而组织结构扩大。如果分期开发，则相当于将大的建设项目划分为几个小的项目，组团逐个进行，因而组织结构可以减少。

一般说来，可按下列思路选择项目组织结构模式：

（1）大型综合企业，人员素质好，管理基础强，业务综合性强，可以承担大型任务，宜采用矩阵式、直线式、事业部式的项目组织机构。

（2）简单项目、小型项目、承包内容专一的项目，应采用职能式项目组织机构。

（3）在同一企业内可以根据项目情况采用几种组织形式，如将事业部式与矩阵式的项目组织结合使用，将直线式项目与事业部式结合使用等，但不能同时采用矩阵式及直线式。

第三节　项目管理规划与组织协调

一、项目管理规划

（一）项目管理规划的概念

项目管理规划作为指导项目管理工作的纲领性文件，应对项目管理的目标、依据、内容、组织、资源、方法、程序和控制措施进行确定。项目管理规划包括项目管理规划大纲和项目管理实施规划两类文件。项目管理规划大纲是项目管理工作中具有战略性、全局性和宏观性的指导文件，项目管理实施规划应对项目管理规划大纲进行细化，使其具有可操作性。

项目管理规划是对项目管理的各项工作进行的综合性的、完整的、全面的总体计划，主要内容包括：项目管理目标的研究与目标的细化、项目的范围管理和项目的结构分解、项目管理实施组织策略的制定、项目管理的工作程序、项目管理组织和任务的分配、项目管理所采用的步骤和方法、项目管理所需资源的安排和其他问题的确定等。

（二）项目管理规划的内容

1. 项目管理规划大纲的内容

（1）项目概况。它包括项目产品的构成、基础特征、结构特征、建筑装饰特征、使用功能、建设规模、投资规模、建设意义等。

（2）项目实施条件。它包括合同条件、现场条件、法规条件及相关市场、自然和社会条件等。

（3）项目管理目标。它包括质量、成本、工期和安全的总目标及其所分解的子目标，施工合同要求的目标，承包人对项目的规划目标。

（4）项目组织结构。它包括拟选派的项目经理、拟建立的项目经理部的主要成员、部门设置和人员数量等。

（5）质量目标和施工方案。它包括招标文件（或发包人）要求的质量目标及其分解、保证质量目标实现的主要技术组织措施、重点单位工程或重点分部工程的施工方案（包括工程施工程序和流向，拟采用的施工方法、新技术和新工艺，拟选用的主要施工机械，劳动的组织与管理措施）。

（6）工期目标和施工总进度计划。它包括招标文件（或发包人）的总工期目标及其分解、主要的里程碑事件及主要施工活动的进度计划安排、施工进度计划表、保证进度目标实现的措施。

（7）成本目标。它包括总成本目标和总造价目标、主要成本项目及成本目标分解、人工及主要材料用量、保证成本目标实现的技术措施。

（8）项目风险预测和安全目标。它包括根据工程的实际情况对施工项目的主要风险因素作出的预测，相应的对策措施，风险管理的主要原则；安全责任目标，施工过程中的不安全因素，安全技术组织措施；专业性较强的施工项目应当编制安全施工组织设计，并采取安全技术措施。

（9）项目现场管理和施工平面图。它包括项目现场管理目标和管理原则，项目现场管理技术组织措施，承包人对施工现场安全、卫生、文明施工、环境保护、建设公害治理、施工用地和平面布置方案等的规划安排，施工现场平面特点，施工现场平面布置原则，施工平面图及其说明。

（10）投标和签订施工合同。它包括投标和签订合同总体策略、工作原则、投标小组组成、签订合同谈判组成员、谈判安排、投标和签订施工合同的总体计划安排。

（11）文明施工及环境保护。它主要根据招标文件的要求、现场的具体情况、考虑企业的可能性和竞争的需要对发包人作出现场文明施工及环境保护方面的承诺。

2. 项目管理实施规划的内容

（1）工程概况。它包括工程特点、建设地点特征、施工条件、项目管理特点及总体要求。

（2）施工部署。它包括该项目的质量、进度、成本及安全总目标；施工程序；项目管理总体安排，即组织、制度、控制、协调、总结分析与考核；拟投入的最多人数和平均人数；分包规划、劳动力吸纳规划、材料供应规划、机械设备供应规划等。

（3）施工方案。它包括施工流向和施工程序、施工段划分、施工方法和施工机械选择、安全施工设计等。

（4）施工进度计划。它包括施工总进度计划、各单项成单位工程施工进度计划。

（5）资源供应计划。它包括劳动力供应计划、主要材料和周转材料供应计划、机械设备供应计划、预制品订货和供应计划、大型工具及器具供应计划等。

（6）施工准备工作计划。它包括施工准备工作组织及时间安排、技术准备、施工现场准备、作业队伍和管理人员的组织准备、物资准备、资金准备等。

（7）施工平面图。它包括施工平面图说明，即设计依据、设计说明、使用说明；拟建工程各种临时设施、施工设施及图例、施工平面图管理规划等。施工平面图必须按现行绘图标准和制图要求进行绘制，不得有随意性。

（8）施工技术组织措施计划。它包括保证进度目标的措施、保证质量目标的措施、保证安全目标的措施、保证成本目标的措施、保护环境的措施、文明施工措施、保证季节施工的措施等。各项施工技术组织措施计划均应包括技术措施、组织措施、经济措施及合同措施。

（9）项目风险管理。它包括风险因素识别一览表、风险可能出现的概率及损失值估计、风险管理重点、风险防范对策、风险管理责任等。

(10) 信息管理。它包括与项目组织相适应的信息流通系统、信息中心的建设规划、项目管理软件的选择与使用规划、信息管理实施规划等。

(11) 技术经济指标的计算与分析。根据所编制的项目管理实施规划列出单位工程造价和成本、成本降低率、总用工量、劳动力不均衡系数、单位面积用工、主要材料消耗量及节约量、主要大型机械使用数量、台班量及利用率等技术经济指标，对以上指标的水平高低作出分析和评价，针对实施难点提出对策。

(三) 项目管理规划的编制

项目管理规划大纲应由组织的管理层或组织委托的项目管理单位编制，项目管理实施规划应由项目经理组织编制。两类文件的编制依据与程序如表 3-1 所示。

表 3-1　项目管理规划的编制依据和程序

编制文件	项目管理规划大纲	项目管理实施规划
编制依据	(1) 可行性研究报告； (2) 设计文件、标准、规范与有关规定； (3) 招标文件及有关合同文件； (4) 相关市场信息和环境信息	(1) 项目管理规划大纲； (2) 项目条件和环境分析资料； (3) 工程合同及相关文件； (4) 同类项目的相关资料
编制程序	(1) 明确项目目标； (2) 分析项目环境和条件； (3) 收集项目的有关资料和信息； (4) 确定项目管理组织模式、结构和职责； (5) 明确项目管理内容； (6) 编制项目目标计划和资源计划； (7) 汇总整理报送审批	(1) 了解项目相关各方的要求； (2) 分析项目条件和环境； (3) 熟悉相关的法规和文件； (4) 组织编制； (5) 履行报批手续

二、组织协调

协调或协调管理，在美国的项目管理中称为“界面管理”，是指主动协调相互作用的子系统之间的能量、物质、信息交流，以实现系统目标的活动。项目组织协调是提高项目组织运行效率的重要措施，是项目成功的关键因素之一。从组织系统角度看，项目组织的协调可分为项目组织内部关系的协调和组织系统外部的协调。组织协调应坚持动态工作原则，根据施工项目运行的不同阶段所出现的主要矛盾作动态调整。

(一) 组组协调的内容和方法

一般来讲，组织协调的常见内容如下：

(1) 人际关系。包括施工项目组织内部、施工项目组织与关联单位人际关系的协调，以处理相关工作结合部中人与人之间在管理工作中的联系和矛盾。

(2) 组织机构关系。包括协调项目经理部与企业管理层及劳务作业层之间的关系，以实现合理分工、有效协作。

(3) 供求关系。包括协调企业物资供应部门与项目经理部及生产要素供需单位之间的关系，以保证人力、材料、机械设备、技术、资金等各项生产要素供应的优质、优价、适时、适量。

(4) 协作配合关系。包括近外层关系的配合，以及内部各部门、上下级、管理层与劳务作业层之间关系的协调。

(5) 约束关系。包括法律法规约束关系、合同约束关系，主要通过提示、教育、监督、检查等手段防范矛盾，并及时、有效地解决矛盾。

项目经理及其他管理人员实施组织协调的常用方法如下：

(1) 会议协调法。包括召开工地例会、专题会议等。

(2) 交谈协调法。包括面对面交谈、电话交谈等。

(3) 书面协调法。包括信函、数据电文等。

(4) 访问协调法。包括走访、邀请，主要用于系统外部协调。

(5) 情况介绍法。通常结合其他方法，共同使用。

(二) 组织内部关系的协调

项目组织内部关系的协调有多方面的内容，主要包括组织内部人际关系的协调，组织内部组织关系的协调，组织内部需求关系的协调。

(1) 项目组织内部人际关系的协调。项目组织内部人际关系的协调是指项目经理与其下属的关系，职能人员之间的关系的协调。这些关系主要靠执行制度，坚持民主集中制，做好思想政治工作，充分调动每个人的积极性。要用人所偿，责任分明，实事求是地对每个人的绩效进行评价和激励，在调节人与人之间的矛盾时，要注意方法，重在疏导。

为了顺利完成工程项目目标，项目经理应该十分注意项目组织内部人际关系的协调。要想做好项目组织内部人际关系的协调工作，应该注意以下内容：建立完善的项目管理系统；重视员工并加强人的能力建设；重视沟通；重视绩效考核和激励工作；及时处理各种冲突。

(2) 项目组织内部组织关系的协调。项目内部组织关系是指施工项目组织内部各部门之间、项目经理部与企业及劳务作业层之间的关系，具体指合理分工和有效协作。分工和协作同等重要，合理的分工能保证任务之间的平衡匹配，有效的协作既可以避免相互之间利益分割，又可以提高工作效率。

组织内部关系协调的目的是使各个子系统都能从项目组织整体目标出发，理解和履行自己的职责，相互协作和支持，使整个组织系统处于协调有序的状态，以保证组织的运行效率。组织关系协调的工作很多，但主要解决项目组织内部的分工与协作问题，应该注意以下内容：合理地设置组织机构和岗位；建立合理的责权利系统；建立规章制度；建立信息沟通制度；及时消除工作中的不协调现象。

(3) 项目组织内部需求关系的协调。在工程项目实施过程中，组织内部的各个部门为了完成其任务，在不同的阶段需要各种不同的资源，如对人员的需求、材料的需求、设备的需求、能源动力的需求、配合力量的需求等。工程项目始终是在有限资源的约束条件下实施，因此，搞好项目组织内部需求关系，既可以合理使用各种资源，保证工程项目建设的需要，又可以充分提高组织内部各部门的积极性，保证组织的运行效率。内部需求关系的协调就是要按计划供应，抓重点和关键，健全调度体系，充分发挥调度人员的作用。

(三) 组织外部关系的协调

组织系统外部的协调，是根据项目组织与外部联系的程度，可分为近外层协调和远外层协调。近外层协调是指项目直接参与者之间的协调，远外层协调是指项目组织与间接参与者以及其他相关单位的协调。项目与近外层单位一般有合同关系，而与远外层关联单位一般没有合同关系。

1. 与近外层关系的协调

不同类型的项目管理，其项目组织与近外层关系协调的工作内容不同，但协调的原理和方法是相似的。下面以承包商的项目组织为例说明项目组织与近外层的关系协调。

（1）项目组织与业主关系的协调。项目组织和业主对工程承包负有共同履约的责任。项目组织与业主的关系协调，不仅影响到项目的顺利实施，而且影响到公司与业主的长期合作关系。在项目实施过程中，项目组织和业主之间发生多种业务关系，实施阶段不同，这些业务关系的内容也不同，因此，项目组织与业主的协调工作内容也不同。

1）施工准备阶段的协调。项目经理作为公司在项目上的代表人，应参与工程承包合同的洽谈和签订，熟悉各种洽谈记录和签订过程。在承包合同中应明确相互的权、责、利，业主要保证落实资金、材料、设计、建设场地和外部水、电、路等，而项目组织负责落实施工必需的劳动力、材料、机具、技术及场地准备等。项目组织负责编制施工组织设计，并参加业主的施工组织审核会。开工条件落实后应及时提出开工报告。

2）施工阶段的协调。施工阶段的主要协调工作有：材料、设备的交验；进度控制、质量控制、合同关系、签证问题、收付进度款。

3）交工验收阶段的协调。当全部工程项目或单项工程完工后，双方应按规定及时办理交工验收手续。项目组织应交接工料清单，整理有关交工资料，验收后交业主保管。

（2）项目组织与监理单位关系的协调。监理单位与承包商都属于企业的性质，都是平等的主体。在工程项目建设中，他们之间没有合同关系。监理单位之所以对工程项目建设行为具有监理的身份，一是因为业主的授权，二是因为承包商在承包合同中也事先予以承认。同时，国家建设监理法规也赋予监理单位具有监督建设法规、技术标准实施的职责。监理单位接受业主的委托，对项目组织在施工质量、建设工期和建设资金使用等方面，代表业主实施监督。项目组织必须接受监理单位的监理，并为其开展工作提供方便，按照要求提供完整的原始记录、检测记录、技术及经济资料。

（3）项目组织与设计单位关系的协调。项目组织与设计单位都是具有承包商性质的单位，他们均与业主签订承包合同，但他们之间没有合同关系。虽然他们没有合同关系，但他们是图纸供应关系、设计与施工关系，需要密切配合。为了协调好两者关系，应通过密切接触，做到相互信任、相互尊重，遇到问题，友好协商。有时也可以利用业主或监理单位的中介作用，做好协调工作。

（4）项目组织与分包商关系的协调。项目组织在处理与分包商的关系时，应注意做好以下几个方面的工作：选好分包商；明确总承包单位与分包单位的责任；处理好总承包单位与分包单位的经济利益以及及时解决总分包之间的纠纷。

2. 与远外层关系的协调

项目组织与远外层关系是指项目组织与项目间接参与者和相关单位的关系，一般是非合同关系。有些处于远外层的单位对项目的实施具有一定的甚至是决定性的控制、监督、支持和帮助作用。项目组织与远外层关系协调的目的是得到批准、许可、支持或帮助。协调的方法主要是请示、报告、汇报、送审、取证、宣传、沟通和说明等。

工程项目与远外层的关系包括与政府部门、金融组织与税收部门、现场环境单位等的关系。这些关系的处理没有定式，协调的内容也不相同，协调更加困难，应按有关法规、公共关系准则和经济联系规定处理。例如，与政府部门的关系是请示、报告或汇报的关系，与银行的关系是送审、申请及借贷、委托关系，与现场环境单位的关系则是遵守规定、取得支持的关系等。此类远外层关系的沟通协调也在很大程度上影响着工程项目的成败，所以需要认真对待。

第四节 矿业工程项目施工组织

一、施工组织设计

(一) 概述

1. 施工组织设计的性质

施工组织设计是规划和指导施工项目从施工准备到竣工验收全过程的一个综合性的技术经济文件。施工组织设计是施工准备工作的重要组成部分，是编制施工预算和施工计划的主要依据，是做好施工准备工作、合理组织施工和加强项目管理的重要措施。它的主要任务是将工程项目在整个施工过程中所需的人力、材料、机械、资金和时间等因素，按照客观环境和施工条件等方面允许的经济技术规律，科学地作出合理安排，使之达到耗工少、速度快、质量高、成本低、安全好、利润大的要求。

《建设工程项目管理规范》（GB/T 50326—2006）将施工组织设计称为施工项目管理规划。施工项目管理规划又分为施工项目管理规划大纲和施工项目管理实施规划。前者是由参加项目投标的施工企业管理层在投标之前编制的，旨在作为投标依据，其内容要满足招标文件要求及签订合同要求；后者是在项目中标之后、开工之前，由项目经理主持编制的，旨在作为指导施工全过程各项工作的依据。施工组织设计是一个施工单位对一个工程项目的整体或部分的施工工作进行设计操作，对人力、机械设备、建筑材料等建设资源进行精确安排，对有关的工艺流程实施详尽部署的基础上形成的施工指导文件。

施工组织设计必须在项目实施前完成，是项目开始前的一种规划设计工作，也是科学管理项目实施过程的手段和依据。由它的重要性决定，施工组织设计均应由建设单位审核同意。

2. 施工组织设计的作用

(1) 施工组织设计是一个工程承包单位科学管理项目实施过程的手段和依据，它是有关企业技术智慧的结晶和施工经验的锦囊。施工单位应当在编制投标书时就着手编制施工组织设计，在中标后应对有关方案进一步细化，在施工中不断加以修订和完善，在施工后着力进行提炼和升华，使其真正成为企业核心技术档案的组成部分。

(2) 施工组织设计是施工单位从施工全局出发作出的技术经济性施工安排。施工单位根据拟建工程的性质、规模和工期要求，从技术经济角度综合考虑某些资源的生产、配置和组合，安排施工进度，布置施工现场，协调各有关单位、部门、工种的工作联系与配合，努力做到人尽其才、物尽其用，以求优质、高效、安全、低耗地完成施工任务。在保证实现施工活动的社会效益的前提下，追求实现本单位的经济效益。

(3) 施工组织设计是施工单位对建设项目施工全程实行科学管理的依据，是施工单位在保证“安全第一、预防为主”的前提下，实现施工进度提前、工程质量创优达标和不断降低建设成本三大管理目标的重要措施，是施工单位履行合同、处理同建设方及其他有关方面的关系乃至纠纷的单方预备性措施。

3. 施工组织设计的分类

根据拟建项目进程或者内容，应编制内容深度和范围不同的施工组织设计。矿业工程项目的施工组织设计有以下几种：

(1) 施工组织总体设计。建设项目施工组织总体设计以整个建设项目为对象，一般以矿区或机电安装工程、建筑群等形成使用功能或整个可产出产品的生产工艺系统的组合为对象。在建设项目总体规划批准后，依据相应的规划文件和现场条件编制。

矿区项目施工组织总体设计由建设单位或委托有资格的设计单位，或由项目总承包单位进行编制，要求在国家正式立项后和施工准备大规模开展之前一年进行编制并预审查完毕。

(2) 单项工程施工组织设计。单项工程施工组织设计以单项工程为对象，根据施工组织总体设计和对单项工程的总体部署完成，直接用于指导施工，适用于新建矿井、选矿厂或构成单项工程的标准铁路、输变电工程、矿区水源工程、矿区机械厂、总仓库等。

单项工程施工组织设计的编制主要分两个阶段进行。为满足项目审批和以后的招标工作的需要，由建设单位编制单项工程施工组织设计，其内容主要是着重于大的施工方案及总工期、总投资概算的安排。建设单位编制的施工组织设计由上级主管部门进行审批，一般在大规模开工前六个月完成。施工阶段由已确定的施工单位或由总承包单位编制详尽的施工组织设计，作为指导施工的依据。施工单位编制的施工组织设计只需建设单位组织审批。

(3) 单位工程施工组织设计。单位工程施工组织设计一般以难度较大、施工工艺比较复杂、技术及质量要求较高的单位工程，以及采用新工艺的分部分项或专业工程为对象，对一般的井巷工程、土建工程、机电设备安装工程，如有可重复采用的施工图纸，可以编制简要的施工组织设计（技术组织措施或作业规程）。

单位工程施工组织设计由承担施工任务的单位负责编制，吸收建设单位、设计部门参加，由编制单位报上一级领导机关审批。施工技术措施或作业规程，由承担施工的工区或工程队负责编制，报工程处审批；对其中的一些重要工程应报公司（局）审查备案。

(4) 专项工程施工组织设计。专项工程施工组织设计一般使用于矿建工程中采用特殊施工方法的井筒工程，采用注浆治水的井巷工程，以及通过有煤及瓦斯突出的井巷工程等一些有特殊要求而且重要的工作内容，也适用于土建工程中需要在冬雨季施工的工程，采用特殊方法处理的基础工程等。

(二) 施工组织设计的内容

施工组织设计一般由说明书、附表和附图三部分组成，具体内容随施工组织设计类型不同而异。

1. 矿区施工组织总体设计的内容

矿区施工组织总体设计的内容有矿区概况、矿区建设准备、矿井建设、选矿厂建设、矿区配套工程建设、矿区建设工程顺序优化、矿区建设组织与管理、经济效果分析等。

2. 单项工程施工组织设计的内容

单项工程施工组织设计的内容有矿井初步设计概况、矿井地质及水文地质、施工准备工作、施工方案及施工方法、各施工生产系统、工业场地总平面布置及永久工程的利用、三类工程排队及建井工期、施工质量及安全技术措施、施工技术管理等。其中矿井建设的技术条件、矿井建设的施工布置、矿井关键线路及关键工程、矿井建设施工方案优化、各施工生产系统、矿井建设的组织与管理等问题应重点阐述。

（1）矿井概况。矿井概况包括矿井建设条件和矿井设计概况。矿井建设条件应包括以下内容：矿井建设项目程序性文件；建设资金的来源与渠道；矿井地质、水文地质及工程地质；矿井主要工程的勘察、设计、施工、监理、招标单位及其他中介机构的资质等情况；当地建设用地、供电、供排水、交通和通信条件；当地建设材料、设备供应、交通运输等服务能力；建设期间应当具备的矿山救护、医疗卫生条件；其他应具备的条件。

（2）矿井地质及水文地质。

（3）施工准备工作。

（4）施工方案及施工方法。

矿井施工组织设计中应包括以下重要单位工程的施工方法：

1）井巷工程：井筒、主井箕斗装载硐室、井筒与井底车场连接处、井底车场、煤仓及带式输送机机头硐室、主排水泵房、主变电所、换装硐室、避险硐室、防水闸门硐室。

2）土建工程：井塔、井口房、提升机房、驱动机房、通风机房、储煤仓及储煤场、标准轨翻车机房、高边坡工程。

3）安装工程：金属井架、井筒提升机、斜井带式输送机，井筒装备，主井装卸载设备、主排水设备、主变电所设备，井上下操车设备、工作面综采设备，主要通风机、瓦斯抽采设备。

（5）施工生产系统。

1）提升与运输系统。在立井开拓矿井的建井期间，提升和运输系统应包括井筒施工吊桶提升、临时罐笼提升及永久提升系统形成后的三个阶段。矿井施工组织设计应确定建井期间各阶段的运输方式和运输设备，且建井提升机和凿井绞车布置不应影响永久建筑物的正常施工，井筒施工阶段的提升设备选型。

2）通风系统。矿井施工组织设计应确定建井期间各施工阶段的通风系统和主要通风设备、设施的选型，且通风系统参数选择应有验算过程。

3）压风系统。压风系统应满足井下高峰期施工最多掘进工作面用气量和井下人员自救用气的要求。

4）供排水系统。在有条件的情况下，应先建成矿井永久供排水系统。建井期间井下排水系统应包括井筒施工、井筒贯穿期间及永久排水系统形成前三个阶段，且排水系统的设备配置应满足建井期间各施工阶段的最大涌水量要求。

5）供电系统。在有条件的情况下，应尽快建成矿井永久双回路供电系统和永久变电所。永久供电系统形成前应设置地面临时变电站，且应确保有一回路可靠供电。同时还应设置一回路能提供矿井保安负荷的供电电源或发电机组。

6）瓦斯检测监控、抽采及粉尘防治。对于矿井的各种灾害和健康因素应建立健全检测监控体系，并采取综合防治技术，确保井下施工安全。

（6）施工场地布置及永久工程的利用。施工总平面布置图应包括以下内容：工业场地的地形情况、全部拟建的建筑和其他基础设施的位置、工业场地内的临时供排水、供电、道路、主要生产及办公、生活设施等的位置。矿井施工组织设计中应充分利用永久设施，对于可以利用的永久设施应安排提前施工。

（7）总进度计划。矿井施工组织设计应编制矿井建设总进度计划，包括施工总进度计划、施工图供应计划、资源采购与供应计划。矿井建设总进度计划一般以单位工程为单元进行编制，对于可以平行交叉作业的分部工程或重要节点间工程，也可作为单元进行编制。

3. 单位工程施工组织设计的内容

（1）工程概况。工程概况包括工程位置、用途及工程量，工程结构特点及施工条件。如有关施工条件的"四通一平"安排要求、材料及预制构件准备，交通运输情况以及劳动力条件和生活条件、安装工程的设备特征等。

（2）地质、地形条件。地质、地形条件对矿建项目要求更多些。对土建工程主要是地形地貌、工程地质与水文地质条件。

（3）施工方案与施工方法。重要单位工程或专项工程应根据施工条件和技术水平，从技术可行性和经济合理性、安全可靠性、施工难易程度以及工期要求等方面，通过方案比较优选确定施工方法及采用的机具，对施工辅助生产系统的安排。例如，矿建工作应有施工循环图表和爆破图表（说明书）、支护方式与施工要求、施工设备及机械化作业线、施工质量标准与措施、新技术新工艺、辅助工作内容等。土建工作应有总的施工流程、主要分部分项工程施工作业方式、特殊项目的措施与要求、质量标准与措施等。安装工程应有设备基础和土建工作的安排与要求、主体设备与配套以及管线和运输工程安排，主要加工件的制作、吊装方法以及设备的选择与布置、作业方式和劳动力组织等，同时还应有设备的搬运和安装方法、设备调试方法和检测方法、设备试运转方法等。

（4）主要施工生产系统。主要施工生产系统是矿业工程施工必不可少的内容，也是施工组织设计必须进行设计规划的重要内容之一。施工生产系统主要包括提升系统、运输系统、通风系统、压气系统、供排水系统、供电系统、通信与信号系统、安全监控系统、井下安全避险以及井下照明系统等。

（5）施工质量以及安全技术措施。除在施工方法中有保证质量与安全的技术组织措施外，矿建工程特别应考虑采取灾害预防措施和综合防尘措施等。

（6）施工准备工作计划。施工准备工作计划包括技术准备、现场准备、劳力、材料和设备机具准备等。

（7）施工进度计划与经济技术指标要求。要求综合工程内容对项目进行分解，确定施工顺序，编制网络计划或形象进度图等。

（8）附图与附表。附表有进度表；材料、施工设备、机具、劳力、半成品等用需用量表；运输计划表；主要经济技术指标表等。除说明书中的插图外，还应附有相应的附图，如工程位置图、工程平断面图（包括材料堆放其中，设备布置和线路、土方取弃场地等）、工作面施工设备布置图、穿过地层地质预测图、加工件图等。

（三）施工组织设计的编制

1. 编制要求

（1）编制的时间和方式。对施工组织总设计的要求是在中标后、进驻工地前就应该编制出来。各专业的施工组织设计是在开工前、在施工组织总设计的框架下进行编制，各专业再根据专业施工组织设计进行各作业指导书的编制。

（2）编制的协调性。各单位工程施工组织设计（包括施工平面图）应当是施工组织总设计的指标分解，二者在工艺体系上不得冲突。施工组织设计应当与有关的施工三大目标，即施工进度（或合同工期）、质量和成本（或建设投资）相吻合。

2. 编制原则

（1）遵法守纪原则。严格执行建设法规，遵循施工工艺，坚持合理的施工工序，保证安全、质量和工期，降低成本。

（2）行业自律原则。严格遵循行业自身规律，执行行业规定和惯例，坚持按科学的规程、标准操作，抵制行业内的歪风邪气。

（3）科学施工原则。精确安排施工进度和资源配置，实施均衡施工。应优先利用永久性建筑和设备、设施以节约项目投资；应积极推广新技术、新工艺、新材料和新设备；应推行绿色施工，遵守国家环境保护法律、法规及国际环境保护公约。

（4）统筹兼顾原则。搞好现场文明施工，做好环境保护工作，合理储备物资和利用资源，突出重点，保证人力、物力充分发挥作用。

（5）精简节约原则。精心规划施工平面图，节约用地。尽力减少临时设施的建设。充分利用当地资源，减少物流量。实施一专多能多用，发挥人才潜力。

3. 编制依据

（1）单项工程施工组织设计的编制依据。编制单项工程施工组织设计，应有单项工程初步设计与总概算、设备总目录；地质精查报告与水文地质报告；补充地质勘探与邻近矿井有关地质资料；井筒检查孔及工程地质资料；各专业技术规范；相应各行业的安全规程；各专业施工及验收规范、质量标准；预算定额、工期定额，各项技术经济指标；劳动、卫生及环境保护文件；国家建设计划及建设单位对工程的要求；施工企业的技术水平、施工力量、技术装备以及可能达到的机械程度和各项工程的平均进度指标。

（2）单位工程施工组织设计的编制依据。

1）单位工程施工组织设计，除要依据相应的单项工程施工组织设计主要文件（包括其年度施工组织设计），以及工程施工合同或招投标文件外，还应依据单位工程施工图；施工图预算；国家或部门及建设地区颁发相应的现行规范、规程、规定及定额；企业施工定额、进度指标、操作规程等，并考虑企业的技术水平与装备和机械化水平，有关技术新成果和类似工程的经验资料等。

2）矿建工程施工组织设计编制还必须依据经批准的地质报告、专门的井筒检查孔的地质与水文资料或预测的巷道地质与水文资料等。

3）土建工程施工组织设计，还必须依据工程的地质、水文及土工性质方面的资料。

4）机电安装工程的施工组织还应结合相应的机电设备出厂说明书及其他随机技术资料。

（3）施工技术组织措施的编制依据。对于施工技术组织措施，可参照单项工程施工组织设计及有关文件，并结合工程实际情况进行编制。

二、施工组织设计优化

(一) 优化工作内容

施工组织设计的优化主要体现在施工技术方案和相应的经济技术指标上。在施工组织安排方面，矿建工程要重点考虑以下内容：

(1) 施工方案的合理确定。这往往是项目成败的关键，要在充分考虑施工条件，尤其是地质、水文条件下，通过不同方案的比较和合理评价，选择施工方案，不能以偏概全。

(2) 关注建井工程主要矛盾线上关键工程的施工方法，以缩短总工期。要努力减少施工准备期，充分利用网络技术的节点和时差，创造条件多头作业、平行作业和立体交叉作业。

(3) 施工准备期应以安排井筒开工以及项目所需要的准备工作为主。施工初期要结合项目的初期投资比重，适当利用永久工程和设施，尽量删减不必要的临时工程。

(4) 矿建、土建、安装的三类工程平衡协调是施工组织设计重点解决的内容。要保证工期互不影响，考虑整个建井过程中的劳动力、资金以及工程内容、场地等方面的整体平衡，做到资金效率高、劳力平衡、项目进程均衡、工期有保障。

(5) 通常采用的三类工程平衡原则有：矿井永久机电设备安装工程完成不宜过早，尤其是采区设备可在联合试运转之前集中安装完成；一般民用建筑配套工程可在项目竣工前集中新建或经生产单位同意在移交生产后施工；设备订货时间应根据机电工程排队工期，并留有一定时间来决定。

(二) 三类工程综合平衡要求

(1) 全面规划，合理安排。矿井开工之前应有总体规划，合理安排地面工程。由于矿井永久建筑和构筑物、机电设备安装工程有一部分在矿井施工准备阶段内完成，一部分在施工期内完成，因此，应按施工准备期和井巷工程施工期分别编制三类工程综合网络图，对一些紧密相连的三类工程系统还应分别编制局部工程网络图，以便科学地组织施工。

在地面工程布局上应分轻重缓急，在抓主、副井施工的同时，也要统筹安排地面生产系统的施工。在主、副井井筒掘砌工程未完之前，应先准备条件，开始外围工程。一旦主、副井筒掘砌完毕，具备土建施工条件，应抓紧进行与主、副井有关工程的施工，其他工程都应服从主、副井交替工程这个主要矛盾线。

(2) 用先进的技术和工艺，制定周密的施工方案。应针对矿井的主要矛盾线，充分利用一切时间和空间，创造多头或平行交叉作业的条件。根据工程的实际情况，采取具体的技术措施。当矿井施工全面开展后，从井下到地面，从地面到高空，应同时进行平行流水立体交叉作业。此外，要积极推广和采用新技术、新工艺和新材料，以缩短工期。

(3) 精心组织施工，搞好综合平衡。在矿井建设期间，必须做好“四个排队”和“六个协调”。“四个排队”包括井巷土建和机电设备安装工程的总排队；设备排队（包括提出设备到货的具体要求，以及到货日期的可能误差）；年度计划与季度计划排队；多工序间的排队。为了使“四个排队”切实可行，必须做到“六个协调”。“六个协调”包括设计图纸到达日期必须与施工的需要相协调；设备到达现场日期必须与安装工程的需要协调；材料供应必须与工程进度协调；各工种的交替时间必须相互协调；投资拨款与工程需要相协调；劳动力的培训与调配必须与工程进度协调。

（三）矿业工程项目主要技术经济指标

（1）矿井项目工程施工主要经济技术指标。矿井项目施工组织设计一般应对以下内容提出技术经济指标：矿井建设总工期、井筒及主要巷道月进度指标、建筑安装工人劳动生产率、建筑安装工程的投资动态、临时工程预算占矿井建筑安装工程总投资的比重。

（2）单位工程施工组织审核的主要技术经济指标。单位工程施工组织设计中技术经济指标应包括工期指标、劳动生产率指标、质量指标、安全指标、降低成本率、主要工程工种机械化程度、三大材料节约指标。这些指标应在施工组织设计基本完成后进行计算，并反映在施工组织设计的文件中，作为考核的依据。

三、施工准备工作

（一）施工准备工作内容

1. 技术准备

（1）掌握施工要求与检查施工条件。

1）根据合同和招标文件、设计文件以及国家政策、规程、规定等内容，掌握项目的具体工程内容及施工技术与方法要求、工期与质量要求的内容。

2）检查设计的技术要求是否合理可行，是否符合当地施工条件和施工能力；设计中所需的材料资源是否可以解决；施工机械、技术水平是否能达到设计要求；并考虑对设计的合理化建议。

（2）掌握与会审施工图纸。

1）内容。图纸工作的内容包括确定拟建工程在总平面图上的坐标位置及其正确性；检查地质（工程地质与水文地质）图纸是否满足施工要求，掌握相关地质资料主要内容及对工程影响的主要地质问题，检查基础设计与实际地质条件的一致性；掌握有关建筑、结构和设备安装图纸的要求和各细部间的关系，要求提供的图纸完整、齐全，审查图纸的几何尺寸、标高、结构间相互关系是否满足施工要求以及相互吻合。

2）程序。会审施工图纸包括自审阶段、会审阶段和现场签证三个阶段。设计图样的会审工作一般由建设单位主持，由设计单位和监理、施工单位参加，进行设计图样的会审。设计单位说明拟建工程的设计意图和一些设计技术说明，施工单位根据自审记录以及对设计意图的了解，提出对设计图样的疑问和建议。最后，要形成由建设单位正式行文的“图样会审纪要”，作为与设计文件同时使用的技术文件和指导施工的依据，同时也是建设单位与施工单位进行工程结算的依据。

设计图样的现场签证工作是指施工过程中发现施工的条件与设计图样的条件不符，或者因为其他原因需要对设计图进行修改时遵循技术核定和设计变更的签证制度，进行图样的施工现场签证。施工现场的图样修改、技术核定和设计变更资料都要归入拟建工程施工档案，作为指导施工、竣工验收和工程结算的依据。

（3）研究与编制项目的各项施工组织设计和施工预算。

（4）完成施工图纸工作，做好图纸供应工作。

（5）进行技术交底和技术培训工作。

2. 工程准备

(1) 现场勘查和施测。现场勘查的内容包括自然条件和经济技术条件两方面。现场勘查还应核对相关资料，掌握现场地理环境和自然条件、实际土质与水文条件；调查地区的水、电、交通运输条件以及物资、材料的供应能力和情况；调查施工区域的生活设施与生活服务能力与水平以及动迁情况；按测量要求设置永久性经纬坐标桩和水准基桩，进行现场施测及拟建的建（构）筑物定位。

(2) 施工现场准备。

1) 做好施工场地的控制网测量施测工作。根据现场条件设置厂区永久性经纬坐标位置、水准基点和建立场区工程测量控制网。

2) 平整工业广场，清除障碍物，完成“四通一平”工作，并做到污水排放沟渠通畅。

3) 遇到地质资料不清或需要进一步了解地质条件的情况，应做好施工现场的补充勘探工作，保证基础工程施工的顺利进行和消除隐患。

4) 提出设备、机具、材料进场计划，并组织施工机具进场、组装和保养工作，对所有施工机具都应在开工之前进行检查和试运转；做好建筑材料、构（配）件和制品进场和储存堆放。

5) 完成开工前必要的临时设施工程和必要的生活福利设施，完成施工需用的各种工业设施，包括做好施工场地维护和环境保护，完成井筒开工的工程准备。

6) 其他准备，包括混凝土配合比实验，新工艺、新技术的实验，冬雨期施工的准备等。

(3) 物资准备。

1) 以施工组织设计和施工图预算为依据，编制材料设备供应计划。

2) 制订施工机械需要量计划。

3) 施工准备阶段的具体物资准备内容主要是各种工程建设初期阶段内的材料与设备，以及施工用的机具、设备和材料。包括井筒开工需要的设备和施工准备及矿井开工需要的钢材、木材、水泥等材料和物资的供应。

4) 落实货源的供应渠道，组织按时到货。各种物资一般应有 3 个月需要量的储备，要求做到既保证施工的需要，又要避免积压浪费。

(4) 劳动力的准备。

1) 按各施工阶段的需要编制施工劳动力需用计划。

2) 做好劳动力队伍的组织工作，建立劳动组织，并根据施工准备期和正式开工后各工程进展的需要情况，组织人员进场，开工前做好调配和基本的培训工作。要在基本完成施工准备工作后再上主要施工队伍，避免一哄而上造成窝工。

3) 做好技术交底工作。施工组织设计技术交底的时间在单位工程或分部分项工程开工前及时进行，以保证施工人员明了施工组织设计的意图和要求，并按施工组织设计要求施工和作业。

4) 建立和健全现场施工以及劳动组织的各项管理制度。

(5) 协作协调工作。

1) 施工准备期内的一些施工和生活条件（如供水、供电、通信、交通运输、材料来源、生活物资供应、土地征购及拆迁障碍物等）需要地方政府、农业和其他工业部门的配合才能顺利实现。因此，争取外部资源，搞好对外协作，是施工准备期的一项重要工作。

2）做好分包工作，对需要分包的工程内容要完成分包的所有前期准备工作，包括选择分包商和合同签订、图纸供应、现场准备等，不影响分包商及时开工。

3）及时填写开工申请报告并上报主管部门，待批准后即能立即开工。

（二）施工准备计划编制

矿业工程施工准备阶段主要计划包括资源供应计划、施工图供应计划等。

1. 资源供应计划的编制

资源供应计划主要指劳动力需要量计划，材料需要量计划，施工机械需要量计划等方面。

（1）劳动力需要量计划。劳动力需要量计划主要用于调配劳动力，安排生活福利设施。

（2）主要材料、设备供应计划。材料需要量计划主要为组织备料，确定仓库、堆场面积、组织运输之用，以满足施工组织计划中各施工过程所需的材料供应量。安装的设备虽然数量相对少，但占用资金额大，如需要存放，则占用的面积一般也较大。在安排供应计划中，除应考虑工程进度外，还应留有足够的设备检查验收的时间，进口设备另要考虑入关、运输等时间余量。

（3）施工机械需要量计划。根据采用的施工方案和安排的施工进度来确定和调配施工机械的类型、数量、进场时间。对于机械设备的进场时间应该考虑设备安装和调试所需的时间。

2. 施工图供应计划的编制

施工图供应计划在施工准备阶段编制矿井施工组织设计时进行编制，其编制依据是经过批准的矿井初步设计文件、设计单位提交的工程施工图台账、经批准的工程施工组织设计等。

施工图供应计划由施工单位提出施工图需要供图的清单、时间、份数，并统一上报建设单位，由建设单位负责汇总和编制。施工图供应计划要提出全部单位工程施工图供应计划，包括矿井、土建、安装工程的供图清册、供图时间、需要份数等。为了适应和满足工程施工需要，必须按年度重新提出施工图年度计划。为保证施工图供应满足施工需要，并留有充分的施工准备时间，重要施工图应提前一年，一般施工图也要提前3~6个月，以便有充分的时间进行施工图会审和编制施工组织设计，保证工程施工的顺利进行。

（三）施工准备工作实施方法

（1）统筹规划，明确分工，加强协作。矿山工程由两个以上的施工单位共同施工时，其全面施工准备工作一般由总承包单位负责组织进行，且通常由矿建工程施工单位主持规划、组织土建、设备安装单位共同进行。矿井建设的矿建、地面建筑、设备安装三类工程的施工准备工作，分别由承担该类工程的施工单位分别组织进行，并用网络技术合理安排各项准备工作的顺序和进度。

（2）采取“四结合”方法，保证准备工作的质量和进度。

1）设计与施工相结合。设计部门要及时提供施工准备工作需要的施工图、资料、数据，保证各项准备工作顺利进行，避免因设计造成延误时间和不必要的返工。

2）室内准备与室外准备相结合。室内准备工作主要抓熟悉施工图、审核图纸，编制施工组织设计与施工预算。室外准备工作主要抓建设项目施工区的自然条件、技术经济条件调查，为室内准备工作提供资料和数据。在室内准备工作的同时，凡有条件的室外准备工作应尽快开工。

3）主体工程与配套工程相结合。负责主体工程部门明确施工任务的同时，及时进行配套工程以及材料、运输、水电等配套尽早落实，为主体工程尽早开工创造条件。

4）整体工程准备与施工队伍落实相结合。整体工程施工准备工程量大、施工条件复杂、工种多。因此，整体工程施工准备工作能否顺利进行，与施工队伍落实、工种落实密切相关，积极做好施工准备期劳动力调配尤为重要。

(3) 建立施工准备工作责任制，使各项准备工作层层落实。

1）工程项目技术负责人负责组织有关部门编制和审查各时期的施工准备工作计划，督促检查各项准备工作的进度与质量，协调和处理各项准备工作之间的关系和发生的问题。

2）施工管理部门要对施工准备工作加强管理，负责制订各阶段工作计划，组织各有关部门共同研究、规划、实施和检查。及时填写开工报告和申请开工。

3）技术管理部门应协助施工单位和有关部门解决施工准备工作中出现的各项技术问题，制定和审查各项技术方案和施工安全措施，组织会审施工图。

4）计划管理部门负责将施工准备工作纳入施工计划，实行计划管理，加强综合平衡，检查和调度施工准备工作进度，督促按计划工期完成各项准备工作。

5）供应部门及时做好材料、设备、机具的保质、保量供应。

6）劳动工资部门按时调配施工队伍和劳动力。

7）机电管理部门按时调配检修施工设备，并与电力部门办理供电协议，及早接通电源。

8）财务部门准备和筹集施工准备期各阶段需要的资金。

(4) 建立准施工准备工作、检查制度及开工报告制度。

1）在编制计划和安排施工任务时，必须留有一定的施工准备工作时间，明确准备工作完成的标准和时间，在检查计划完成情况时，也要检查准备工作进行情况。

2）每个单项工程或单位工程开工前，须由项目负责人组织有关部门对各项准备工作进行检查。当各项准备工作完成后，方能提出开工报告，经施工单位上级主管部门批准后才能纳入施工计划，组织施工。

(5) 尽量利用永久建筑和永久设施。为了缩短施工准备时间，节约临时工程费用，施工期间需要的房屋建筑和设施应尽量利用永久建筑和设施。利用永久建筑、设备和设施应贯彻技术经济的合理性，尽量利用结构特征、技术性能能满足施工需要的永久工程，以及耐磨、耐用，使用寿命长、不影响投产后正常使用的设备。永久建筑、设施、设备的利用，必须征得建设单位同意，并在施工合同中注明，并要求建设单位在施工图设备供应及计划上安排，为利用永久建筑、设施设备创造必要的条件。

第五节 案例分析

某施工单位中标承包一井筒工程，井筒有三层相对集中的含水层，涌水量达 30~

$80m^3/h$，按其提交并被批准的施工组织设计内容，承包单位将由自己完成，地面预注浆堵水工作后进行井筒掘砌工程。因为自身劳力调配不当，施工单位的进场时间被延误。为不影响总工期，施工单位决定不再注浆，采用强排水方法通过含水层，并在口头要求建设单位批准的情况下就开始实际操作。建设单位在其不出质量问题的保证下勉强同意补做施工组织设计。结果这一抢工期的做法造成了成井的井筒漏水严重，井壁质量差，且拖延了工期。

问题：

（1）施工单位对待施工组织设计工作的做法有何错误？

（2）为什么说抢工期的做法造成了井筒施工质量差和工期超标？分析这种抢工期的做法是否合理。

答：（1）从案例中反映出以下几点：

1）施工单位对施工组织设计的严肃性认识不足。提交和被批准的施工组织设计是合同的一部分，是履约的要求，也是建设单位检查履约情况的依据，施工单位必须严格遵守，不能轻易违反。因此，施工组织设计要经建设单位批准，施工单位口头要求、匆忙改变其中的重要内容的做法显然是错误的。

2）忽视了施工组织设计的作用和意义。施工组织设计是项目实施前必要的准备工作，也是科学管理项目实施过程的手段和依据。施工组织设计是对项目的整体考虑结果，即使局部变动也会影响相应部分工作甚至项目整体，施工单位轻易变更施工方案，造成因方案改变而相应的一系列准备工作匆忙，结果后果严重。

（2）为抢工期而造成井筒施工质量差、工期超标的原因是采用的墙排水施工方案不合理，以及对墙排水方案的准备工作不足造成的。通常，在井筒含水层涌水量超过 $10m^3/h$ 应采用注浆堵水，因为在涌水较大的条件下施工会增加堵排水工序，延长工序工时、增加保证施工质量的困难、恶化施工环境等问题，影响往往还很大；由于施工方案不合理，加之匆忙变更方案，即使有强排水的施工经验，也可能因为准备工作不足、略有疏忽就会造成失误连连。此案例说明施工方案在组织设计中占有非常重要的地位，确定施工方案不能以偏概全。

这一抢工期的做法是不合理的，因为施工方案不同，改变了原有合同的许多重要内容，包括按新的施工方案计算的施工工期。

复习思考题

3-1 组织的内涵及构成要素是什么？

3-2 组织结构的基本模式有哪些，它们的特点是什么？

3-3 简述项目管理规划的内容。

3-4 组织协调的方法有哪些？

3-5 如何编制施工组织设计？

3-6 从哪些方面对施工组织设计进行优化？

3-7 简述施工准备的工作内容。

第四章 矿业工程项目进度管理

第一节 进度管理概述

一、进度与进度管理

(一) 进度的概念

所谓工程进度，是指项目实施结果的进展状况。由于工程项目对象系统是复杂的，常常很难选定一个恰当的、统一的指标来全面反映工程的进度。在现代工程项目管理中，将工程项目任务、工期、成本有机地结合起来，形成一个综合性的指标体系来全面反映项目的实施进展状况。综合性进度指标使得各个工程活动、分部、分项工程直至整个项目的进度描述更加准确、方便。目前应用较多的是以下四种指标：

(1) 持续时间。项目与工程活动的持续时间是进度的重要指标之一。将实际工期与计划工期相比较并不能准确说明进度的完成情况，因为工期与人们通常概念上的进度是不同的。对于一般工程来说，工程量等于工期与施工效率（速度）的乘积，而工作速度在施工过程中是变化的，受很多因素的影响。例如，工程受质量事故影响时间过了一半，而工程量只完成了三分之一。

(2) 完成的实物量。用完成的实物量表示进度，这个指标的主要优点是直观、简单明确、容易理解，适用于描述单一任务的专项工程，不适合用来描述综合性、复杂工程的进度，如分部工程、分项工程进度。例如，某公路工程总工程量是 5000m，已完成 500m，则进度已达 10%。

(3) 已完工程的价值量。已完工程的价值量是指已完成的工作量与相应合同价格或预算价格的乘积。它将各种不同性质的工程量从价值形态上统一起来，可方便地将不同分项工程统一起来，能够较好地反映由多种不同性质工作所组成的复杂、综合性工程的进度状况。例如，人们经常说某工程已完成合同金额的 80% 等，均是用已完工程的价值来描述进度状况。

(4) 资源消耗指标。常见的资源消耗指标有：工时、机械台班、成本等，各种项目均可用它们作为衡量进度的指标，便于统一分析尺度。实际应用中，常常将资源消耗指标与工期（持续时间）指标结合在一起使用，以此来对工程进展状况进行全面的分析。例如，将工期与成本指标结合起来分析进度是否实质性拖延及成本超支。

(二) 进度管理的概念

进度管理是指项目管理者根据进度目标的要求，对工程项目各阶段的工作内容、工作程序、持续时间和衔接关系编制计划，将计划付诸实施，并且在此过程中经常检查计划的实际执行情况，实际进度是否按计划要求进行，对出现的偏差分析原因，分析进度偏差原因并在此基础上采取补救措施或调整、修改原计划直至工程竣工，交付使用。进度管理的最终目的是确保项目工期目标的实现。

项目进度管理是矿业工程项目管理的一项核心管理职能。由于矿建项目是在开放的环境中进行的，置身于特殊的政策、法律环境之下，且生产过程中人员、工具与设备的流动性等都决定了进度管理的复杂性及动态性，必须加强项目实施过程中的跟踪控制。进度控制与质量控制、投资控制是工程项目建设中并列的三大目标，它们之间有着密切的相互依赖和制约关系，因此，项目管理者在实施进度管理工作中要对三个目标全面、系统地加以考虑，正确处理好进度、质量和投资的关系，提高工程建设的综合效益。

（三）进度管理与工期管理的区别

工期和进度是两个既有联系又有区别的概念。首先，工期常常作为进度的一个指标，它在表示进度计划以及完成情况时有重要作用。因此，进度管理首先表现为工期管理。有效的工期管理才能达到有效的进度管理，但仅用工期表达进度会产生误导。其次，进度的拖延最终一定会表现为工期的拖延，对进度的调整常常表现为对工期的调整，为加快进度改变施工次序，则意味着通过采取措施使总工期提前。

由于工期计划可以得到各分项工程和分部工程的计划工期，这些时间参数分别表示分部、分项工程和整个工程项目的持续时间、开始和结束时间、容许的变动余地等。工期管理的目的是使工程实施活动与上述工期计划在时间上吻合，即保证分部、分项工程按计划及时开工，按时完成，保证总工期不推迟。工程项目进度管理的总目标与工期管理是一致的，但在控制过程中，它不仅追求时间上的吻合，而且还追求劳动效率、消耗和劳动的比率的一致性。

二、进度管理系统

（一）进度管理目标

在确定进度管理目标时，必须全面细致地分析与工程进度有关的各种有利因素和不利因素。只有这样才能制订出一个科学、合理的进度管理目标。确定施工进度管理目标的主要依据有：建设工程总进度目标对施工工期的要求；工期定额、类似工程项目的实际进度；工程难易程度和工程条件的实际情况等。

工程项目的总进度目标是指整个工程项目的进度目标，它是在项目决策阶段项目定义时确定的。项目总进度目标的控制是业主方项目管理的任务（若采用建设项目工程总承包的模式，协助业主进行项目总进度目标的控制也是建设项目工程总承包方项目管理的任务）。在进行建设工程项目总进度目标控制前，首先应分析和论证进度目标实现的可能性。若项目总进度目标不可能实现，则项目管理者应提出调整项目总进度目标的建议，并提请项目决策者审议。

工程项目总进度目标论证的工作步骤如下：调查研究和收集资料；项目结构分析；进度计划系统的结构分析；项目的工作编码；编制各层进度计划；协调各层进度计划的关系，编制总进度计划。若所编制的总进度计划不符合项目的进度目标，则设法调整；若经过多次调整，进度目标无法实现，则报告项目决策者。

（二）进度管理内容

（1）项目进度计划。工程项目进度计划包括项目的前期、设计、施工和使用前的准备等几个阶段的内容，项目进度计划的主要内容就是要制订各级项目进度计划，包括进行总控制的项目总进度计划、进行中间控制的项目分阶段进度计划和进行详细控制的各子项进度计划，并对这些进度计划进行优化，以达到对这些项目进度计划的有效控制。

(2) 项目进度实施。工程项目进度实施就是在资金、技术、合同、管理信息等方面保证措施落实的前提下，使项目进度按照计划实施。施工过程中存在各种干扰因素，使项目进度的实施结果偏离进度计划，项目进度实施的任务就是预测这些干扰因素，对其风险程度进行分析，并采取预控措施，以保证实际进度与计划进度的吻合。

(3) 项目进度检查。工程项目进度检查的目的就是了解和掌握建筑工程项目进度计划在实施过程中的变化趋势和偏差程度，其主要内容有跟踪检查、数据采集和偏差分析。在矿业工程项目施工过程中，要求控制人员深入现场获取工程进展的实际情况，并与计划进度进行对比分析，对出现进度偏差的情况进行分析，找出原因，对存在的问题提出整改。

(4) 项目进度调整。工程项目的进度调整是整个项目进度控制中最困难、最关键的内容。包括以下几方面的内容：分析影响进度的各种因素和产生偏差的前因后果；寻求进度调整的约束条件和可行方案；优化控制，使进度、费用变化最小，能达到或接近优化控制目标。进度调整要以关键工作、关键节点时间为控制点，尽量在较短的时间内使工程进度恢复到正常状态，同时实施调整后的进度计划。

(三) 进度管理基本原理

(1) 动态控制原理。工程进度控制是一个不断变化的动态过程，在项目开始阶段，实际进度按照计划进度的规划进行，但由于外界因素的影响，实际进度的执行往往会与计划进度出现偏差，出现超前或滞后的现象。这时通过分析偏差产生的原因，采取相应的改进措施，调整原来的计划，使两者在新的起点上重合，并通过发挥组织管理作用，使实际进度继续按照计划进行。在一段时间后，实际进度和计划进度又会出现新的偏差。因此，工程进度控制出现了一个动态的调整过程。

(2) 系统原理。工程项目是一个大系统，其进度控制也是一个大系统，进度控制中计划进度的编制受到许多因素的影响，不能只考虑某一个因素或几个因素。进度控制组织和进度实施组织也具有系统性。因此，工程进度控制具有系统性，应该综合考虑各种因素的影响。

(3) 信息反馈原理。信息反馈是工程进度控制的重要环节，施工的实际进度通过信息反馈给基层进度控制工作人员，在分工的职责范围内，信息经过加工逐级反馈给上级主管部门，最后到达主控制室，主控制室整理统计各方面的信息，经过比较分析作出决策，调整进度计划。进度控制不断调整的过程实际上就是信息不断反馈的过程。

(4) 弹性原理。工程进度计划工期长，影响因素多。因此进度计划的编制就会留出余地，使计划进度具有弹性。进行进度控制时就应利用这些弹性，缩短有关工作的时间或改变工作之间的搭接关系，使计划进度和实际进度达到吻合。

第二节 矿业工程项目进度计划的编制

一、进度计划的类型

根据不同的划分标准，工程进度计划可分为不同种类。

(1) 按计划内容分为目标性时间计划与支持性资源进度计划。针对工程项目的时间进度计划是最基本的目标性计划，确定了项目施工的工期目标。为了实现工程目标，还需要确定劳动力使用计划，机械设备使用计划，材料构配件和半成品供应计划等。

(2) 按计划时间长短划分为总进度计划与阶段性计划。总进度计划是控制项目施工全过程的；阶段性计划包括项目年、季、月施工进度计划等。

(3) 按计划表达形式划分为文字说明计划与图表形式计划。文字说明计划用文字说明各阶段的施工任务，以及要达到的形象进度要求；图表形式计划用横道图、斜线图、网络计划图等图表来表达施工的进度安排。

(4) 按项目组成划分为总体进度计划和分项进度计划。总体进度计划是针对施工项目全局性的部署，比较粗略；分项进度计划是针对项目中某一部分（子项目）或某一专业工程的进度计划，一般比较详细。

二、进度计划的编制要求

(一) 编制原则

工程项目进度计划是在确定工程施工目标工期的基础上，根据相应完成的工程量，对各项施工过程的施工顺序、起止时间和施工工艺衔接关系以及所需的劳动力和各种技术物资的供应所做的具体策划和统筹安排。编制进度计划需要遵循以下的原则：

(1) 要运用现代科学管理方法编制进度计划，以提高计划的科学性，确保进度计划的顺利实施。

(2) 要充分落实编制进度计划的条件，避免因过多的假定而使计划失去指导作用。

(3) 对大型、复杂、工期长的项目应分期、分段编制进度计划，以保持指导项目实施的前锋作用。

(4) 进度计划应保证项目实现工期目标。

(5) 保证项目进展的均衡性和连续性。

(6) 进度计划应与费用、质量等目标相协调，要做到既有利于工期目标的实现又有利于费用、质量、安全等目标的实现。

(二) 考虑因素

项目进度计划的编制通常是在项目经理的主持下，由各职能部门、技术人员、项目管理专家及参与项目工作的其他相关人员等共同参与完成，编制施工进度计划必须考虑的因素如下：

(1) 工期的长短。对编制进度计划最有意义的是相对工期，相对工期长即工期充裕，进度计划就比较容易编制，进度控制也就比较容易，反之则难。除总工期外，还应考虑局部工期充裕与否，施工中可能遇到哪些“卡脖子”问题，有何备用方案。

(2) 现场条件和施工准备工作。现场条件包括连接现场与交通线的道路条件、供电供水条件、当地工业条件、机械维修条件、水文气象条件、地质条件、水质条件以及劳动力资源条件等。业主方施工准备工作主要有施工用地的占有、资金准备、图纸准备以及材料供应的准备；承包商方施工准备工作则为人员、设备和材料进场，场内施工道路、临时车站、临时码头建设，场内供电线路架设，通信设施、水源，及其他临时设施准备。对于现场条件不好或施工准备工作难度较大的工程，在编制施工进度计划时一定要留有充分的余地。

(3) 施工方法和施工机械。一般地说采用先进的施工方法和先进的施工机械设备时施工进度会快一些。但是当施工单位开始使用这些新方法施工时，往往不会提高多少施工速度，有时甚至还不如老方法来得快，这是因为施工单位对新的施工方法有一个适应和熟练的过程。所以从施工进度控制的角度看，不宜在同一个工程同时采用过多的新技术(相对施工单位来讲是新的技术)。

(4) 施工组织与管理人员的素质。良好的施工组织管理应既能有效地制止施工人员的一切不良行为，又能充分调动所有施工人员的积极性，有利于不同部门、不同工作的协调。对管理人员最基本的要求就是要有全局观念，即管理人员在处理问题时要符合整个系统的利益要求，在施工进度控制中满足施工总工期的要求。

(5) 合同与风险承担。这里的合同系指合同对工期要求的描述和对拖延工期处罚的约定。从业主方面讲，拖延工期的罚款数量应与引起的经济损失相一致。同时在招标时，工期要求应与招标控制价相协调。这里所说的风险是指可能影响施工进度的潜在因素以及合同工期实现的可能性大小。

三、进度计划的编制工具

(一) 横道图

横道图又叫甘特图，它是以图示的方式通过活动列表和时间刻度形象地表示出任何特定项目的活动顺序与持续时间。横道图是一种在工业生产、工程施工等领域广泛应用的计划图表。如图 4-1 所示，横道图中横轴方向表示时间，工程活动在图的左侧纵向排列，以活动所对应的横道位置表示活动的起始时间，横道的长短表示持续时间的长短。

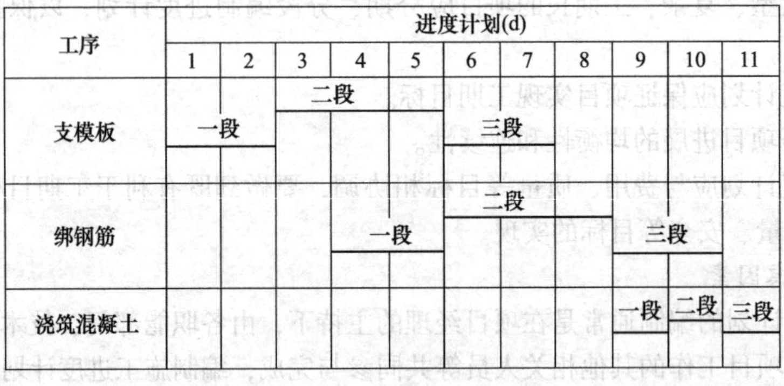
工序
进度计划(d)
1 2 3 4 5 6 7 8 9 10 11
支模板
一段
二段
三段
绑钢筋
一段
二段
三段
浇筑混凝土
一段
二段
三段

图 4-1　横道图

横道计划的优点是简单直观且较易编制，因为有时间坐标，故各项工作的开始时间、持续时间、工作进度、总工期等一目了然，而且可以与劳动力计划、资源计划、资金计划相结合，便于据图叠加统计资源。其缺点主要是所表达的信息量少，不能全面地反映出各项工作相互之间的关系和影响，无法同时反映更多的由项目策划者或实施者关注的其他计划内容，如影响项目总工期的关键活动有哪些，在哪些活动的节点存在一定的活动余地等。另外，横道图也不便于调整，从而也不便于优化。

横道图的应用受到一定的限制，通常仅适用于以下情况：

(1) 某些小型、简单的由少数活动组成的项目计划。

（2）大中型项目或复杂项目计划的初期编制阶段，这时项目复杂的内容尚未揭示出来。

（3）只需要了解粗线条的项目计划的高层领导。

（4）宣传报道项目进度形象的场合。

（二）网络图

网络图是以箭线和节点组成的有序有向的网状图形来表示项目进度的计划，它能表示一项工程或一项生产任务中各个工作环节或各道工序的先后关系和所需时间。网络图是由若干个节点和箭线组成，通过网络形式表达某个项目计划中各项具体活动的逻辑关系。网络图有两种形式：一种是箭线型网络图；另一种是节点型网络图。箭线型网络图又称为双代号网络图。它以箭线及两端节点的编号表示活动，往往在箭线的上方标明活动的名称，而在箭线的下方标明活动的持续时间，箭头节点和箭尾节点分别表示活动的结束事件和开始事件，如图 4-2（a）为双代号网络图。节点式网络图以节点及其编号表示活动，以箭线表示工作之间逻辑关系，并在节点中加注工作代号、名称和持续时间，故又称单代号网络图，如图 4-2（b）所示。

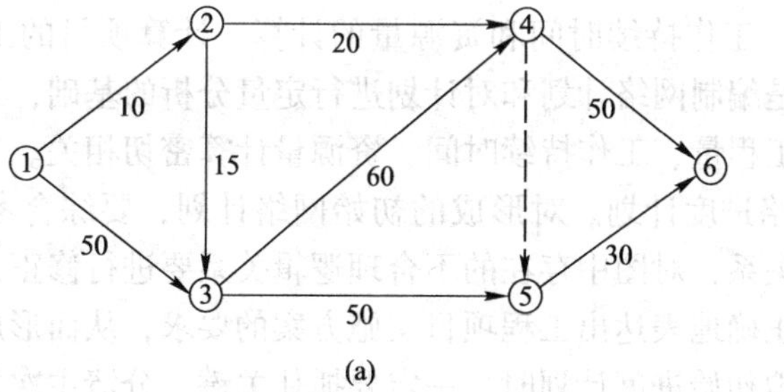

(a)

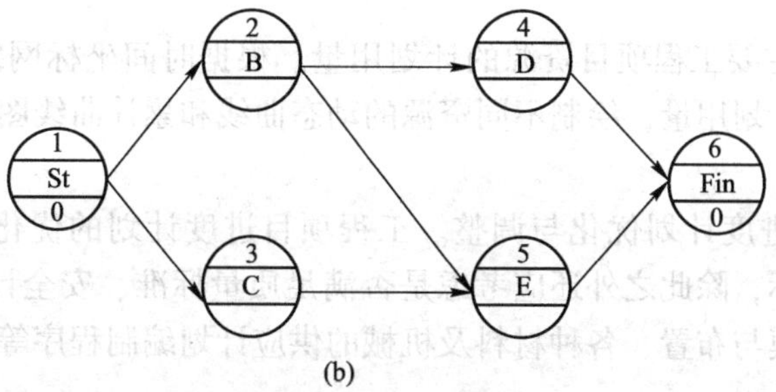

(b)

图 4-2　网络图

将横道图与网络图进行比较，可以看出，网络图具有以下优点：

（1）通过网络图，可使整个项目及其各组成部分一目了然。

（2）可以足够准确地估计项目的完成时间，并指明哪些活动一定要按期完成。

（3）使参加项目的各单位和有关人员了解他们各自的工作及其在项目中的地位和作用。

（4）便于跟踪项目进度，抓住关键环节。

（5）可简化管理，使领导者的注意力集中到可能出问题的活动上。

四、进度计划的编制程序

（1）收集、分析有关资料。在编制工程项目进度计划之前，应收集有关建设项目的各种资料，如设计文件、勘察资料、项目所处环境等，分析影响进度计划的各种因素，为编制进度计划提供依据。

(2) 选择施工技术方案并确定施工顺序及工作的逻辑关系。不同的施工项目，其工作内容和工作之间的关系不同，相同的施工项目，采用不同的施工技术方案，工作之间的关系也不尽相同。因此，在编制进度计划之前，首先应选择工程项目技术方案。工作的逻辑关系主要由两个方面决定：一方面是工作的工艺关系，即工程项目工艺要求的先后顺序关系，在作业内容、施工技术方案确定的情况下，这种工作逻辑关系是确定的；另一方面是组织关系，即对于工艺上没有明确规定先后顺序关系的工作，由于考虑到其他因素（如工期、工程项目设备、资源限制等）的影响而组织编排的先后顺序关系。

(3) 分解工程项目并明确进度控制的管理目标。工程项目进度计划的编制，需要从项目实施计划的整体性出发，根据系统工程的观点，将一个工程项目按项目结构或项目进展阶段逐级分解成若干个子项目（或称工作单元），编制出各子项目的进度计划和整个工程项目的总进度计划，从而明确进度控制的管理目标。分解工程项目要从工程项目整体出发，明确建设参与者（业主、承包商、监理工程师等）的各自责任，使之有计划地实施。

(4) 项目工程量、工作持续时间和资源量的计算。计算项目的工程量，确定项目工作持续时间和资源量是编制网络计划和对计划进行定量分析的基础，工程项目进度计划的准确性与工程项目的工程量、工作持续时间、资源量计算密切相关。

(5) 编制初始网络进度计划。对形成的初始网络计划，要综合考虑工程项目的工艺逻辑关系和组织逻辑关系，对图中存在的不合理逻辑关系要进行修正，使网络图在工艺顺序和组织顺序上都能正确地表达出工程项目实施方案的要求，从而形成能指导项目实施的网络进度计划。在草拟初始进度计划时，一定要抓住关键，分清主次关系，合理安排，协调配合。

(6) 确定各种主要工程项目资源的计划用量。根据时间坐标网络图中施工工序所需的主要施工资源的计划用量，绘制不同资源的动态曲线和累计曲线图，形象描述资源用量计划。

(7) 工程项目进度计划优化与调整。工程项目进度计划的优化，要充分考虑工期、资源、费用三个目标，除此之外还应考虑是否满足质量标准、安全计划、现场临时设施、施工辅助设施的规模与布置、各种材料及机械的供应计划编制程序等其他因素。

五、进度计划的编制要点

（一）矿业工程施工顺序安排

1. 施工顺序安排原则

施工顺序的安排应遵循的原则是建井工期最短，经济技术合理，施工可行，并在具体工程条件、矿井地质和水文地质条件下可以获得最佳的经济效益。例如，高瓦斯矿井宜采用下山掘进，便于瓦斯管理，节省通风费用；涌水量大的矿井采用上山掘井，可节省排水费用，加快施工速度；关键线路上的工程的贯通点选择在最佳的位置。当采用井塔及多绳轮提升机时，其土建、机电设备安装的工程量比较大，工期较长，若安排在建井后期完成时，工作集中时间紧迫，又受设计、设备、气候等较多因素影响，所以应特别注意此类工程的合理安排和互相配合。

2. 施工顺序安排要点

（1）优选施工方案。决定井筒施工方案的主要因素包括井筒穿过地层的地质水文条件、涌水量大小、井筒设计规格尺寸、支护方式、施工技术装备条件与施工工艺可能性、施工队伍技术水平与管理水平。在保证施工安全和质量要求的条件下，考虑技术先进性以及经济效益条件。一般要求井筒施工方案应有先进的平均月成进速度。

（2）合理进行工程排队。施工队伍安排的原则是首先要根据施工期各个环节的工作能力，包括提升运输能力、通风能力，确定可能安排的工作面，具体安排掘进队伍；在保证工期和按时完成各个施工环节与系统的同时，考虑施工队伍平衡，避免施工队伍调配和人员增减得过分频繁。

（二）井巷工程施工的关键线路

在矿山井巷工程中，部分前后连贯的工程构成了全矿井施工耗时最长的工程，这就形成了关键线路。如井筒→井底车场重车线→主要石门→运输大巷→采区车场→采区上山→最后一个采区切割巷道或与风景贯通巷道等。井巷工程关键线路决定着矿井的建设工期。

缩短井巷工程关键线路的主要方法：

（1）如在矿井边界设有风井，则可有主副井、风井对头掘进，贯通点安排在运输大巷和上山的交接处。

（2）在条件许可的情况下，可开掘措施工程以缩短井巷主要矛盾线的长度，但须经建设、设计单位共同研究，并报请设计批准单位审查批准。

（3）合理安排工程开工顺序与施工内容，应积极采取多头、平行交叉作业。

（4）加强资源配备，把重点队和技术力量过硬的施工队放在主要矛盾线上施工。

（5）做好主要矛盾线上各项工程的施工准备工作，在人员、器材和设备方面给予优先保证，为主要矛盾线工程不间断施工创造必要的物质条件。

（6）加强主要矛盾线工程施工的综合平衡，搞好各工序衔接，解决薄弱环节，把辅助时间压缩到最短。

第三节　网络计划技术

一、网络计划技术基本原理

网络计划技术诞生于 20 世纪 50 年代末，最初是作为大规模开发研究项目的计划、管理方法而被开发出来的，如今已得到迅速发展和广泛应用。实践证明，网络计划技术是属于一种系统、科学的动态控制方法，是控制项目进度的有效工具，主要有确定型、非确定型两类。确定型网络计划的基本原理是：利用网络图表示一项计划任务的进度安排和各项活动之间的相互关系，在此基础上进行网络分析、计算时间参数、确定关键线路，不断改进网络计划，求得工期、资源和成本的优化方案，最后执行并实施控制。利用网络计划技术进行项目的进度计划与控制可以分为以下环节：

一是将项目分解成若干个活动，确定各项目活动之间的逻辑关系及所需消耗的时间、成本、资源，建立网络图以表示各项目活动的相互关系。

二是找出各项活动的开始时间和结束时间，通过对网络时间参数分析，明确为保证计划按期完成而必须重点管理的关键活动，非关键活动也要计算出时差，以便于在资源限制条件下调整活动的开始和结束时间。优化网络计划，达到有效利用资源的目的。

三是执行计划过程中，定期收集实际进度情况与计划比较，分析是否产生偏差，必要时可以修改调整网络计划，形成新的计划方案，以合理使用资源，高效地完成任务。

二、网络图的绘制

（一）双代号网络图

1. 构成要素

（1）箭线（工作）。箭线（工作）是泛指一项需要消耗人力、物力和时间的具体活动过程，也称工序、活动、作业。在双代号网络图中，每一箭线代表一个工作项，箭向表示工作行进的方向，箭尾表示工作开始，箭头表示工作结束。任意一条实箭线都要占用时间、消耗资源（有时只占用时间，不消耗资源，如混凝土养护）。在建设工程中，一条箭线表示项目中的一个施工过程，它可以是一道工序、一个分项工程、一个分部工程或一个单位工程，其粗细程度、大小范围的划分根据计划任务的需要来确定。

在双代号网络图中，为了能正确地表达图中工作之间的逻辑关系，往往需要应用虚箭线。虚箭线不代表实际工作，我们称之为虚工作。虚工作既不消耗时间，也不消耗资源，主要用来表示相邻两项工作之间的逻辑关系，但有时为了避免两项同时开始、同时进行的工作具有相同的开始节点和完成节点，需要用虚工作加以区分。如图 4-2（a）所示，作业用箭线表示，如箭线的箭尾和箭头节点编号分别为 2、3，则该项作业可用 2—3 或（2，3）表示，箭线的数字 15 表示所需的时间，4—5 工作是虚工作。

（2）节点（事件）。节点（事件）是网络图中箭线之间的连接点。网络图中有 3 个类型的节点。每个网络图中左边第一个结点叫作起点节点，最右端的结点叫做终点节点，它们分别表示项目的开始和结束。介于始点和终点之间的事件称为中间事件，所有中间事件都既表示前一项（或多项）作业的结束，又表示后一项（或多项）作业的开始。

双代号网络图中，节点应用圆圈表示，并在圆圈内编号。一项工作应只有唯一的一条箭线和相应的一对节点，且要求箭尾节点的编号小于其箭头节点的编号，即 $i<j$。网络图节点的编号顺序应从小到大，可不连续，但不允许重复。

（3）线路。网络图中从起点节点开始，沿箭头方向顺序通过一系列箭线与节点，最后到达终点节点的通路称为线路。在一个网络图中可能有很多条线路，线路中各项工作的持续时间之和就是该线路的长度，即线路所需的时间。在各条线路中，有一条或几条线路的总时间最长，称为关键线路，一般用双线或粗线标注。其他线路长度均小于关键线路，称为非关键线路。

线路既可依次用该线路上的节点编号来表示，也可依次用该线路上的工作名称来表示。如图 4-2（a）所示，该网络图其中的一条线路可表示为：①—③—⑤—⑥。

（4）逻辑关系。网络图中工作之间相互制约或相互依赖的关系称为逻辑关系，它包括工艺关系和组织关系，在网络中均应表现为工作之间的先后顺序。

1）工艺关系：生产性工作之间由工艺过程决定的，非生产性工作之间由工作程序决定的先后顺序称为工艺关系。

2）组织关系：工作之间由于组织安排需要或资源（人力、材料、机械设备和资金等）调配需要而规定的先后顺序关系称为组织关系。

2. 绘制规则

绘制网络图需要遵守下列规则：

（1）网络图由起点节点开始，严格按照工作之间的逻辑关系向右绘制，直到结束节点，不能随意改变活动的顺序。

（2）网络图中严禁出现从一个节点出发，顺箭头方向又回到原出发点的循环回路，如图 4-3 所示的错误表示。箭线（包括虚箭线，以下同）应保持自左向右的方向，不应出现箭头指向左方的水平箭线和箭头偏向左方的斜向箭线。若遵循该规则绘制网络图，就不会出现循环回路。

（3）箭线必须从一个节点开始，到另一个节点结束，严禁在箭线上引入或引出箭线。如图 4-4 所示的错误表示。但当网络图的起点节点有多条箭线引出（外向箭线）或终点节点有多条箭线引入（内向箭线）时，为使图形简洁，可用母线法绘图。

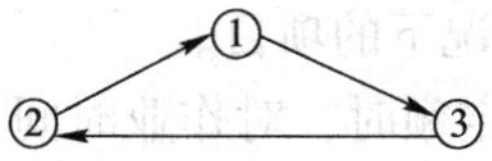

图 4-3　循环回路

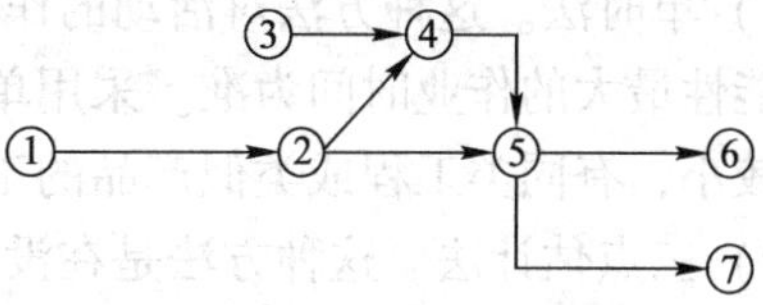

图 4-4　节点引出多条箭线

（4）网络图中严禁出现双向箭头和无箭头的连线，严禁出现没有箭尾节点的箭线和没有箭头节点的箭线，如图 4-5 所示的错误表示。

（5）应尽量避免网络图中工作箭线的交叉。当交叉不可避免时，可以采用过桥法或指向法处理，如图 4-6 所示的过桥法。

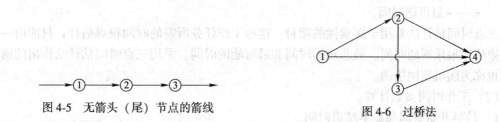

图 4-5　无箭头（尾）节点的箭线

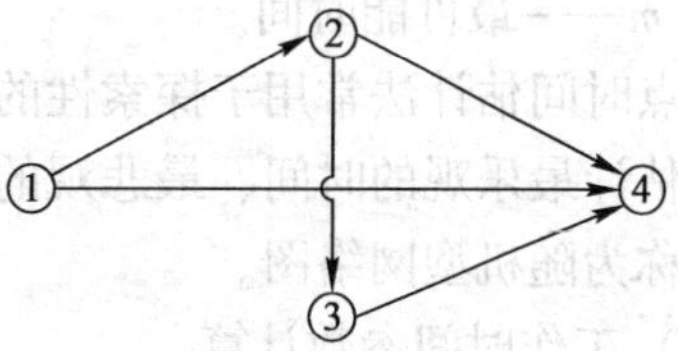

图 4-6　过桥法

（6）网络图中应只有一个起点节点和一个终点节点（任务中部分工作需要分期完成的网络计划除外）。除网络图的起点节点和终点节点外，不允许出现没有外向箭线的节点和没有内向箭线的节点。

（7）箭头节点的编号必须大于箭尾节点的编号。编号可以不连续，而且最好是跳跃式的，以便调整。

3. 绘制方法

项目任务分解之后，根据在任务分解中确定的工作之间的关系，列出工作逻辑关系表。根据表中规定的活动之间的关系，将工作代号栏中所有的工作逐项画在网络图上。一般情况下，已知每一项工作的紧前工作时，绘制网络图应该从左至右进行。起始节点画在最左边，表示项目的开始，依次绘制其他工作箭线。当各项工作箭线都绘制出来之后，应合并那些没有紧后工作的工作箭线的箭头节点，以保证网络图只有一个终点节点。草图绘出后，将序号标在节点上，将活动代号和时间标在箭线上，要根据网络图绘制规则，逐项活动进行检查，去掉不必要的虚活动。最后，按要求画出正规的网络图。

当已知每一项工作的紧后工作时，也可按类似的方法进行网络图的绘制，只是其绘图顺序由前述的从左向右改为从右向左。

4. 网络时间参数计算

在分析研究网络图时，除了从空间反映整个计划任务及其组成部分的相互关系以外，还必须分析确定各项活动的时间，这样才能动态模拟生产过程，并作为编制计划的基础。网络时间的计算包括以下几项内容：确定各项活动的作业时间；计算时间参数；计算时差，并确定关键路线。

（1）各项活动作业时间的计算。

1）单时法。这种方法对活动的作业时间只确定一个时间值，估计时应以完成各项活动可能性最大的作业时间为准。采用单时法的网络图为肯定型网络图，它适用于偶然因素影响较小，有同类工程或类似产品的工时资料可供借鉴情况下的项目。

2）三点估计法。这种方法是在没有肯定可靠的工时定额时，对作业时间预估三个时间值，然后求其平均值。这三个时间值是最乐观时间、最悲观时间、最可能时间。其公式如下：

$$TF = (a + 4m + b)/6 \tag{4-1}$$

式中 TF——估计时间；

a——最乐观时间；

b——最悲观时间；

m——最可能时间。

三点时间估计法常用于探索性的项目。这些工作任务所需的时间很难估计，只能由一些专家估计最乐观的时间、最悲观的时间和最可能的时间。采用三点时间估计法作出的网络图也称为随机型网络图。

（2）工作时间参数计算。

1）最早开始时间和最早结束时间。

假设网络图的始点时间为零，其中任一工作，相对来说，都有一个最早开始时间和最早结束时间，分别以 ES 和 EF 表示。最早开工时间（ES）是工作最早可能开始的时间，它就是代表该工序箭线的箭尾节点的最早开始时间；最早结束时间（EF）则是指它可能完工的最早时刻。计算各项工作的最早时间（ES 和 EF），应从网络图的始点算起，自左向右，按工作的顺序进行计算，直至到达网络图的终点。

①假定网络图的起始节点为开始节点的工作，当未规定其最早开始时间时，其最早开始时间为零。

②先行工序的最早结束时间，也就是后续工序的最早开始时间。就单独一个工序来

看，它的最早开始时间，加上它所需的延续时间，就是该工序的最早结束时间，可按下式计算：

$$EF_{i-j} = ES_{i-j} + t_{i-j} \tag{4-2}$$

式中 EF_{i-j}——工作（i–j）最早结束时间；

ES_{i-j}——工作（i–j）最早开始时间；

t_{i-j}——工作（i–j）所需时间。

③其余工作最早开始时间应等于其紧前工作最早结束时间的最大值。可按下式计算：

$$ES_{i-j} = \max\{EF_{h-i}\} = \max\{ES_{h-i} + t_{h-i}\} \tag{4-3}$$

式中 EF_{h-i}——工作（i–j）的紧前工作（h–i）的最早结束时间；

ES_{h-i}——工作（i–j）的紧前工作（h–i）的最早开始时间；

t_{h-i}——工作（h–i）的持续时间。

2）计算工期 T_c。

网络计划的计算工期应等于以网络计划终点节点为完成节点的工作最早完成时间的最大值。可按下式计算：

$$T_c = \max\{EF_{i-n}\} \tag{4-4}$$

式中 EF_{i-n}——以终点节点 n 为完成节点的工作 i–n 的最早完成时间。

3）最迟开始时间和最迟结束时间。

所谓最迟开始时间和最迟结束时间是指在保证不延误总工期的条件下，各个工作必须开工及完工最迟时刻，分别用 LS 和 LF 表示。工序的最迟完工时间(LF) 等于代表该工序的箭线箭头结点的最迟结束时间，对于前后衔接的工序来说，紧后工序最迟必须开始时间就是它们的紧前工序的最迟必须结束时间。计算最迟时间（LS 和 LF）是从网络图的终点开始计算，即从右向左用递减法逆推，直至到达网络图的始点。

①假定网络图的终点节点为完成节点的工作，当未规定其最迟完成时间时，其最迟完成时间为计划工期 T_c。

②就单独一个工作来看，知道了它的最迟结束时间，减去它本身所需的延续时间，就是该工作的最迟开始时间，可按下式计算：

$$LS_{i-j} = LF_{i-j} - t_{i-j} \tag{4-5}$$

式中 LF_{i-j}——工作（i–j）最迟结束时间；

LS_{i-j}——工作（i–j）最迟开始时间；

t_{i-j}——工作（i–j）所需时间。

③其余工作最迟结束时间应等于其紧后工作最迟开始时间的最小值，可按下式计算：

$$LF_{i-j} = \min\{LS_{j-k}\} = \min\{LF_{j-k} - t_{j-k}\} \tag{4-6}$$

式中 LS_{j-k}——工作（i–j）的紧后工作（j–k）的最迟开始时间；

LF_{j-k}——工作（i–j）的紧后工作（j–k）的最迟结束时间；

t_{j-k}——工作（j–k）的持续时间。

4）时差的计算。

时差包括自由时差和总时差两种。总时差又称为“宽裕时间”或“富余时间”，是指在不影响整个项目完工时间的条件下，工作最迟开工时间与最早开工时间的差，或最迟结束时间与最早结束时间的差。它表明该项工作开工（或结束）时间所能允许的最大变动幅度。自由时差则称为“自由富余时间”，是指在不影响下一项工作最早开工时间的前提下，该工作完工的机动时间。

①工作（i–j）的总时差计算，可按下式计算：

$$TF_{i-j}=LS_{i-j}-ES_{i-j}=LF_{i-j}-EF_{i-j} \tag{4-7}$$

②工作（i–j）的自由时差计算。

对于有紧后工作的工作（i–j），其自由时差等于本工作的紧后工作（j–k）的最早开始时间减本工作最早完成时间差值的最小值，即：

$$FF_{i-j}=\min\{ES_{j-k}-EF_{i-j}\} \tag{4-8}$$

对于无紧后工作的工作，其自由时差等于计划工期与本工作最早完成时间的差值，即：

$$FF_{i-n}=T_c-EF_{i-n} \tag{4-9}$$

（3）关键线路的确定。在一个网络图中，总时差为零的工作，被称为关键工作。一个从始点到终点，顺序地把所有总时差为零的关键工序连接起来所得到的线路，被称为关键线路。关键线路是从始点到终点时间最长的线路，它在网络图中可以用双线标出，以示区别。显然，要缩短整个项目的工期，必须在关键线路上想办法，即缩短关键线路上的作业时间。反之，若关键线路工期延长，则整个项目完工期就会被拖长。所以，关键工序和关键线路的确定对于项目计划和管理工作具有重要意义。

关键线路至少有一条，也可能有多条。需要指出的是，关键线路不是一成不变的。在一定条件下，关键线路可以成非关键线路，非关键线路也可以变成关键线路。

计算网络图的时间参数的手算方法一般有图上计算法和表上计算法。图上计算法就是在网络图上直接进行计算，并把计算的结果标在图上。采用图上计算法计算时间参数时，一般采用“田”字形表格记录每一作业的四个时间参数，如图 4-7 所示。

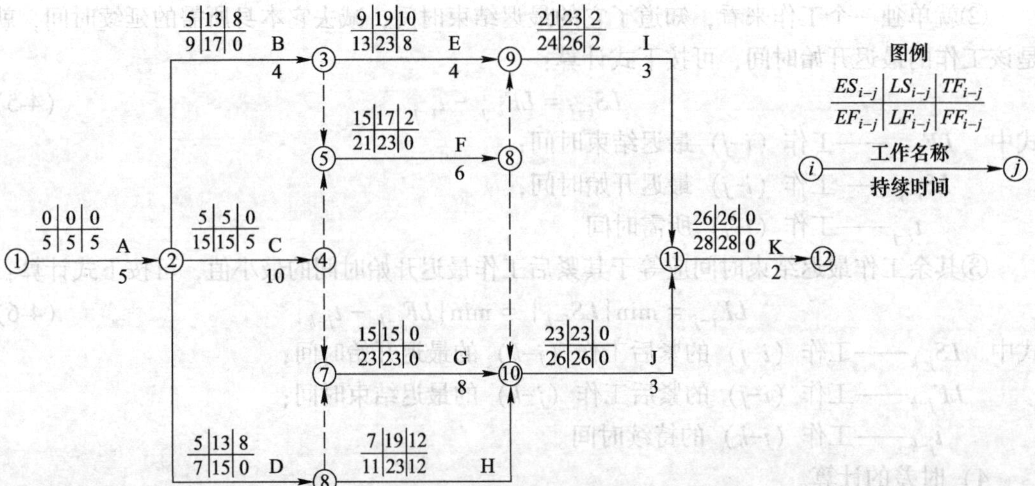

图 4-7　某项工程活动双代号网络图时间参数计算

（二）双代号时标网络图

双代号时标网络计划是以水平时间坐标为尺度编制的双代号网络计划，如图4-8所示。由于其兼有网络计划与横道计划的优点，因此不仅能在图上直接显示出各项工作的开始与完成时间、工作的自由时差及关键线路，而且能清楚地表明计划的时间进程，可以统计每一个单位时间对资源的需要量，有利于进行资源优化和调整。

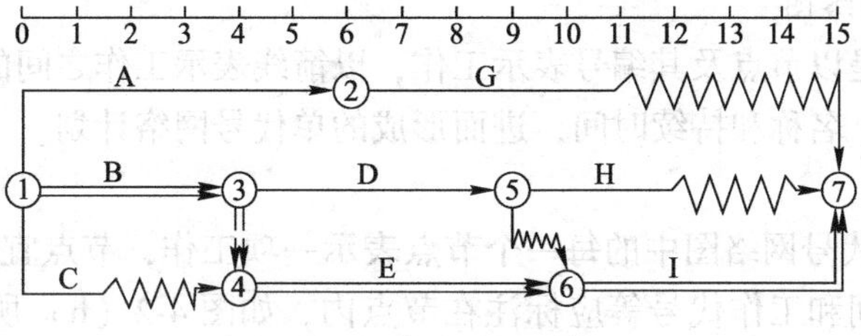

图4-8 双代号时标网络图

1. 双代号时标网络计划的一般规定

（1）双代号时标网络计划必须以水平时间坐标为尺度表示工作时间。时标的时间单位应根据需要在编制网络计划之前确定，可为时、天、周、月或季。

（2）时标网络计划应以实箭线表示工作，以虚箭线表示虚工作，以波形线表示工作的自由时差。

（3）时标网络计划中所有符号在时间坐标上的水平投影位置都必须与其时间参数相对应。节点中心必须对准相应的时标位置。

（4）时标网络计划中虚工作必须以垂直方向的虚箭线表示，有自由时差时加波形线表示。

（5）双代号时标网络计划关键线路的确定，应自终点节点逆箭线方向朝起点节点逐次进行判定，即从终点到起点不出现波形线的线路为关键线路。

（6）双代号时标网络计划的计算工期应是终点节点与起点节点所在的位置之差。

2. 双代号时标网络计划的编制

双代号时标网络计划一般按各个工作的最早开始时间编制。通常采用直接法绘制，即根据网络计划中工作之间的逻辑关系及各工作的持续时间，直接在时标计划表上绘制时标网络计划。在编制时标网络计划前，应先按已确定的时间单位绘制出时标计划表，时间坐标可以标注在时标网络计划表的顶部或底部。其具体绘制步骤如下：

（1）将起点节点定位在时标计划表的起始刻度线上。

（2）按工作持续时间在时标计划表上绘制起点节点的外向箭线。

（3）其他工作的开始节点必须在其所有紧前工作都绘出以后，定位在这些紧前工作最早完成时间最大值的时间刻度上。某些工作的箭线长度不足以到达该节点时，用波形线补足，箭头画在波形线与节点连接处。

（4）用上述方法从左至右依次确定其他节点位置，直至网络计划终点节点，绘图完成。

3. 双代号时标网络计划时间参数的确定

（1）工作最早开始时间。工作箭线左端节点中心所对应的时标值为该工作的最早开始时间。

(2) 工作最早完成时间。如箭线右段无波纹线，则该箭线右端节点中心所对应的时标值为该工作的最早完成时间；如箭线右段有波纹线，则该箭线的箭头所对应的时标值为该工作的最早完成时间。

(3) 时间间隔和自由时差。波形线水平投影长度就是该工作的自由时差。

(三) 单代号网络图

单代号网络图是以节点及其编号表示工作，以箭线表示工作之间的逻辑关系，并在节点中加注工作代号、名称和持续时间，进而形成的单代号网络计划。

1. 基本符号

(1) 节点。单代号网络图中的每一个节点表示一项工作，节点宜用圆圈或矩形表示。工作名称、持续时间和工作代号等应标注在节点内，如图 4-2（b）所示。单代号网络图中的节点必须编号，编号标注在节点内，其号码可间断，但严禁重复，箭线的箭尾节点编号应小于箭头节点的编号，一项工作必须有唯一的一个节点及相应的一个编号。

(2) 箭线。单代号网络图中的箭线表示紧邻工作之间的逻辑关系，既不占用时间、也不消耗资源。箭线应画成水平直线、折线或斜线，箭线水平投影的方向应自左向右表示工作的行进方向。工作之间的逻辑关系包括工艺关系和组织关系，在网络图中均表现为工作之间的先后顺序。

(3) 线路。单代号网络图中各条线路应用该线路上的节点编号从小到大依次表述。

2. 单代号网络图的绘图规则

单代号网络图的绘图规则大部分与双代号网络图的绘图规则相同，必须正确表达已定的逻辑关系，需注意以下情况：

(1) 严禁出现循环回路。

(2) 严禁出现双向箭头或无箭头的连线。

(3) 严禁出现没有箭尾节点的箭线和没有箭头节点的箭线。

(4) 当网络图中有多项起点节点或多项终点节点时，应在网络图的两端分别设置一项虚工作，作为该网络图的起点节点和终点节点。

3. 单代号网络计划时间参数的计算

单代号网络计划时间参数的计算应在确定各项工作的持续时间之后进行，时间参数的计算顺序和计算方法基本上与双代号网络计划时间参数的计算相同。单代号网络计划时间参数的标注形式如图 4-9 所示。

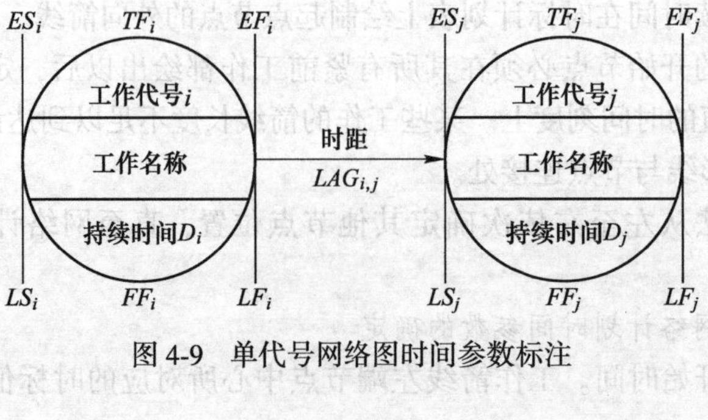

图 4-9 单代号网络图时间参数标注

（1）计算最早开始时间和最早完成时间。网络计划中各项工作的最早开始时间和最早完成时间的计算应从网络计划的起点节点开始，顺着箭线方向依次逐项计算。网络计划的起点节点的最早开始时间为零，一项工作的最早开始时间等于该工作的各个紧前工作的最早完成时间的最大值，即：

$$ES_j = \max[EF_i] \tag{4-10}$$

一项工作的最早完成时间等于该工作的最早开始时间加上其持续时间，即：

$$EF_i = ES_i + D_i \tag{4-11}$$

（2）计算相邻两项工作之间的时间间隔。相邻两项工作 i 和 j 之间的时间间隔 $LAG_{i,j}$ 等于紧后工作 j 的最早开始时间和本工作 i 的最早完成时间之差，即：

$$LAG_{i,j} = ES_j - EF_i \tag{4-12}$$

（3）确定网络计划的计算工期。网络计划的终点节点工作的最早完成时间即网络计划的计算工期：

$$T_c = EF_n \tag{4-13}$$

（4）计算工作总时差 TF_i。工作 i 的总时差 TF_i 应从网络计划的终点节点开始，逆着箭线方向依次逐项计算网络计划终点节点的总时差。如果计划工期等于计算工期，其值为零，其他工作 i 的总时差等于该工作的各个紧后工作 j 的总时差 TF_j 加该工作与其紧后工作之间的时间间隔 $LAG_{i,j}$ 之和的最小值，即：

$$TF_i = \min[TF_j + LAG_{i,j}] \tag{4-14}$$

（5）计算工作自由时差 FF_i。工作 i 若无紧后工作时，其自由时差 FF_i 等于计划工期减去该工作的最早完成时间，即：

$$FF_i = Tp - EF_i \tag{4-15}$$

当工作 i 有紧后工作 j 时，其自由时差 FF_i 等于该工作与其紧后工作 j 之间的时间间隔 $LAG_{i,j}$ 的最小值，即：

$$FF_i = \min[LAG_{i,j}] \tag{4-16}$$

（6）计算工作的最迟开始时间和最迟完成时间。工作 i 的最迟开始时间 LS_i 等于该工作的最早开始时间 ES_i 加上其总时差 TF_i 之和，即：

$$LS_i = ES_i + TF_i \tag{4-17}$$

工作 i 的最迟完成时间 LF_i 等于该工作的最早完成时间加上其总时差 TF_i 之和，即：

$$LF_i = EF_i + TF_i \tag{4-18}$$

（7）关键工作和关键线路的确定。总时差最小的工作是关键工作，从起点节点开始到终点节点均为关键工作，且所有工作的时间间隔为零的线路为关键线路。

三、网络计划优化

在前面的讨论中，通过绘制网络图、计算网络时间参数和确定关键路线，可得到一个初始的计划方案。通常还要对初始计划方案进行调整和完善，比如，在工期规定的条件下，寻求投入的资源数量最少。在综合考虑进度、资源利用和费用等因素的基础上按某一衡量指标来寻求最优网络计划过程，称为网络优化。一般包括时间优化、时间-费用优化和资源优化。

（1）时间优化。时间优化就是不考虑人力、物力、财力资源的限制，满足计划按照规定的时间或提前完成而进行的调整，即寻求最短工期。这种情况通常发生在任务紧急、资源有保障的情况。

由于工期由关键线路上作业的时间所决定，压缩工期就在于如何压缩关键路线上作业的时间。缩短关键线路上作业时间的途径有两条：一是利用平行、交叉作业缩短关键作业的时间，二是在关键线路上赶工。由于压缩了关键线路上作业的时间，会导致原来不是关键线路的路线成为关键线路。若要继续缩短工期，就要在所有关键线路上赶工或进行平行交叉作业。随着关键线路的增多，压缩工期所付出的代价就变大。因此，单纯地追求工期最短而不顾资源的消耗是不可取的。

(2) 时间-费用优化。时间-费用优化的目标是尽可能短的同时，也使费用尽可能少。时间和费用是相互联系的和相互制约的，要加快进度必须增加资源，导致费用上升，能够实现时间-费用优化的原因是工程总费用可以分为直接费用和间接费用两部分，这两部分费用随工期变化而变化的趋势是相反的。优化的目的是寻求直接费用和间接费用总和最低的时间以及与此适应的网络计划中各工作的进度安排。

(3) 资源优化。项目资源优化是通过改变工作的开始时间，使资源按时间的分配达到均衡合理的优化目标。在编制网络计划、安排工程进度的同时，要尽量合理地利用现有资源，并缩短工期。由于项目包含的作业很多，涉及的资源情况也错综复杂，往往需要经过多次权衡之后，才能得到时间进度和资源利用都比较合理的计划方法。

第四节　矿业工程项目进度计划的检查和调整

一、进度计划的检查

(一) 横道图比较法

横道图比较法是在项目实施中检查实际进度，将收集的信息经整理后直接用横道线并列标于原计划的横道处，进行直观比较的方法。横道图比较方法包括匀速进展横道图比较、双比例单侧横道图比较、双比例双侧横道图比较。这三种方法都是针对某一项工作任务进行实际与计划的对比，在每一检查期，管理人员将每一项工作任务的进度评价结果标在整个项目的进度横道图上，最后综合判断工程项目的进度进展状况。

匀速进展横道图比较法可用持续时间或任务完成量来实现实际进度与计划进度的比较，如图 4-10 所示，图中细实线表示计划进度，粗实线表示实际进度，在第 8 周末进行检查，挖土 1 和混凝土 1 已经完成，而挖土 2 只完成了按计划安排到第 6 周末所应该完成的进度。

双比例单侧与双比例双侧横道图比较法适用于工作的进度按变速进展的情况，都是用任务完成量来实现实际进度与计划进度的比较。如图 4-11 和图 4-12 所示，在工作计划横道线上下两侧做两条时间坐标，并在两坐标内侧每隔一个单位时间记录相应工作计划与实际累计完成比例。

双比例单侧横道图用单侧附着于计划横道线的涂黑粗线（或其他填实图案线）表示工作任务实际进度，同时标出其对应时刻完成任务的累计百分比，将该百分比与其同时刻计划完成任务的累计百分比相比较，判断工作的实际进度与计划进度之间的关系。由

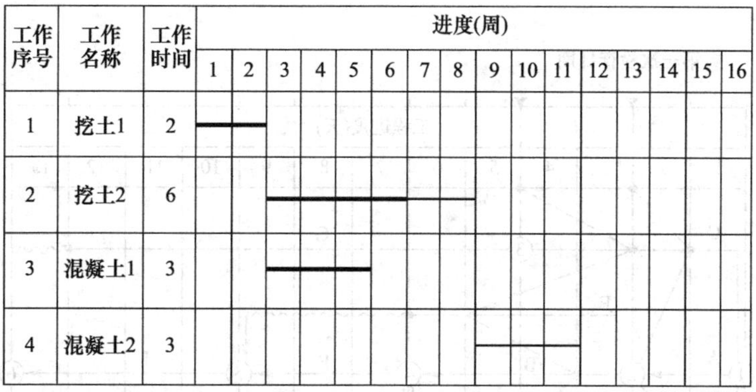
工作序号
工作名称
工作时间
进度(周)
1 2 3 4 5 6 7 8 9 10 11 12 13 14 15 16
1
挖土1
2
2
挖土2
6
3
混凝土1
3
4
混凝土2
3

图 4-10　某基础工程实际进度与计划进度比较图

图 4-11可知，原计划用 9 天完成的一项工作，其实际完成时间为 10 天，这项工作的实际完成时间比计划时间推迟半天，且在第 7 天停工 1 天。

双比例双侧横道图是将每单位时间实际任务完成量占计划工作量的百分比逐一用相应比例长度的涂黑粗线（或其他填实图案线）交替画在计划横道线的上下两侧，通过上下相对的百分比的比较，判断该工作任务的实际进度与计划进度之间的关系。由图 4-12 可知，实际与计划相比拖延 1 天，通过计划横道线两侧涂黑粗线长度的相互比较，还可一目了然地观察每天实际完成工作数量的多少，同时还可通过两条时间坐标线上计划与实际累计完成百分比数的比较，直观反映每一天实际进度较计划进度超前或滞后的幅度。

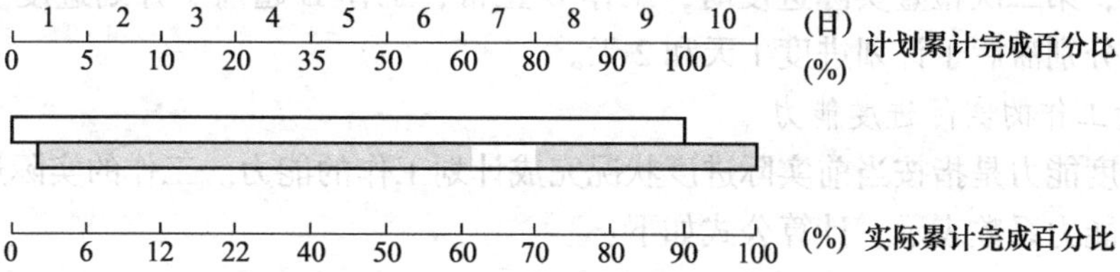

图 4-11　双比例单侧横道图

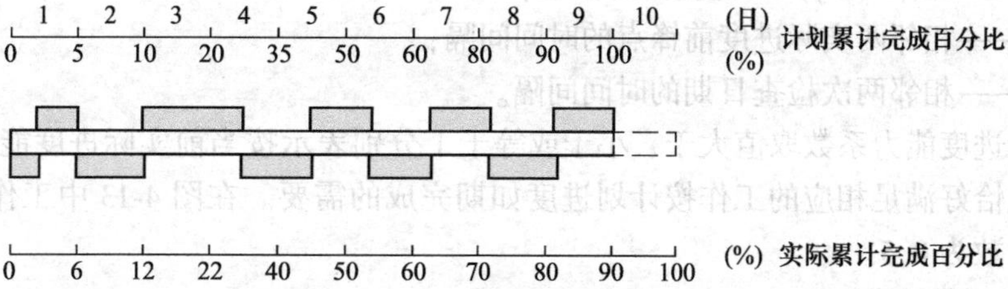

图 4-12　双比例双侧横道图

（二）前锋线比较法

前锋线比较法主要适用于时标网络计划，该方法是从检查时刻的时间标点出发，用点划线依次连接各工作任务的实际进度点，最后到计划检查时的坐标点为止，形成实际进度前锋线，按前锋线与工作箭线交点的位置判定工程项目实际进度与计划进度偏差，如

图 4-13所示。

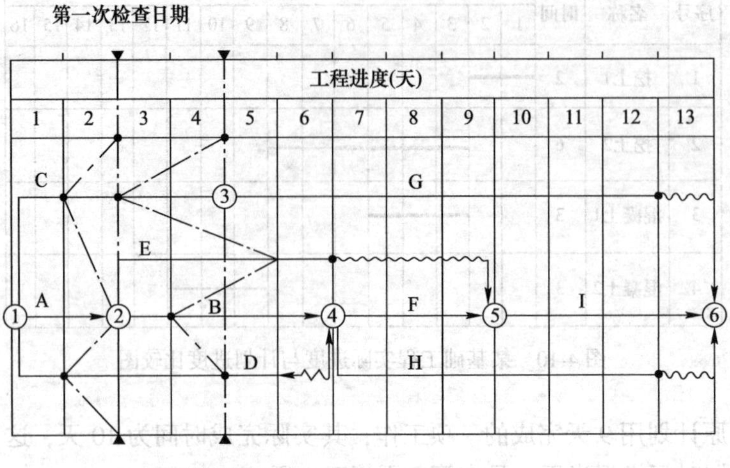

图 4-13 某工程网络计划前锋线比较图

1. 比较实际与计划进度

对应于任意检查日期，当该交点落在检查日期的左侧，表明实际进度滞后；当该交点与检查日期相一致，表明实际进度与计划进度相一致；当该交点落在检查日期右侧，表明实际进度超前。超前或滞后的天数为交点所在位置与检查日期两者之间的时间间隔。由图 4-13可知，第二次检查实际进度时，工作 D 正常，工作 E 超前于计划进度 1 天，工作 B 和工作 C 分别滞后于计划进度 1 天和 2 天。

2. 分析工作的实际进度能力

工作进度能力是指按当前实际进度状况完成计划工作的能力。工作的实际进度能力可用工作进度能力系数表示，计算公式如下：

$$\beta_{ij} = \frac{\Delta t}{\Delta T} \tag{4-19}$$

式中 β_{ij} ——工作（i–j）的进度能力系数；

Δt ——相邻两实际进度前锋点的时间间隔；

ΔT ——相邻两次检查日期的时间间隔。

工作能进度能力系数取值大于、小于或等于 1 分别表示按当前实际进度能充分满足、不能满足或恰好满足相应的工作按计划进度如期完成的需要。在图 4-13 中工作 C 当前的工作能力系数为 0.5。

3. 预测工作进度

假定维持到检查日期测算得出的当前实际进度能力，则进度计划所安排的各项工作，其最终的完成时间可依据下述公式进行预测：

$$R_{ij} = T + \frac{d_{ij}}{\beta_{ij}} \tag{4-20}$$

式中 R_{ij}——工作 i–j 的预测日期；

T——检查日期；

d_{ij}——工作 i–j 的尚需作业天数。

依据图 4-13 中所示数据，预测工作 C 当前的最终完成时间为 8 日，滞后于计划完成时间 4 天。

（三）S 形曲线比较法

S 形曲线是以横坐标表示进度时间，纵坐标表示累计工作任务完成数或累计完成成本量，绘制出一条按计划时间累计完成任务量或累计完成成本量的曲线。S 形曲线比较法是在项目实施过程中，按规定时间将检查的实际情况绘制在与计划 S 形曲线同一张图上，通过两者的比较来判断进度的快慢，以及得出其他各种有关进度信息的检查方法。如图 4-14 所示，可以得出以下几种分析结果：

（1）实际进度与计划进度的比较。对应于任意检查日期，当实际 S 形曲线上一点落在计划 S 形曲线左侧，则表示实际进度比计划进度超前；若落在其右侧，则表示进度滞后；若刚好落在其上，则表示二者一致。

（2）实际进度比计划进度超前或滞后的时间。如图 4-14 所示，ΔT_a 表示 T_a 时刻实际进度超前的时间，ΔT_b 表示 T_b 时刻实际进度滞后的时间。

（3）实际比计划超出或拖欠的工作量。如图 4-14 所示，ΔQ_a 表示 T_a 时刻超额完成的工作量，ΔQ_b 表示 T_b 时刻拖欠的工作量。

（4）预测工作进度。如图 4-14 所示，若工程按原计划速度进行，则此项工作的总计拖延时间的预测值为 ΔT_c。

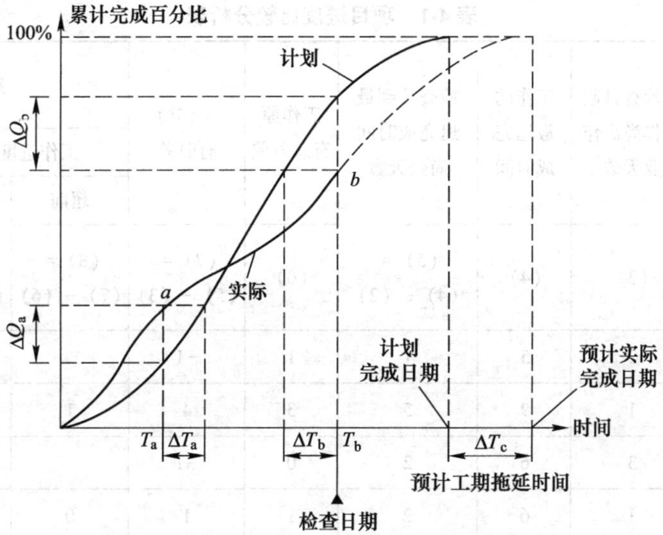

图 4-14　S 形曲线比较图

（四）香蕉形曲线比较法

香蕉形曲线是两种 S 形曲线组合成的闭合曲线，一条是以网络计划中各工作任务的最早开始时间安排进度而绘制的 S 形曲线，称为 ES 曲线；另外一条是以各项工作的计划最迟开始时间安排进度而绘制的 S 形曲线，称为 LS 曲线。由于两条 S 形曲线都是同一项目的，其计划开始时刻和完成时间相同，因此，ES 曲线与 LS 曲线是闭合的，如图 4-15 所示。

通常在项目实施的过程中，进度管理的理想状态是在任意时刻按实际进度描出的点均落在香蕉形曲线区域内。这说明实际工程进度被控制于工作的最早可以开始时间和最迟必须开始时间的要求范围之内，因而呈现正常状态。一旦按实际进度描出的点落在ES曲线的上方或LS曲线的下方，则说明与计划要求相比，实际进度超前或滞后，此时已产生进度偏差。除了对工程的实际与计划进度进行比较，香蕉形曲线的作用还在于对工程实际进度进行合理的调整与安排，或确定在计划执行情况检查状态下后期工程的ES曲线和LS曲线的变化趋势。

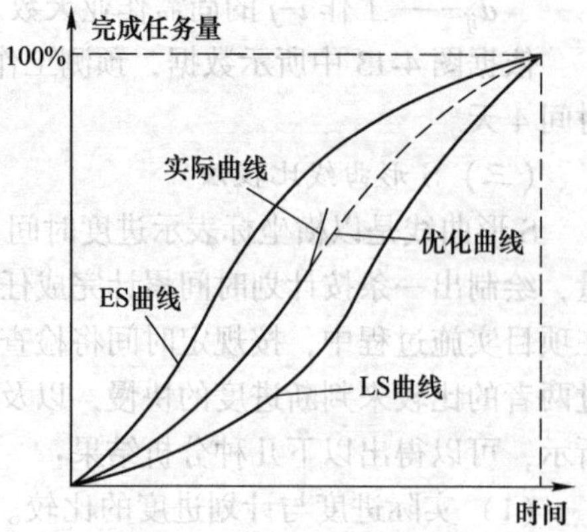

图 4-15 香蕉形曲线比较图

（五）列表比较法

列表比较法是通过将截至某一检查日期工作的尚有总时差与其原有总时差的计算结果列于表格之中进行比较，以判断工程实际进度与计划进度相比超前或滞后情况的方法。

工作尚有总时差为检查日到此项工作的最迟必须完成时间的尚需天数与自检查日算起该工作尚需的作业天数两者之差，以图4-13为例，对第二次检查工程进度网络计划的实际执行情况进行比较，如表4-1所示。

表 4-1 项目进度比较分析表

工作名称或代号	检查日	自检查日起工作尚需作业天数	工作的最迟完成时间	检查日到最迟完成时间尚余天数	工作原有总时差	工作尚有时差	判断结论		
							工作进度（天）		工期
							超前	滞后	
(1)	(2)	(3)	(4)	(5) = (4) − (2)	(6)	(7) = (5) − (3)	(8) = (7) − (6)	(9) = (7) − (6)	(10)
c	4	2	5	1	1	−1		2	延迟1天
e	4	1	9	5	3	4	1		
b	4	3	6	2	0	−1		1	延迟1天
d	4	1	6	2	1	1	0	0	

检查的具体结论可归纳如下：

（1）若工作尚有总时差大于原有总时差，则说明该工作的实际进度比计划进度超前，且超前天数为两者之差。

（2）若工作尚有总时差等于原有总时差，则说明该工作的实际进度与计划进度一致。

（3）若工作上有总时差小于原有总时差，且为正值，则说明该工作的实际进度比计划进度滞后，但计划工期不受影响，滞后天数为两者之差。

（4）若工作上有总时差小于原有总时差，且为负值，则说明该工作的实际进度比计划进度滞后，且计划工期已受影响，此时工作实际进度的滞后天数为两者之差，而计划工期的延迟天数则与工序尚有总时差天数相等。

二、进度计划的调整

（一）分析进度偏差的影响

（1）分析出现进度偏差的工作是否为关键工作。如果出现进度偏差的工作位于关键线路上，即该工作为关键工作，则无论其偏差有多大，都将对后续工作和总工期产生影响，必须采取相应的调整措施；如果出现偏差的工作是非关键工作，则需要根据进度偏差值与总时差和自由时差的关系做进一步分析。

（2）分析进度偏差是否超过总时差。如果工作的进度偏差大于该工作的总时差，则此进度偏差必将影响其后续工作和总工期，必须采取相应的调整措施；如果工作的进度偏差未超过该工作的总时差，则此进度偏差不影响总工期，至于对后续工作的影响程度，还需要根据偏差值与其自由时差的关系做进一步分析。

（3）分析进度偏差是否超过自由时差。如果工作的进度偏差大于该工作的自由时差，则此进度偏差将对其后续工作产生影响，此时应根据后续工作的限制条件确定调整方法；如果工作的进度偏差未超过该工作的自由时差，则此进度偏差不影响后续工作，原进度计划可以不做调整。

（二）网络计划调整的方法

（1）调整关键线路的方法。

1）当关键线路的实际进度比计划进度拖后时，应在尚未完成的关键工作中，选择资源强度小或费用低的工作缩短其持续时间，并重新计算未完成部分的时间参数，将其作为一个新计划实施。

2）当关键线路的实际进度比计划进度提前时，若不拟提前工期，应选用资源占用量大或者直接费用高的后续关键工作，适当延长其持续时间，以降低其资源强度或费用；当确定要提前完成计划时，应将计划尚未完成的部分作为一个新计划，重新确定关键工作的持续时间，按新计划实施。

（2）非关键工作时差的调整方法。非关键工作时差的调整应在其时差的范围内进行，以便更充分地利用资源、降低成本或满足施工的需要。每一次调整后都必须重新计算时间参数，观察该调整对计划全局的影响。调整时可采用以下几种方法：

1）将工作在其最早开始时间与最迟完成时间范围内移动；

2）延长工作的持续时间；

3）缩短工作的持续时间。

（3）增、减工作项目时的调整方法。增、减工作项目时应符合下列规定：

1）不打乱原网络计划总的逻辑关系，只对局部逻辑关系进行调整；

2）在增减工作后应重新计算时间参数，分析对原网络计划的影响，当对工期有影响时，应采取调整措施，以保证计划工期不变。

（4）调整逻辑关系。逻辑关系的调整，只有当实际情况要求改变施工方法或组织方法时才可进行，调整时应避免影响原定计划工期和其他工作的顺利进行。

(5) 调整工作的持续时间。当发现某些工作的原持续时间估计有误或实现条件不充分时，应重新估算其持续时间，并重新计算时间参数，尽量使原计划工期不受影响。

(6) 调整资源的投入。当资源供应发生异常时，应采用资源优化方法对计划进行调整，或采取应急措施，使其对工期的影响最小。

第五节　矿业工程项目进度控制

一、影响矿业工程进度的因素

矿业工程施工条件的复杂性、困难性和地质条件的不确定性，对施工进度的影响较大。影响矿业工程进度的因素主要有以下方面：

(1) 参与组织因素。影响进度的相关部门（单位）包括施工、设计、物资供应、资金管理部门；与工程建设有关的运输、通信、供电等部门。

(2) 设计变更因素。建设单位或政府主管部门改变部分的工程内容或较大地改变了原设计的工作量，设计失误造成差错，工程条件变化需改变原有设计方案。

(3) 物资供应进度因素。材料、设备、机具不能及时到位，或虽已到货但质量不合格。

(4) 资金供应因素。计划不周、施工单位未按工程进度要求提前开工。

(5) 不利的施工条件因素。施工中的地质条件较原提供资料更复杂；自然环境的变化。

(6) 技术因素。工程施工过程中由于技术措施不当或者对于采用的新技术、新材料、新工艺事先未做充分准备，仓促使用到货的材料、设备、机具，未做试验、调试、质量检验，一旦投运出现技术问题，都可能延误工期。

(7) 施工组织因素。劳动力、施工机具调配不当，施工季节选择不当。

(8) 不可预见事件因素。不可预见的自然灾害，如地震、洪水、地质条件的突变；社会环境及其他不可预见的变化，如地方干扰。

矿业工程项目的复杂性、施工顺序受限多、环境因素等对进度计划影响大，需要采用科学和有力的方法，加强对工程进度计划的控制和调整，解决影响矿山工程进度的问题。

二、矿业工程项目进度控制的任务和要点

矿业工程进度控制的主要任务是通过完善项目控制性进度计划，审查施工单位施工进度计划，做好各项动态控制工作，协调各单位关系，预防工期拖延，以使实际进度达到计划施工进度的要求，并处理好工期索赔问题。组织协调是实现有效进度控制的关键。

矿业工程施工项目进度控制的实施贯穿于整个项目建设的始终，对项目具体的实施控制包括以下几个方面：

(1) 认真编制建设项目的进度计划。根据项目建设的要求，编制符合实际的、可操作性的工程总进度计划，并依据施工阶段、施工单位、项目组成编制分解计划，明确目标，方便进度计划的控制和调整。

(2) 审核施工承包单位的进度计划。针对施工承包单位提交的进度计划，要根据总

进度计划的要求认真进行审核，审核其施工的开竣工时间、施工顺序和施工工艺的合理性、资源配套要求及与其他施工承包单位进行进度计划的协调性，对存在的问题及时要求整改，避免影响工程的正常施工。

(3) 督促和检查施工进度计划的实施。在矿业工程项目施工过程中实施进度计划，要求控制人员深入现场获取工程进展的实际情况，并与计划进度进行对比，分析出现进度偏差的情况，找出原因，对存在问题提出整改。同时协助解决施工中存在的相关问题，防止进度拖延问题的扩大。

(4) 调整进度计划并控制其执行。由于施工单位进度发生偏差而影响工程建设的进度，这时应当根据进度控制的基本原则对施工进度计划进行调整。进度调整要以关键工作、关键节点时间为控制点，尽量在较短的时间内使工程进度恢复到正常状态，同时实施调整后的进度计划。

在施工阶段进度控制的要点如表4-2所示。

表4-2　施工阶段进度控制的要点

阶　段	控　制　要　点
施工准备阶段	征购土地；施工井筒检查钻孔；平整场地、障碍物拆除，建临时防洪设施；施测工业场地测量基点、导线、高程及标定各井筒、建筑物位置；供电、供水、通信、公路交通；解决井筒施工期间所需的提升、排水、通风、压风、排矸、供热等综合生产系统；解决施工人员生活福利系统的建筑和设施；落实施工队伍和施工设备，解决井筒凿井必备的准备工作
井筒施工阶段	安装好“三盘”（井口盘、固定盘，吊盘），凿井设备联合试运；特殊凿井段的协调施工；普通凿井段的协调施工；马头门段及装载硐室段施工；主、副井筒到底后的贯通施工；井筒施工期间遇异常条件的处理
井下巷道与地面建筑工程施工阶段	组织矿井建设关键线路上井巷工程的施工；主、副井交替装备的施工；井巷、硐室与设备安装交叉作业的施工；采区巷道与采区设备安装交叉作业地施工；按照立体交叉和平行流水作业的原则组织井下及地面施工与安装
竣工验收阶段	矿建、土建、安建三类工程收尾工程的施工；组织验收及相应的准备工作；单机试运转及矿井联合试运转；矿井正式移交生产；建立技术档案，做好技术文件及竣工图纸和交接

三、进度控制的主要措施

(一) 组织措施

(1) 增加工作面，组织更多的施工队伍。针对矿业工程项目数量多的特点，在前期准备工作中，可针对不同的井筒有针对性地组织施工队伍，保证围绕井筒开工的各项准备工作顺利开展。井筒底转入巷道和硐室时，在满足提升运输、通风、排水的条件下，尽可能多开工作面，组织多工作面的平行施工。对于地面土建工程，如果具备独立施工的条件，尽量多安排施工队伍，而进入矿井建设后期，安装工作上升为主要矛盾，要尽可能创造更多的工作面，安排施工队伍进行安装作业，在条件许可的情况下，最大限度地组织平行作业，可有效缩短矿井建设的总工期。

(2) 增加施工作业时间。对于矿业工程的关键工程，应当安排不间断施工。对于发生延误的工序，其后续关键工作要充分利用时间，加班加点进行作业。如地面安装工程，在时间紧迫的情况下，可延长每天的工作时间或者安排夜班作业，缩短安装作业天数，达到缩短工期的目的。

(3) 增加劳动力及施工机械设备。要有效缩短工作的持续时间，可适当增加劳动力的数量，特别是以劳动力为主的工序。如冻结井筒，冻土的挖掘工作，在机械设备不能发挥作用的情况下，如果工作面允许，可多安排劳动力进行冻土的挖掘，这样能有效加快出闸速度，提高井筒冻结段的施工进度，缩短井筒的工作时间，从而达到缩短建设工期的目的。

(二) 技术措施

(1) 优化施工方案，采用先进的施工技术。矿业工程施工技术随着科学技术的发展在不断进步，优化施工方案或采用先进的施工技术，可以有效缩短施工工期。如井筒表土施工采用冻结法，可确保井筒安全，通过表涂层避免发生施工安全事故，井筒全身冻结施工，可有效保证井筒顺利通过基岩含水层，确保井筒的计划工期，避免了由于井筒治水而发生工期延误的可能性。

(2) 改进施工工艺，缩短工艺的技术间隙时间。矿业工程施工项目品种繁多，不断改进施工工艺，缩短工艺之间的技术间隙时间，可缩短施工的总时间，从而实现缩短总工期的目的。如井筒冻结段内层紧闭的施工，施工企业通过不断总结经验，改进套壁工艺，采用块模倒换的施工方法，在严格控制混凝土初凝时间基础上，实现了冻结段经筒内壁块模倒换的连续施工工艺。缩短了套壁时间，节约了施工工期，加快了冻结井筒的施工速度。

(3) 采用先进的施工机械设备，加快施工速度。矿业工程施工的主要工序已基本实现机械化，选择先进高效的施工设备，可以充分发挥机械设备的性能，达到加快施工速度的目的。如煤巷掘进工作，特别是长距离顺槽的掘进，传统的钻爆法施工速度仅有100~200m/月，而采用煤巷中掘进，掘进平均可达300~500m/月，每月最快可达1000m /月。因此，采用更为先进的施工机械设备是加快矿业工程施工进度的有效保证。

(三) 管理措施

(1) 建立和健全施工进度的管理措施。矿业工程施工企业要建立加快工程施工进度的管理措施，从施工技术、组织管理、经济管理、配套技术等方面不断完善企业内部管理制度，提高管理技术和水平。对于承担的工程建设项目，实施项目法人责任制、项目负责人责任制，进度控制要责任明确，分工具体，保证项目进度的正常实施。

(2) 规划与实施科学的管理方法。针对矿业工程施工项目复杂的实际情况，施工企业要制定科学的管理方法，认真编制合理的施工进度计划，进行科学的施工组织。在项目管理上，采用现代管理方法，利用计算机实现施工项目的信息处理、预测、决策和对策管理。在具体工程管理工作中，强调系统工程的管理办法，实现资源优化配置与动态管理，满足建设单位的工期目标。

第六节 案 例 分 析

[例 4-1] 某施工单位（乙方）与某建设单位（甲方）签订了井底车场施工合同，合同工期为 38 天。乙方按时提交了施工方案和施工网络进度计划，如图 4-16 所示，并得到甲方代表的同意（箭线下方的数字表示工序的持续时间）。

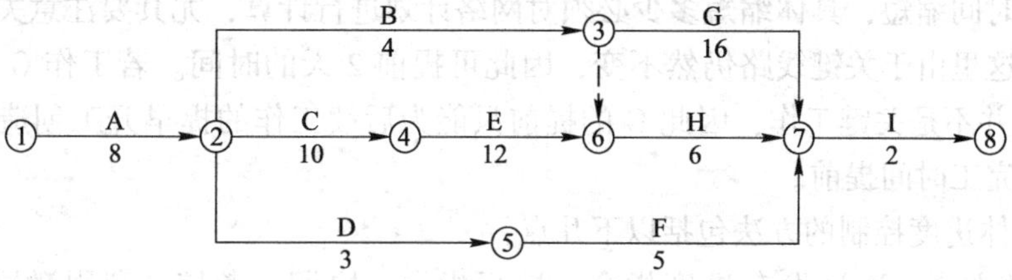

图 4-16 某工程施工网络计划

问题：

(1) 该网络计划的工期能否满足合同工期要求？

(2) 矿山工程进度控制的方法有哪些？

答：(1) 该网络计划的时间参数计算结果已在图中标出。从图中可以知道，该网络计划的关键线路是 A–C–E–H–I，工期为 38 天，满足合同工期要求（见图 4-17）。

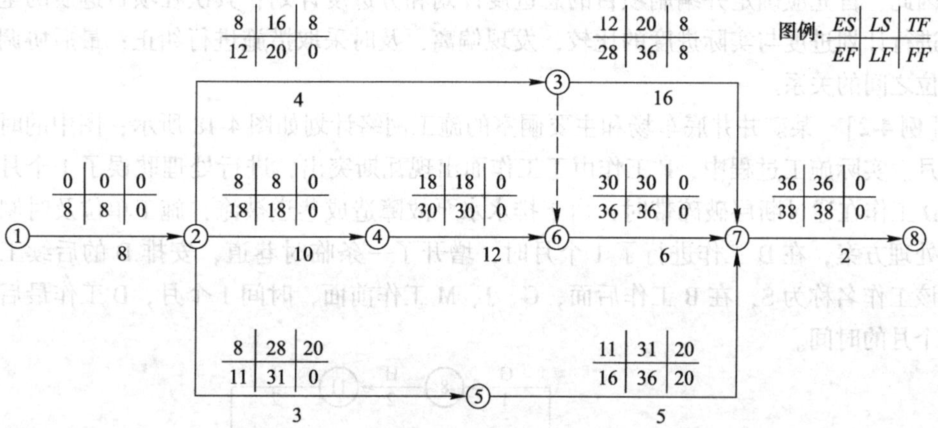

图 4-17 某工程施工网络计划参数计算结果图

在工程的实施过程中，一旦出现工作时间的延误，有可能会影响工程的完成时间。针对本工程的网络计划有可能出现的情况为：

1）当关键线路上的任何一个工作发生延误，都会使工程的工期延长，延长的时间为各工作延误的时间总和。

2）当非关键线路上的工作发生延误，也有可能使工程的工期延长，这需要根据发生延误工作的时差来决定。若 D 工作发生延误，如延误的时间为十天，由于该工作有总时差 20 天，但没有自由时差，因此会影响其后续工作 F 的正常开始，但不会影响工程的完成时间。若工作 F 发生延误，如延误时间为 15 天。由于该工作有 20 天的自由时差和 20

天的总时差，因此它不会影响其后续工作 I 的正常开始，也不会影响工程的完成时间。但是如果 F 发生延误，是在前面 D 工作发生延误的基础上出现的，那么，这时工作 F 只有 10 天的自由时差和 10 天的总时差，延误 15 天时间必然会对后续工作 I 产生影响，使其开始时间推迟 5 天，最终会使该工程的工期拖延 5 天。

3）当工程施工中某一个工作完成时间提前，也有可能会使工程的完工时间缩短。但要看具体情况。若工作 E 提前 2 天完成，由于 E 是关键工作，它的提前有可能会使整个工程的完成时间缩短，具体缩短多少必须对网络计划进行计算，尤其要注意关键线路是否已经改变。这里由于关键线路仍然不变，因此可提前 2 天的时间。若工作 G 提前 2 天完成，由于 G 并不是关键工作，因此 G 的提前只能为后续工作的提早开工创造条件，但不能使工程的完工时间提前。

（2）具体进度控制的方法包括以下几点：

1）行政方法。通过发布进度指令，进行指导、协调、考核。利用激励手段（奖、罚、表扬、批评）、监督、督促等方式进行进度控制。

2）经济方法。进度控制的经济方法是指用经济类手段对进度进行控制，主要有以下几种：通过对投资的投放速度控制工程项目的实施进度；在承发包合同中写进有关工期和进度的条款；通过招标的优惠条件鼓励承包商加快进度；通过工期提前奖励和延期罚款实施进度控制；通过物资的供应进行进度控制；以及其他相关的经济方法等。

3）管理技术方法。进度控制的管理技术方法主要是规划、控制和协调等管理职能手段。因此，首先应确定并编制项目的总进度计划和分进度计划；其次在项目进展的全过程中，进行计划进度与实际进度的比较，发现偏离，及时采取措施进行纠正；最后协调参加各单位之间的关系。

［**例 4-2**］　某矿井井底车场和主要硐室的施工网络计划如图 4-18 所示，图中的时间单位为月。实际施工过程中，F 工作由于工作面出现瓦斯突出，进行处理耽误了 1 个月的时间；D 工作在通过断层破碎带时，由于排水水泵故障造成巷道被淹，施工单位及时制定了应急处理方案，在 D 工作进行了 1 个月时，增开了一条临时巷道，安排 D 的后续工作施工，该工作名称为 S，在 B 工作后面，G、J、M 工作前面，时间 1 个月，D 工作最后耽误了 3 个月的时间。

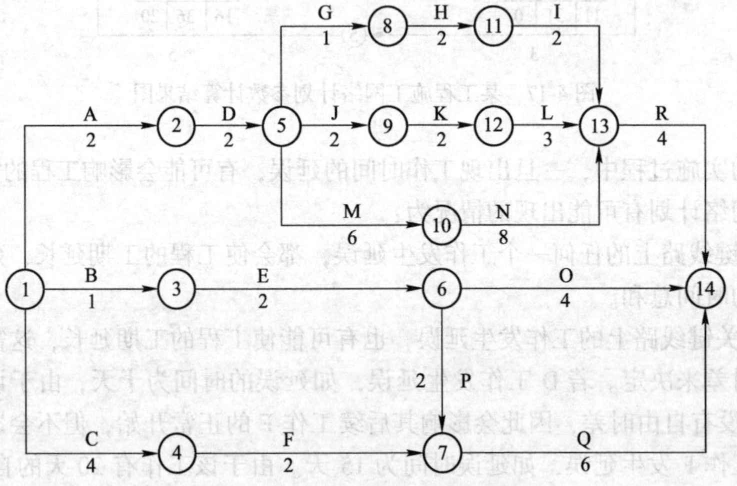

图 4-18　某工程施工网络计划

问题：

（1）该井底车场施工网络计划的关键线路是哪一条？工期是多少？

（2）对施工中出现的问题应做如何处理？

答：（1）该井底车场施工网络计划的关键线路是 A—D—M—N—R，工期为 22 个月。

（2）F 工作由于出现瓦斯突出，属于不可预见问题，其责任不在施工单位，进行处理所发生的费用应当得到补偿，工期应当顺延，但不影响工期，因此总工期不应推迟。D 工作耽误了 3 个月时间，属于施工单位自己的责任，处理事故所发生的费用由施工单位自己承担，工期不应该给予补偿。施工单位增加了临时巷道，布置多头工作面掘进，缩短工期，此处考虑到主要是由于 D 工作造成的，因此该工程费用和工期不应该得到补偿。

复习思考题

4-1 进度的内涵是什么，进度管理的目标是什么？

4-2 简述项目进度管理的基本原理。

4-3 进度计划的编制工具有哪些？

4-4 如何进行施工进度的检查？

4-5 进度计划进行调整的原则和方法是什么？

4-6 简述进度控制的主要措施。

第五章　矿业工程项目质量管理

第一节　质量管理概述

一、质量与质量管理

（一）质量

《质量管理体系基础和术语》（GB/T 19000—2016）对质量的定义是指客体的一组固有特性满足要求的程度。客体是指可感知或可想象到的任何事物，可能是物质的、非物质的或想象的，包括产品、服务、过程、人员、组织、体系、资源等。固有特性是指本来就存在的，尤其是那种永久的特性。质量是由与要求相关的、客体的固有特性，即质量特性来表征；而要求是指明示的、通常隐含的或必须履行的要求或期望。质量差、好或优秀，以其质量特性满足质量要求的程度来衡量。

工程项目质量是国家现行的有关法律、法规、规范、规程、技术标准、设计文件及工程合同对工程项目的安全、适用、经济、美观等性能在规定期限内的综合要求。工程项目质量有普遍性和特殊性两方面。普遍性有国家的相关法律、法规对它们给予规定；特殊性则根据具体的工程项目和业主对它们的要求而定。因此，工程项目质量的目标必须由业主用合同的形式约定。

工程项目质量是随着工程建设程序的各个阶段而逐步形成的。工程项目质量形成的过程决定工程项目质量管理过程。

在工程项目决策阶段，需要确定与投资目标相协调的工程项目质量目标，可以说，项目的可行性研究直接关系到项目的决策质量和工程项目的质量，并确定工程项目应达到的质量目标和水平。因此，工程项目决策阶段是影响工程项目质量的关键阶段，在此阶段要能充分反映业主对质量的要求和意愿。

工程项目勘察设计阶段是根据项目决策阶段确定的工程项目质量目标和水平，通过初步设计使工程项目具体化，然后再通过技术设计阶段和施工图设计阶段，确定该项目技术是否可行、工艺是否先进、经济是否合理、设备是否配套、结构是否安全可靠等。因此，设计阶段决定着工程项目建成后的使用功能和价值，也是影响工程项目质量的决定性环节。

工程项目施工阶段是根据设计和施工图纸的要求，通过一道道工序施工形成工程实体，这一阶段将直接影响工程的最终质量。因此，施工阶段是工程质量控制的关键环节。

工程项目竣工验收阶段是对施工阶段的质量通过试运行、检查、评定、考核，检查质量目标是否达到。这一阶段是工程项目从建设阶段向生产阶段过渡的必要环节，体现了工程质量的最终结果。因此，工程竣工验收阶段是工程项目质量控制的最后一个重要环节。

（二）质量管理

质量管理就是关于质量的管理，是在质量方面指挥和控制组织的协调活动，包括建立和确定质量方针与质量目标，并在质量管理体系中通过质量策划、质量保证、质量控制和质量改进等手段来实施全部质量管理职能，从而实现质量目标的所有活动。

工程项目质量管理是指在工程项目实施过程中，指挥和控制项目参与各方关于质量的相互协调的活动，是围绕着使工程项目满足质量要求而开展的策划、组织、计划、实施、检查、监督和审核等所有管理活动的总和。工程项目管理是工程项目建设、勘察、设计、施工、监理等单位的共同职责。

建设项目的各参与方在工程质量管理中，应遵循以下几条原则：坚持质量第一的原则；坚持以人为核心的原则；坚持以预防为主的原则；坚持质量标准的原则；坚持科学、公正、守法的职业道德规范。

二、质量管理的基本原理

（一）PDCA 循环原理

工程项目的质量控制是一个持续过程，首先在提出项目质量目标的基础上，制订质量控制计划，包括实现该计划需采取的措施；其次将计划加以实施，在实施过程中还要经常检查、监测，以评价检查结果与计划是否一致；最后对出现的工程质量问题进行处理，对暂时无法处理的质量问题重新进行分析，进一步采取措施加以解决。这一过程的原理是 PDCA 循环。PDCA 由英语单词 Plan（计划）、Do（执行）、Check（检查）和 Action（处理）的首字母组成。一个 PDCA 循环一般都要经历四个阶段、八个步骤。

（1）计划阶段。明确提出质量管理方针目标，制定出改进措施。计划阶段包括四个步骤：

第一步：调查分析质量现状，找出存在的质量问题。

第二步：分析产生质量问题的各种原因或影响因素。

第三步：找出影响质量的主要原因或影响因素。

第四步：针对主要原因或影响因素制订改进措施计划。

（2）实施阶段。按制订的改进措施，计划组织贯彻执行。实施阶段只有一个步骤，即第五步，按计划组织实施。

（3）检查阶段。通过计划要求和实施结果的对比，检查计划是否得以实现。检查阶段只有一个步骤，即第六步，对照计划，检查实施结果。

（4）处理阶段。对检查结果好的给予肯定，对检查结果差的找出原因，准备改进。处理阶段有两个步骤。

第七步：总结成功经验，制定标准。

第八步：将遗留问题转入下一个 PDCA 循环中。

PDCA 循环是建立质量体系和进行质量管理的基本方法，其示意图如图 5-1 所示。每一次循环都围绕着实现预期的目标，进行计划、实施、检查和处理活动，随着对存在问题的解决和改进，在一次一次的滚动循环中逐步上升，不断提高质量水平。

（二）三阶段原理

工程项目的质量控制是一个持续管理的过程，从工程项目的立项开始到竣工验收属于工程项目建设阶段的质量控制；项目投产后到项目生命期结束属于项目生产（或经营）阶段的质量控制，两者在质量控制内容上有较大的不同。但不管是建设阶段的质量控制，还是经营阶段的质量控制，从控制工作的开展与控制对象实施的时间关系来看，可分为事前控制、事中控制和事后控制三种。

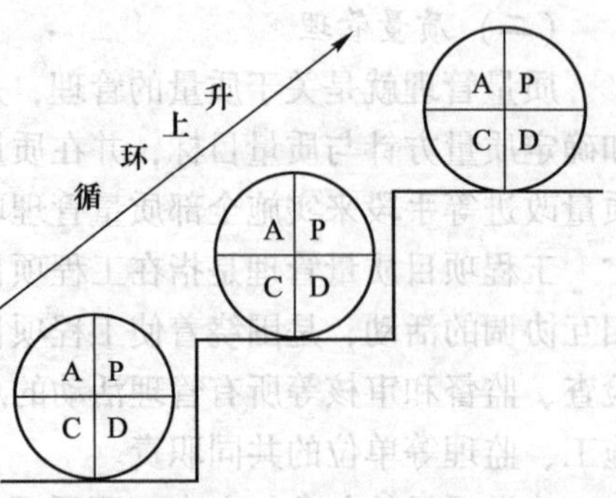

图 5-1 PDCA 循环示意图

（1）事前控制。事前控制强调质量目标的计划预控，并按质量计划进行质量活动前的准备工作状态的控制，如在施工过程中，事前控制重点在于施工准备工作，且贯穿于施工全过程。第一，要熟悉和审查工程项目的施工图纸，做好项目建设地点的自然条件、技术经济条件的调查分析，完成项目施工图预算、施工预算和项目的组织设计等技术准备工作；第二，做好器材、施工机具、生产设备的物质准备工作；第三，组建项目组织机构，对进场人员技术资质、施工单位质量管理体系进行核查；第四，编制好季节性施工措施，制定施工现场管理制度，组织施工现场准备方案等。

事前控制的内涵包括两个方面：一是注重质量目标的计划预控；二是按计划进行质量活动前的准备工作状态的控制。

（2）事中控制。事中控制是指对质量活动的行为进行约束、对质量进行监控，属于一种实时控制，在项目建设的施工过程中，事中控制的重点在工序质量监控上，如施工作业的质量监督、设计变更、隐蔽工程的验收和材料检验等都属于事中控制；又如项目生产阶段对产品生产线进行的在线监测控制，即是对产品质量的一种实时控制。概括地说，事中控制是对质量活动主体、质量活动过程和结果所进行的自我约束和监督检查两方面的控制，其关键是增强质量意识，发挥行为主体的自我约束控制。

（3）事后控制。事后控制一般是指在输出阶段的质量控制，事后控制也称为合格控制，包括对质量活动结果的评价认定和对质量偏差的纠正，如工程项目竣工验收进行的质量控制，即属于工程项目质量的事后控制，项目生产阶段的产品质量检验也属于产品质量的事后控制。

（三）三全控制原理

三全控制原理来自全面质量管理 TQC（Total Quality Control）的思想，是指企业组织的质量管理应该做到全面、全过程和全员参与。

（1）全面质量控制。工程项目质量的全面控制可以从纵横两个方面来理解。从纵向的组织管理角度来看，质量总目标的实现有赖于项目组织的上层、中层、基层乃至一线员工的通力协作，其中高层管理能否全力支持起着决定性的作用。从项目各部门职能间的横向配合来看，要保证和提高工程项目质量必须使项目组织的所有质量控制活动构成为一个有效的整体。“全面质量控制”就是要求项目各相关方都有明确的质量控制活动内容。从纵向看，各层次活动的侧重点不同，具体表现为：上层管理侧重于质量决策，制订出项目整体的质量方针、质量目标、质量政策和质量计划，并统一组织、协调各部门、各环节、各类人员的质量控制活动；中层管理则要贯彻落实领导层的质量决策，运用一定的方法找到各部门的关键、薄弱环节或必须解决的重要事项，确定出本部门的目标和对策，更好地执行各自的质量控制职能；基层管理则要求每个员工都要严格地按标准、按规范进行施工和生产，相互间进行分工合作，互相支持协助，开展群众合理化建议和质量管理小组活动，建立和健全项目的全面质量控制体系。

(2) 全过程质量控制。从全过程的角度来看，质量产生、形成和实现的整个过程是由多个相互联系、相互影响的环节组成的，每个环节都或轻或重地影响着最终的质量状况。为了保证和提高质量就必须把影响质量的所有环节和因素都控制起来。工程项目的全过程质量控制主要有项目策划与决策过程、勘察设计过程、施工采购过程、施工组织与准备过程、检测设备控制与计量过程、施工生产的检验试验过程、工程质量的评定过程、工程竣工验收与交付过程以及工程回访维修过程等。

全过程质量控制必须体现如下两个思想：一是预防为主、不断改进的思想，即坚持“预防为主”的原则，把管理工作的重点从“事后把关”转移到“事前预防”上来；二是为顾客服务的思想，即要求项目所有的利益相关者都必须树立为顾客服务的思想。

(3) 全员参与控制。全员参与工程项目的质量控制是工程项目各方面、各部门、各环节工作质量的综合反映，其中任何一个环节，任何一个人的工作质量都会不同程度地直接或间接地影响着工程项目的形成质量或服务质量。因此，全员参与质量控制，才能实现工程项目的质量控制目标，形成顾客满意的产品。其主要的工作包括以下几点：

1) 必须抓好全员的质量教育和培训。

2) 应制订各部门、各级各类人员的质量责任制，明确任务和职权，各司其职，密切配合，以形成一个高效、协调、严密的质量管理工作的系统。

3) 应开展多种形式的群众性质量管理活动，充分发挥广大职工的聪明才智和当家做主的进取精神，采取多种形式激发全员参与的积极性。

三、工程项目质量管理体系

(一) 质量管理体系的建立

矿业工程项目质量管理体系适用于矿业工程的施工项目，是为实现工程质量目标所需的系统质量管理模式。它要求将企业积极可利用的社会资源与项目的整个过程相结合，以过程管理方法进行系统管理，也就是从建立项目的质量目标进行项目策划和设计，到项目实施、监控、纠正与改进活动的全过程质量系统管理。

建立质量管理体系就是根据项目的具体情况，以全员参与并在全过程控制的原则下，通过对相应质量目标的组织手段进行的一系列质量管理活动，以保证质量目标的实现。建立项目质量管理体系还应符合以下基本要求：

(1) 项目管理是企业管理的一部分，它的质量管理体系应严格按企业的质量管理体系文件的要求建立并实施项目质量体系。项目质量管理体系主要针对项目实施过程和项目管理过程，通过计划和控制保证项目实施过程和工程质量都能满足目标。

(2) 由于建设工程项目的参加者很多，包括业主单位、承包单位和建设单位等，这就要求项目的质量管理体系既要有一致性又要有包容性，最重要的是满足项目目标的要求。

(3) 项目质量管理应能落实在项目组织中，应当是项目管理系统的组成部分，并与项目管理系统的其他组成部分相互兼容，共同组成“一体化”管理体系。

(4) 项目质量管理体系通常不仅要对工程项目实施过程进行质量管理，在项目结束时也应对项目的质量管理体系的运作进行全面评价，为今后其他项目提供有用的经验。

(二) 质量管理体系文件的编制

质量体系文件是质量管理体系的重要组成部分，也是企业进行质量管理和质量保证的基础。企业为达到所要求的产品质量，进行质量体系审核、质量体系认证及质量改进都必须以质量体系文件为依据。

(1) 质量方针和质量目标。质量方针和质量目标一般都以简明的文字来表述，是企业质量管理的方向目标，应反映用户及社会对工程质量的要求及企业相应的质量水平和服务承诺，也是企业质量经营理念的反映。

(2) 质量手册。质量手册是规定企业组织建立质量管理体系的文件，质量手册对企业质量体系作系统、完整和概要的描述，应说明质量管理体系包括哪些过程和要素，每个过程和要素应开展哪些控制活动，每个活动控制到什么程度，能提供什么样的质量保证等。其内容一般包括：企业的质量方针、质量目标；组织机构及质量职责；体系要素或基本控制程序；质量手册的评审、修改和控制的管理办法。

(3) 程序性文件。各种生产、工作和管理的程序文件是质量手册的支持性文件，是企业各职能部门为落实质量手册要求而规定的细则，企业为落实质量管理工作而建立的各项管理标准、规章制度都属程序文件范畴。各企业程序文件的内容及详略可视企业情况而定。一般有以下六个方面的程序为通用性管理程序，各类企业制定程序文件的内容包括：文件控制程序；质量记录管理程序；内部审核程序；不合格品控制程序；纠正措施控制程序；预防措施控制程序。

(4) 质量记录。质量记录是产品质量水平和质量体系中各项质量活动进行及结果的客观反映，对质量体系程序文件所规定的运行过程及控制测量检查的内容如实加以记录，用以证明产品质量达到合同要求及质量保证的满足程度。如在控制体系中出现偏差，则质量记录不仅需反映偏差情况，而且应反映出针对不足之处所采取的纠正措施及纠正效果。

质量记录应完整地反映质量活动实施、验证和评审的情况，并记载关键活动的过程参数，具有可追溯性的特点。质量记录以规定的形式和程序进行，并有实施、验证、审核等签署意见。

(三) 质量管理体系的实施运行

质量管理体系能否有效地运行，还需要做好以下的各项工作：

(1) 实施人员教育培训。人员培训主要是抓好质量体系文件的宣贯工作。目的是使员工理解并掌握本部门、本岗位的职责、工作程序和要求。使全体职工适应新的质量体系的变革，认真学习，贯彻质量体系文件。

(2) 组织协调。质量体系的协调是使质量体系能正常运行和随时纠正各职能部门之间以及各要素之间相互矛盾的重要手段。质量体系运行可以从局部开始，先进行试点，再全面展开。对运行中发现的问题，要及时上报有关部门，以便及时采取纠正措施。组织协调工作主要是在企业最高管理者或管理者代表领导下，先由各职能部门分别就质量体系设计不足、计划项目不全等进行协调和改进。各职能部门之间的问题，应由企业最高管理者或授权的领导召集有关部门的领导参加协调，使之达成共识。因为质量体系的运行是动态的，所以协调是伴随运行必不可少的工作。

(3) 加强信息反馈系统的管理。质量体系运行过程中，必须有一套畅通的质量反馈系统，通过反馈系统，对信息进行动态控制，以便及时发现问题并采取有效措施予以解决。因此在质量体系运行中，所有与质量活动有关的人员都应按体系文件的要求，做好质量信息的收集、分析、传递、反馈、处理和归档等工作，保证信息能迅速流通，且分析处理及时准确。只有这样才能保证质量体系稳定有效运行，使产品质量处于一个稳定状态。

(4) 质量体系的审核与评审。质量体系审核主要是指企业内部的审核，以验证和确认体系文件的适用性和有效性，这是质量体系自我保证的手段。审核和评审的内容包括质量方针和质量目标是否可行；全体职工对质量方针是否理解；质量体系要素的选择是否合理，各个质量体系文件的接口是否清楚；各部门、各岗位的质量职责是否明确；是否按规定进行质量记录；质量体系文件的执行情况等。

(5) 检查考核。在质量体系正式运行并取得质量体系认证后，企业还应按制订的审核计划继续坚持进行内部质量审核和管理评审，以确保质量体系持久、稳定地运行。

四、工程参与各方的质量责任

在工程项目建设中，参与工程项目建设的各方应根据国家颁布的《建设工程质量管理条例》以及合同、协议及有关文件的规定承担相应的质量责任。工程项目质量控制按其实施者不同，分为自控主体和监控主体。前者指直接从事质量职能的活动者；后者指对他人质量能力和效果的监控者。工程项目质量的责任体系如表5-1所示。

表5-1　工程项目质量的责任体系

单　位	责　任
政府	建立工程质量监督机构，根据有关法规和技术标准，对本地区（本部门）的工程质量进行监督检查，维护社会公共利益，保证技术性法规和标准的贯彻执行
建设单位	(1) 根据工程项目的特点和技术要求，按有关规定选择相应资格等级的勘察设计单位和施工单位，签订承包合同。合同中应有相应的质量条款，并明确质量责任。建设单位对其选择的勘察设计、施工单位发生的质量问题承担相应的责任。 (2) 在工程项目开工前办理有关工程质量监督手续，组织设计单位和施工单位进行设计交底和图纸会审；在工程项目施工中，按有关法规、技术标准和合同的要求和规定，对工程项目质量进行检查；在工程项目竣工后，及时组织有关部门进行竣工验收。 (3) 按合同的约定采购供应的建筑材料、构配件和设备，应符合设计文件和合同要求，对发生的质量问题承担相应的责任
勘察设计单位	(1) 在其资格（资质）等级范围内承接工程项目。 (2) 建立健全质量管理体系，加强设计过程的质量控制，按国家现行的有关法律、法规、工程设计技术标准和合同的规定进行勘察设计工作，建立健全设计文件的审核会签制度，并对所编制的勘察设计文件的质量负责。 (3) 勘察设计文件应当符合国家规定的勘察设计深度要求，并应注明工程的合理使用年限。设计单位应当参与建设工程质量事故的分析，并对设计造成的质量事故提出相应的技术处理方案

续表 5-1

单　位	责　　任
监理单位	(1) 在其资格等级和批准的监理范围内承接监理业务。 (2) 监理单位编制监理工程的监理规划，并按工程建设进度分专业编制工程项目的监理细则，按规定的作业程序和形式进行监理；按照监理合同的约定、相关法律法规等的规定，对工程项目的质量进行监督检查；如工程项目中设计，施工、材料供应等不符合相关规定，要求责任单位进行改正。 (3) 对所监理的工程项目承担己方过错造成的质量问题的责任
施工单位	(1) 在其资格等级范围内承担相应的工程任务，并对承担的工程项目的施工质量负责。 (2) 建立健全质量管理体系，落实质量责任制，加强施工现场的质量管理。对竣工交付使用的工程项目进行质量回访和保修，并提供有关使用、维修和保养的说明。 (3) 对实行总包的工程，总包单位对工程质量或采购设备的质量以及竣工交付使用的工程项目的保修工作负责；实行分包的工程，分包单位要对其分包的工程质量和竣工交付使用的工程项目的保修工作负责。总包单位对分包工程的质量与分包单位承担连带责任。 (4) 施工完成的工程项目的质量应符合现行的有关法律、法规、技术标准、设计文件、图纸和合同规定的要求，具有完整的工程技术档案和竣工图纸

第二节　矿业工程项目施工质量控制

一、影响施工质量的因素

工程项目质量管理涉及工程项目建设的全过程，而在工程建设的各个阶段，其具体控制内容不同，但影响工程项目质量的主要因素均可概括为人（men）、材料（material）、机械设备（machine）、方法（method）及环境（environment）五个方面。因此，保证工程项目质量的关键是严格对这五大因素进行控制。

(1) 人的因素。人指的是直接参与工程建设的决策者、组织者、管理者和作业者。人的因素影响主要是指上述人员个人素质、理论与技术水平、心理生理状况等对工程质量造成的影响。在工程质量管理中，对人的控制具体来说应加强思想政治教育、劳动纪律教育、职业道德教育，以增强人的责任感，建立正确的质量观；加强专业技术知识培训，提高人的理论与技术水平。同时，通过改善劳动条件，遵循因材适用、扬长避短的用人原则，建立公平合理的激励机制等措施，充分调动人的积极性。通过不断提高参与人员的素质和能力，避免人的行为失误，发挥人的主导作用，保证工程项目质量。

(2) 材料的因素。材料包括原材料、半成品、成品、构配件等。各类材料是工程施工的物质条件，材料质量是工程质量的基础。因此，加强对材料质量的控制，是保证工程项目质量的重要基础。对工程材料的质量控制，主要应从以下几方面着手：采购环节中，择优选择供货厂家，保证材料来源可靠；进场环节中，做好材料进场检验工作，控制各种材料进场验收程序及质量文件资料的齐全程度，确保进场材料质量合格；材料进场后，加强仓库保管工作，合理组织材料使用，健全现场材料管理制度；材料使用前，对水泥等有使用期限的材料再次进行检验，防止使用不合格材料。材料质量控制的内容主要有材料的质量标准、材料的性能、材料取样、材料的适用范围和施工要求等。

(3) 机械设备的因素。机械设备包括工艺设备、施工机械设备和各类机器具。其中,组成工程实体的工艺设备和各类机具,如各类生产设备、装置和辅助配套的电梯、泵机,以及通风空调和消防、环保设备等,是工程项目的重要组成部分,其质量的优劣直接影响工程使用功能的发挥。施工机械设备是指施工过程中使用的各类机具设备,包括运输设备、吊装设备、操作工具、测量仪器、计量器具,以及施工安全设施,是所有施工方案得以实施的重要物质基础,合理选择和正确使用施工机械设备是保证施工质量的重要措施。应根据工程具体情况,从设备选型、购置、检查验收、安装、试车运转等方面对机械设备加以控制。应按照生产工艺,选择能充分发挥效能的设备类型,并按选定型号购置设备;设备进场时,按照设备的名称、规格、型号、数量的清单检查验收;进场后,按照相关技术要求和质量标准安装机械设备,并保证设备试车运行正常,能配套投产。

(4) 方法的因素。方法指在工程项目建设整个周期内所采取的技术方案、工艺流程、组织措施、检测手段、施工组织设计等。技术工艺水平的高低直接影响工程项目质量。因此,结合工程实际情况,从资源投入、技术、设备、生产组织、管理等问题入手,对项目的技术方案进行研究,采用先进合理的技术、工艺,完善组织管理措施,从而有利于提高工程质量、加快进度、降低成本。

(5) 环境的因素。环境主要包括现场自然环境、工程管理环境和劳动环境。环境因素对工程质量具有复杂多变和不确定性的影响。现场自然环境因素主要指工程地质、水文、气象条件及周边建筑、地下障碍物以及其他不可抗力等对施工质量的影响因素。这些因素不同程度地影响工程项目施工的质量控制和管理。如在寒冷地区冬季施工措施不当,会影响混凝土强度,进而影响工程质量。对此,应针对工程特点,相应地拟定季节性施工质量和安全保证措施,以免工程受到冻融、干裂、冲刷、坍塌的危害。工程管理环境因素指施工单位质量保证体系、质量管理制度和各参建施工单位之间的协调等因素。劳动环境因素主要指施工现场的排水条件;各种能源介质供应;施工照明、通风、安全防护措施;施工场地空间条件和通道;交通运输和道路条件等因素。避免环境因素的影响主要是根据工程特点和具体条件,采取有效措施,严加控制。施工人员要尽可能全面地了解可能影响施工质量的各种环境因素,采取相应的事先控制措施,确保工程项目的施工质量。

二、施工质量控制的依据和工作要点

(一) 施工质量控制的依据

(1) 共同性依据。共同性依据指适用于施工阶段且与质量管理有关的、通用的、具有普遍指导意义和必须遵守的基本条件,主要包括国家和政府有关部门颁布的与质量管理有关的法律和法规性文件,如《中华人民共和国招标投标法》和《建设工程质量管理条例》等。

(2) 专门技术性依据。专门技术性依据指针对不同的行业、不同质量控制对象制定的专门技术法规文件。包括规范、规程、标准、规定等,如:工程建设项目质量检验评定标准;有关建筑材料、半成品和构配件的质量方面的专门技术法规性文件;有关材料验收、包装和标志等方面的技术标准和规定;施工工艺质量等方面的技术法规性文件;有关新工艺、新技术、新材料、新设备的质量规定和鉴定意见等。

(3) 项目专用性依据。项目专用性依据指本项目的工程建设合同、勘察设计文件、设计交底及图纸会审记录、设计修改和技术变更通知，以及相关会议记录和工程联系单等。

（二）施工质量控制的工作要点

(1) 实施者严把质量控制关。在工程实施过程中，如果工程出现问题，质量目标最容易受到损害。质量控制的关键因素是实施者，所以业主与项目管理者应重视对承（分）包商、供应商的选择。在委托任务、商讨价格、签订合同时应注意考察他们的质量能力、信誉等。

(2) 必须向实施者落实质量责任，灌输质量意识。

1) 要保证质量，必须将工程的质量责任落实到具体的实施者，而不是检查者。建立工程的技术管理制度，并经常进行考核。

2) 在合同、委托书或任务单中明确质量的要求，确定质量的标准、检查和评价方法、奖惩办法和标准，不能用含糊不清的、笼统的质量要求或标准，在合同中应规定项目管理者对质量绝对的检查和监督权力。

3) 要求各投标单位在投标文件中说清楚质量保证体系、质量保证的措施和方法，并由专家审查这些措施和方法的适用性、科学性、安全性，作为选择承包商的依据。

4) 在实际工作中，防止实施者为了追求高效率和低费用而牺牲质量，发现工期拖延、费用超支时，首先应考虑选择修改或制订周密的计划，防止以牺牲质量为代价赶工和降低费用。由于质量是工程的内在因素，它的指标常常不明显，所以人们特别容易忽视。

(3) 确定质量控制程序和权力。

1) 质量控制程序和权力由合同条件、规范和项目功能规程规定，通常在合同中确定质量控制权力和责任的划分，确定主要控制过程、工程检查验收的规定，在规范中常常包含专业分项的质量检查标准、过程、要求、时间、方法，业务工作条例包括涉及项目参加各方的协调方法和过程。

2) 质量控制程序包括极其广泛的内容：设备和材料采购、工艺、隐蔽工程、分项工程、分部工程、单位工程、单项工程、整个工程项目的最终检验和试运行等。

3) 质量控制必须与其他控制手段（工程款支付、量方、合同处罚等）结合起来，明确规定（合同中）管理者对不符合质量的工程材料、工艺的处置权，例如拒绝验收和付款、指令拆除不合格工程、重新施工，由此引起的一切费用、工期拖延由责任者负责，当然对高质量应有奖励措施。

(4) 质量文件。图纸、规范、模型是设计者提出的质量要求文件，经过工程实施反馈出能够证明和反映实际工程状况的质量报告文件。工程实施以及各种控制过程中应收集、整理这些文件，应有完备的技术档案。这在工程质量评价、质量问题分析、索赔和反索赔中有重要作用，它们应能系统地、全面地说明（证明）已建工程的各部分（工程、技术、设备等）的质量状况。

三、施工准备阶段质量控制内容

施工准备阶段的质量控制是指在正式施工前进行的质量控制活动，其重点是做好施工准备工作的同时，做好施工质量预控和对策方案。

(1) 图纸学习和会审。图纸会审由建设单位或监理单位主持，设计单位、施工单位参加，并写出会审纪要。对设计文件和图纸的学习是在施工准备阶段质量控制的一项重要活动，一方面使施工人员熟悉、了解工程特点、设计意图，掌握关键部位的工程质量要求，更好地做到按图施工；另一方面通过图纸审查，及时发现存在的问题和矛盾，提出修改和洽商意见，避免因设计问题带来的工程返工。

(2) 编制施工组织设计。施工组织设计是对施工的各项活动作出全面的构思和安排，指导施工准备和施工全过程的技术文件，施工组织设计中对质量起主要作用的施工方案。施工方案的内容主要包括：施工程序的安排、施工段的划分、主要项目的施工方法、施工机械的选择，以及保证质量的施工技术组织措施。施工单位编制完成施工组织设计后，由编制人、施工单位技术负责人签名和施工单位加盖公章，并填写报审表，按合同约定的时间报送项目监理机构。总监理工程师在约定时间内，组织各专业监理工程师进行审查，专业监理工程师在报审表上签署审查意见后，总监理工程师审核批准。经审查批准的施工组织设计，施工单位应认真贯彻实施，不得擅自任意改动。

(3) 组织技术交底与培训。技术交底是指单位工程、分部分项工程正式施工前，对参与施工的有关管理人员、技术人员和工人进行不同重点和技术深度的技术交代和说明，技术交底应以设计图纸、施工组织设计、质量验收标准、施工验收规范为依据，编制交底文件。单位工程、分部工程和分项工程开工前，项目技术负责人对承担施工的负责人或分包方全体人员进行书面技术交底。技术交底资料应办理签字手续并归档。对施工作业人员进行质量和安全技术培训，经考核后持证上岗。对包括机械设备操作人员的特殊工种资格进行确认，无证或资格不符合者，严禁上岗。

(4) 物资准备。项目负责人按质量计划中关于工程分包和物资采购的规定，经招标程序选择并评价分包方和供应商，保存评价记录。各类原材料、成品、半成品质量，必须具有质量合格证明资料并经进场检验，不合格不准用。机具设备根据施工组织设计进场，性能检验应符合施工需求。按照安全生产规定，配备足够的质量合格的安全防护用品。

(5) 现场准备。对设计技术交底、交桩给定的工程测量控制点进行复测。当发现问题时，应与勘察设计方协商处理，并形成记录。做好设计、勘测的交桩和交线工作，并进行测量放样。按照交通疏导方案修建临时施工便道，导行临时交通。按施工组织设计中的总平面布置图搭建临时设施，包括施工用房、用电、用水、用热、燃气、环境维护等。

四、施工过程质量控制内容

(一) 施工作业过程质量控制

建设工程项目的施工活动是由一系列相互关联、相互制约的作业过程构成的，控制工程项目施工过程的质量，必须控制全部作业过程，对每一道工序的施工质量都要严格把关。施工作业过程质量控制的基本程序具体如下：

(1) 作业技术交底，包括作业技术要领、质量标准、施工依据、与前后工序的关系等。

(2) 检查施工工序的合理性、科学性，防止工序流程错误。

(3) 检查工序施工条件，即每道工序投入的材料、使用的工具和设备、操作工艺及环境条件是否符合施工组织设计的要求。

(4) 检查工序施工中人员操作程序、操作质量是否符合质量规程的要求。

(5) 检查工序施工中间产品的质量，即工序的质量和分项工程的质量。

(6) 对工序质量符合要求的中间产品（分项工程）及时进行工序验收或隐蔽工程验收。

(7) 质量合格的工序经验收后可进入下道工序施工。未经监理工程师签字确认的建筑材料、建筑构配件和设备不得在工程上使用或者安装，施工单位不得进行下一道工序的施工。

(二) 工序质量控制

工序是人、材料、机械设备、施工方法和环境因素对工程质量综合起作用的过程，所以对施工过程的质量控制，必须以工序作业质量控制为基础和核心。因此，工序的质量控制是施工阶段质量控制的重点，只有严格控制工序质量，才能确保施工项目的实体质量。

工程施工质量控制以工序质量控制为重点，工序交接有检查，上不清下不接。工序质量控制除了对工序活动过程的质量控制以外，还有对工序活动条件或作业技术活动条件的质量控制和工序活动结果或作业技术活动结果（分项工程）的质量控制。这两方面的控制是相互关联的，一方面要控制工序投入品的质量，即人员、材料、机械设备、工艺方法和环境的质量是否符合要求；另一方面要控制每道工序施工完成的分项工程产品是否达到有关质量标准。

(1) 作业技术活动条件的控制。为了保证工序施工质量，除了确定工序质量计划、严格遵守工艺规程以外，还要主动控制作业技术活动条件。作业技术条件也就是工序活动条件，主要指影响工程质量的五大因素，即人员、材料、机械、方法和环境（4M1E）。

1) 人员因素的控制。这里的人员是指直接参与工程施工的管理者和操作者，应从政治思想素质、技术业务素质和身体健康素质等方面综合考虑，全面管控人员的使用。人作为控制的对象，是要避免产生失误；作为控制的动力，是要充分调动人的积极性，发挥人的主导作用。因此，应特别加强“守规矩”的教育，一切规章制度、操作规程都必须严格遵守；进行专业技术培训，提高操作水平，严格禁止无技术资质的人员上岗；改善劳动条件，公平合理地激励劳动热情。对技术复杂、难度大、精度高的工序或操作，应由技术熟练、经验丰富的工人来完成。

2) 材料因素的控制。材料包括工程材料、构配件，材料的选择不当和使用不正确，会严重影响工程质量或造成工程质量事故。因此，在施工过程中，必须针对工程项目的特点和环境要求及材料的性能、质量标准、适用范围等多方面综合考察，慎重选择和使用材料。要严格按照质量标准订货采购、检查验收，正确堆存保管，合理使用。对于检验不合格的工程材料、构配件，应及时退货；对于合格材料、构配件进场后由于保管不善而发生质变者，应清理出现场。总之，工程施工所用工程材料、构配件，应具有合格保证。

3) 机械设备因素的控制。控制施工机械设备、工具应根据不同的工艺特点和技术要求，选择合适的机械设备，从型号、规格、数量和技术参数等方面把控。机械设备的性能参数是选择机械设备的主要依据，为满足施工的需要，在参数选择时可适当留有余地，但不能选择超出需要很多的机械设备，否则，容易造成经济上的不合理。

除此之外，还要正确使用、管理和保养好机械设备，为此，应实行“操作证”制度，定人、定机、定岗位责任制的“三定”制度和交接班制度。操作人员必须认真执行各项规章制度，严格遵守机械设备操作规程、安全技术规程和维修保养规程等，以确保机械设备处于最佳使用状态。

4）方法因素的控制。方法控制包括施工方案、施工工艺、施工技术措施等的控制。制定的施工方案应切合实际、技术可行、经济合理，有利于保证质量、加快进度和降低成本。作业过程中，要及时督促检查施工工艺文件是否得到认真执行，是否严格遵守操作规程等。

5）环境因素的控制。环境控制是针对工程技术环境、工程作业环境、工程管理环境和工程周边环境的质量控制。在施工现场，对工程作业环境的管控尤为重要，应建立文明施工和文明生产的环境，保持工程材料、构配件堆放有序，道路畅通，工作场所清洁整齐，施工程序井井有条，为确保施工质量、安全创造良好条件。

(2) 关键工序（部位）重点管控。在施工过程中，为了对施工质量进行有效控制，要找出对工序的关键或重要质量特性起支配作用的全部活动，对这些支配性要素要加以重点控制。工序质量控制点就是根据支配性要素进行重点控制的要求而选择的质量控制重点部位、重点工序和重点因素。一般来讲，质量控制点是随不同的工程项目类型和特点而不完全相同的，基本原则是选择施工过程中的关键工序、隐蔽工程、薄弱环节、对后续工序有重大影响、施工条件困难、技术难度大等的环节。

(3) 作业技术活动结果的控制。作业技术活动结果，泛指已完成的工序的产出品、分项工程、分部工程以及准备交验的单位工程等。作业技术活动结果的控制是施工过程中间产品及最终产品质量控制的方式，是工序质量的事后控制。只有作业技术活动的中间产品质量都符合要求，才能保证最终单位工程产品的质量，其主要内容有基槽（基坑）验收；隐蔽工程验收；工序交接验收；检验批、分项工程、分部工程验收；成品保护；联动试车或设备试运转；工程竣工验收等。

五、竣工阶段质量控制内容

(1) 最终质量检验。施工项目最终检验和试验是指对单位工程质量进行的验证，是对建筑工程产品质量的最后把关，是全面考核产品质量是否满足质量控制计划预期要求的重要手段，最终检验和试验提供的结果是证明产品符合性的证据，如各种质量合格证书、材料试验检验单、隐蔽工程记录、施工记录和验收记录等。

(2) 缺陷纠正与处理。施工阶段出现的所有质量缺陷，应及时予以纠正，并在纠正后要再次验证，以证明其纠正的有效性。处理方案包括修补处理、返工处理、限制使用和不作处理。

(3) 资料移交。组织有关专业人员按合同要求，编制工程竣工文件，整理竣工资料及档案，并做好工程移交准备。

(4) 产品防护。在最终检验和试验合格后，对产品采取防护措施，防止部件丢失和损坏。

(5) 撤场计划。工程验收通过后，项目部应编制符合文明施工和环境保护要求的撤场计划，及时拆除、运走多余物资，按照项目规划要求恢复或平整场地，做到符合质量要求的项目整体移交。

第三节　质量控制的统计分析方法

一、排列图法

排列图法，又称主次因素分析法、帕累托图法，它是找出影响产品质量主要因素的一种简单而有效的图表方法。

排列图是根据意大利经济学家帕累托（Pareto）提出的“关键的少数和次要的多数”的原理而绘制的，也就是将影响产品质量的众多影响因素按其对质量影响程度的大小，用直方图形顺序排列，从而找出主要因素。在排列图中，用横坐标表示影响产品质量的因素，并按频率高低从左到右排列。图中有两个纵坐标，左边的纵坐标是度量质量问题大小的坐标，表示质量问题这一事件出现的频数，或质量问题造成的费用损失等；右边的纵坐标是累计百分比坐标。直方块代表有影响的因素，直方块的高度表示各因素影响的大小，折线为排列线，又称为帕累托曲线，其各折点表示该点以前各因素影响的累计百分比。因素分析时，通常累计频率将影响因素分为三类（ABC 分类法）：占 0～80%为 A 类因素，也就是主要因素；80%～90%为 B 类因素，是次要因素；90%～100%为 C 类因素，即一般因素，如图 5-2 所示。

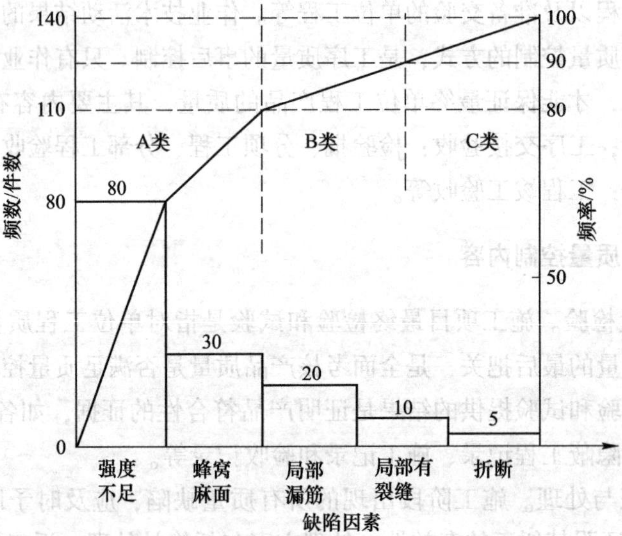

图 5-2　排列图

（一）排列图的绘制步骤

第一步，确定所要调查的问题以及如何收集数据。

第二步，收集某项质量不合格的影响因素和对应点数（频数、次数），并将不合格点数少的因素归入“其他因素”。

第三步，制作排列图用数据表，按数量从大到小的顺序，将数据填入数据表中，以全部不合格点数为总数，计算各因素的频率和累计频率。

第四步，画两根纵轴和一根横轴，左边纵轴标上频数的刻度，最大刻度为总件数

（总频数）；右边纵轴标上频率的刻度，最大刻度为100%。左边总频数的刻度与右边总频率的刻度高度相等，横轴上将频数从大到小依次列出各项因素。

第五步，在横轴上按频数大小画出矩形，矩形的高度代表各不合格项频数的大小。

第六步，在每个直方柱右侧上方标上累计值（累计频数和累计频率百分数），描点并用实线连接，画累计频率折线（帕雷托曲线）。

第七步，在图上记入有关必要事项，如排列图名称、数据、单位、作图人姓名以及采集数据的时间、主题、数据合计数等。

（二）排列图的分析

观察直方形的高矮，就可以大致看出各因素的影响程度。排列图中的每一个直方形都表示一个质量问题或影响因素，而影响程度与各直方形的高度成正比。

利用ABC分类法，确定主次因素。将累计频率曲线按0~80%、80%~90%和90%~100%分为三部分，各部分曲线下所对应的影响因素分别为A、B、C三类因素。在图5-2中，强度不足和蜂窝麻面为A类因素，即主要因素；局部漏筋为B类因素，即次要因素；局部有裂缝、折断为C类因素，即一般因素。

（三）排列图的应用

排列图可以形象、直观地反映主次因素，适用于计数值统计，帮助我们抓住关键的少数及有用的多数。其主要应用有：

（1）按不合格点的内容分类，可以分析出造成质量问题的薄弱环节。

（2）按生产作业分类，可以找出生产不合格品最多的关键过程。

（3）按生产班组或单位分类，可以分析比较各班组或单位的技术水平和质量管理水平。

（4）将采取提高质量措施前后的排列图对比，可以分析措施是否有效。

（5）此外，排列图还可以用于成本费用分析、安全问题分析等。

二、直方图法

所谓直方图法，就是将收集到的质量数据进行分组整理，以组距为底边，以频数（组内数据的个数）为高度绘制成频数分布直方图，用以描述质量分布状态的一种分析方法，所以又称为质量分布图法。通过对直方图的观察与分析，可以认识产品质量分布状况，判断工序质量的好坏，及时掌握工序质量变化规律。同时，可通过质量数据特征值的计算，估算施工过程总体的不合格品率，评价过程能力等。

直方图又称为质量分布图、柱状图，它是用横坐标表示质量特性值，纵坐标表示频数或频率值，各组频数或频率的大小用直方形高度表示的图形，如图5-3所示。根据纵坐标的不同，直方图可以分为频数分布直方图和频率分布直方图。

（一）直方图的绘制步骤

第一步，收集整理数据。采用随机抽样的方法获得质量特性数据，样本的数量不能太少，因为样本容量越大，越能代表总体的状态。通常要求数据量（或样本容量）在50个及以上。

第二步，计算极差。极差R是数据最大值和最小值之差，也就是全体数据的分布极限范围。

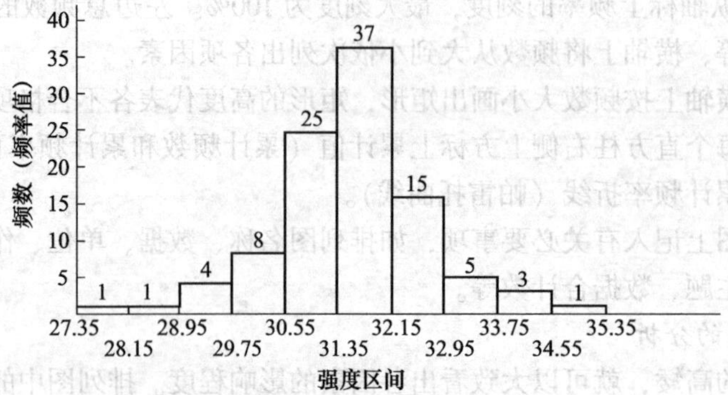

图 5-3 混凝土强度分布直方图

第三步，对数据分组，确定组数 k、组距 h 和组限。组距大小，应根据对测量数据的要求精度而定；组数应根据收集数据总数的多少而定，组数太少会掩盖组内数据的变动情况，组数太多又会使各组的高度参差不齐，从而看不出明显的规律。

（1）确定组数 k。组数 k 的取值应根据数据多少来确定，一般可参考表 5-2 的经验数值确定。

表 5-2 分组数参考值

数据总数/个	小于 50	50~100	100~250	250 以上
分组数 k/组	5~7	6~10	7~12	10~20

（2）确定组距 h。组距是组与组之间的间隔，也就是一个组的范围。一般分组是按组距相等的原则进行的，先确定组数，再计算出组距。组数、组距的确定应结合极差综合考虑，并适当调整，还要注意组距的数值尽量取整，使分组结果能包括全部变量值。

$$h \approx R/k \tag{5-1}$$

（3）确定组限。每组的最大值为上限，最小值为下限，上、下限统称组限。确定组限时应注意使各组之间连续，即较低组上限应为相邻较高组下限，这样才不致使有的数据被遗漏。

第一组下限 $= x_{\min} - h/2$，第一组上限 = 第一组下限 $+h$；

第二组下限 = 第一组上限，第二组上限 = 第二组下限 $+h$；

⋮

第四步，编制数据频数统计表。根据收集到的质量数据统计各组频数，频数总和应等于全部数据个数。

第五步，画频数分布直方图。横坐标表示质量特性值，标出各组的组限值；纵坐标为频数，按比例标注频数值。依据频数统计表的结果，画出以组距为底、频数为高的 k 个直方形，便得到所需的频数直方图。

（二）直方图的分析

1. 判断质量分布状态

如果绘制的直方图形状表现为中间高、两侧低、左右接近对称，近似为正态分布的图形，则属于正常型直方图，如图 5-4（a）所示。对于正常型直方图而言，其所对应的质量分布状态属正常。出现非正常型直方图时，表明分布异常，需要进一步分析判断，找出原因，从而采取有效措施加以纠正。凡属非正常型直方图，其图形的形状有各种不同缺陷，归纳起来有六种类型，如图 5-4（b）~（h）所示。

（1）缓坡型。直方图在控制之内，但峰顶偏向一侧，另一侧出现缓坡。说明生产中控制有偏向，或操作者习惯因素造成，如图 5-4（b）和（c）所示。

（2）锯齿形。直方图出现参差不齐的形状，造成这种现象的原因不是生产上控制的偏向，而是分组过多或测量错误。应减少分组，重新作图，如图 5-4（d）所示。

（3）孤岛型。这是生产过程中短时间的情况异常造成的，如少量材料不合格，临时更换设备，不熟练工人上岗等，如图 5-4（e）所示。

（4）绝壁型。通常是由于数据输入不正常，可能有意识地去掉下限以下的数据，或是在检测过程中存在某种人为因素所造成的，如图 5-4（f）所示。

（5）双峰型。表示数据出自不同的来源，如由工艺水平相差很大的两个班组生产的产品，使用两种质量相差很大的材料，两种不同的作业环境等，因此收集数据必须区分来源，如图 5-4（g）所示。

（6）平峰型。生产过程中有缓慢变化的因素起主导作用，如图 5-4（h）所示。

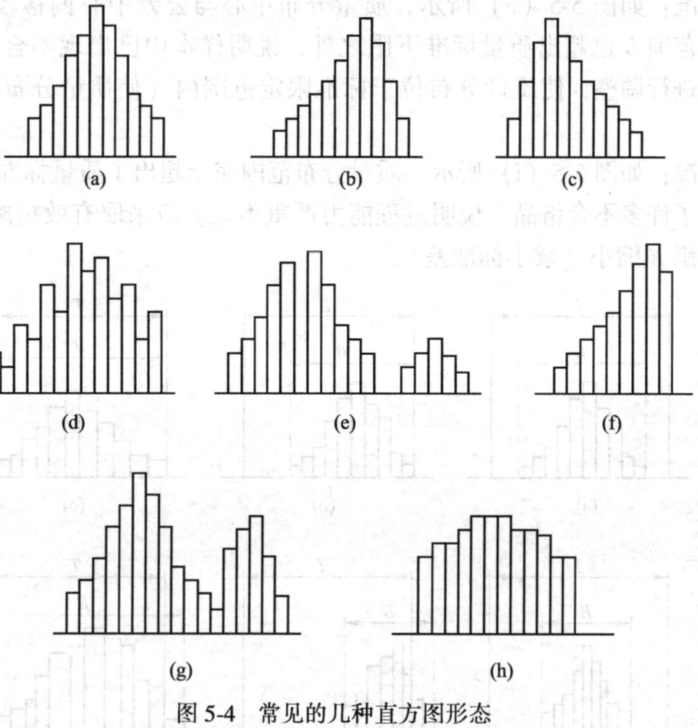

图 5-4　常见的几种直方图形态

2. 判断实际生产过程能力

通过直方图显示的实际质量特性分布范围 B 与质量标准中规定的公差 T（公差上限 T_U 与公差下限 T_L 之差）的比较，以及质量分布中心 μ 与公差中心 M 是否重合或偏离的程度，可以判断实际生产过程能力。正常形状的直方图与标准公差相比较，常见的有以下六种情况：

第一种情况：如图 5-5（a）所示，质量分布中心与公差中心基本重合，B 在 T 中间（$T>B$），且实际质量分布与质量标准相比较两侧还有一定余地。此生产过程处于正常的稳定状态，工序能力足够，生产出来的产品全都是合格品。

第二种情况：如图 5-5（b）所示，质量分布中心与公差中心不重合，尽管 B 在 T 中间（$T>B$），但生产状态一旦发生变化，质量分布中心就可能继续偏移，甚至超出质量标准下限而出现不合格产品。出现这种情况时，应迅速采取措施，使直方图移到中间来（提高平均值）。

第三种情况：如图 5-5（c）所示，质量分布中心与公差中心基本重合，B 在 T 中间，但两者很接近，没有余地，生产过程只要发生较小的变化，产品的质量特性值就可能超出质量标准，出现不合格的概率较大。出现这种情况时，必须立即采取措施，以缩小质量分布范围（减小标准差）。

第四种情况：如图 5-5（d）所示，质量分布中心与公差中心偏移较小，B 在 T 中间，但 $T \gg B$，两边余地太大，说明工序能力过高，加工过于精细，不经济。在这种情况下，可以对原材料、设备、工艺、操作等控制要求适当放宽些，有目的地使 B 扩大，从而有利于降低成本。

第五种情况：如图 5-5（e）所示，质量分布中心与公差中心偏移较大，虽然 $T>B$，但是质量分布范围 B 已超出质量标准下限之外，说明样本中已出现不合格品。此时必须采取有效措施进行调整，使质量分布位于标准限定范围内（使质量分布中心接近于公差中心）。

第六种情况：如图 5-5（f）所示，质量分布范围完全超出了质量标准上、下界限，离差太大，产生了许多不合格品，说明过程能力严重不足。应采取有效措施提高过程能力，使质量分布范围 B 缩小（减小标准差）。

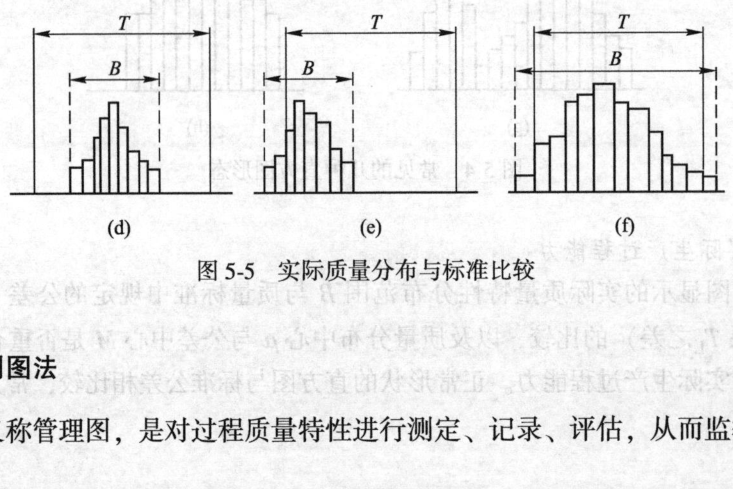

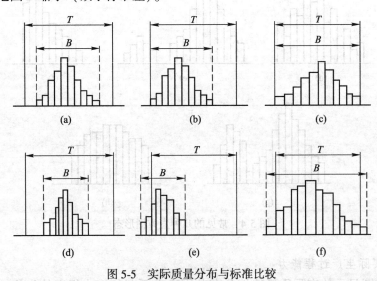

图 5-5　实际质量分布与标准比较

三、控制图法

控制图又称管理图，是对过程质量特性进行测定、记录、评估，从而监察过程是否处于控制状态的一种用统计方法。在直角坐标系内画有控制界限，描述生产过程中产品质量波动状态，利用控制图区分质量波动原因，判断生产过程是否处于稳定状态的方法称为控制图法。

（一）控制图的基本形式

如图5-6所示，横坐标为样本序号或抽样时间，纵坐标为被控制的对象，即被控制的质量特性值。图上有三条平行于横轴的直线：上面的一条虚线称为上控制界限，用符号UCL表示；下面的一条虚线称为下控制界限，用符号LCL表示；中间的一条实线称为中心线，用符号CL表示。UCL、CL、LCL统称为控制线，通常上、下控制界限设定在中心线±3σ的位置。中心线标志着质量特性值分布的中心位置，上下控制界限标志着质量特性值的允许波动范围。在生产过程中随机抽样取得检测数据，将样本统计量在图上描点，形成控制图。如果图中的点子随机地落在上、下控制界限内，则表明生产过程正常，处于稳定状态，不会产生不合格品；如果点子超出控制界限，或其排列有缺陷，则表明生产条件发生了异常变化，生产过程处于失控状态。

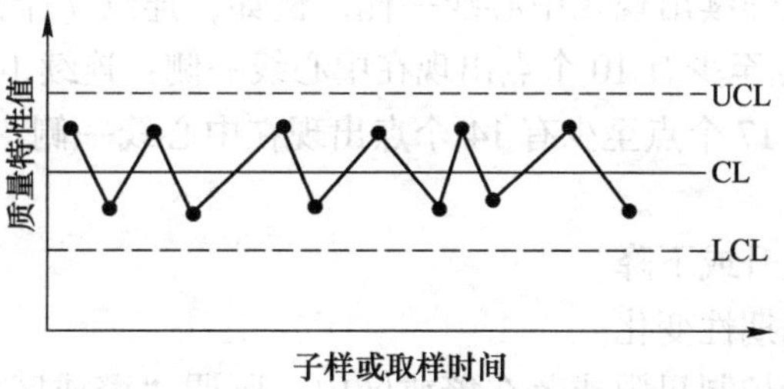

图5-6　控制图的基本形式

（二）控制图的应用

控制图是用样本数据来分析判断生产过程是否处于稳定状态的有效工具或方法。它的主要用途有两个：一是过程分析，二是过程控制。

（1）过程分析，即分析生产过程是否稳定。在随机连续收集质量数据和绘制控制图的基础上，通过观察数据点的分布情况，判断生产过程所处状态。

（2）过程控制，即控制生产过程质量状态。为达此目的，要定时抽样取得质量数据，将其变为点子描在图上，发现并及时消除生产过程中的异常现象，预防不合格品的产生。

排列图和直方图是质量管控的静态分析方法，反映的是产品质量在某一段时间里的静止状态。控制图是质量管控的动态分析方法，反映的是生产过程中产品质量的变化情况，能及时发现问题并采取相应措施，使生产处于稳定状态，起到预防出现不合格品的作用。

稳定状态判定条件控制图上的点子是随机抽取的样本经质量检测后所得的质量特性参数绘制的，能够反映生产过程（总体）的质量分布状态。当控制图同时满足以下两个条件时，就可以被认为生产过程基本上处于稳定状态：

（1）点子几乎全部落在控制界限以内。所谓的“几乎全部”是指连续25点以上处于控制界限以内；连续35点中仅有1点超出控制界限；连续100点中不多于2点超出控制界限。

（2）控制界限内的点子排列没有缺陷。所谓的“没有缺陷”是指点子的排列是随机的，没有出现异常现象。在控制图上的正常表现为：所有样本点都在控制界限之内；样本点均匀分布，位于中心线两侧的样本点约各占 1/2；靠近中心线的样本点约占 2/3；靠近控制界限的样本点极少。如图 5-7 所示的控制图上，所有点子都在控制界限以内，而且排列没有缺陷，可以判断其生产过程处于稳定状态。

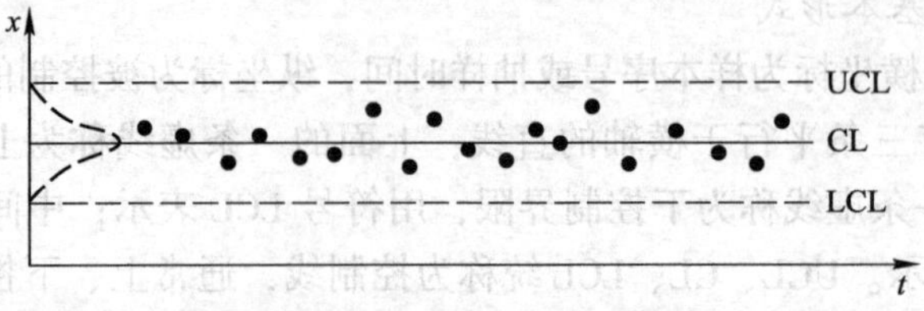

图 5-7　处于稳定状态的控制图

异常情况判定条件生产过程状态异常或处于失控状态的明显特征是有一部分样本点超出控制界限。除此之外，虽然没有点子出界，但是若点子排列和分布异常，也说明生产过程状态失控。样本点排列和分布异常的情况有如下几种：

（1）有多个样本点连续出现在中心线一侧。例如，连续 7 个点或 7 个点以上出现中心线一侧；连续 11 个点至少有 10 个点出现在中心线一侧；连续 14 个点至少有 12 个点出现在中心线一侧；连续 17 个点至少有 14 个点出现在中心线一侧；连续 20 个点至少有 16 个点出现在中心线一侧。

（2）连续 7 个点上升或下降。

（3）样本点呈现周期性变化。

（4）较多的点接近控制界限或落在警戒区内。所谓“警戒区”是指 $\mu\pm2\sigma$ 以外和 $\mu\pm3\sigma$ 以内的区域。有以下三种异常情况：连续 3 个点中有 2 个点落在警戒区内；连续 7 个点中有 3 个点落在警戒区内；连续 10 个点中有 4 个点落在警戒区内。

以上四条中只要符合其中任意一条，即使所有点子都在控制界限以内，也应认为生产过程异常，应寻找原因，采取相应措施，使其回到正常状态。

四、因果分析图法

因果分析图法是利用因果分析图来系统整理分析某个质量问题（结果）与其产生原因之间关系的有效工具。因果分析图也称特性要因图、树枝图或鱼刺图。因果分析图的基本形式如图 5-8 所示，它由质量结果（即某个质量问题）、要因（产生质量问题的主要原因）、枝干（一系列箭头线表示不同层次的原因）、主干（直接指向质量结果的水平箭头线）等组成。

因果分析图的绘制步骤与图中箭头方向恰恰相反，从“结果”反过来找原因。影响质量特性的大原因，通常考虑人员、机械、材料、方法、环境等五大因素；将每一种大原因进一步分解为中原因、小原因和更小原因。对于出现数量多、影响大的关键因素，需专门标记，以便重点采取措施。

五、调查表法

调查表法又称统计调查分析法，它是利用专门设计的统计表对质量数据进行收集、整理和粗略分析质量状态的一种方法。在质量管理活动中，利用统计调查表收集数据，简便

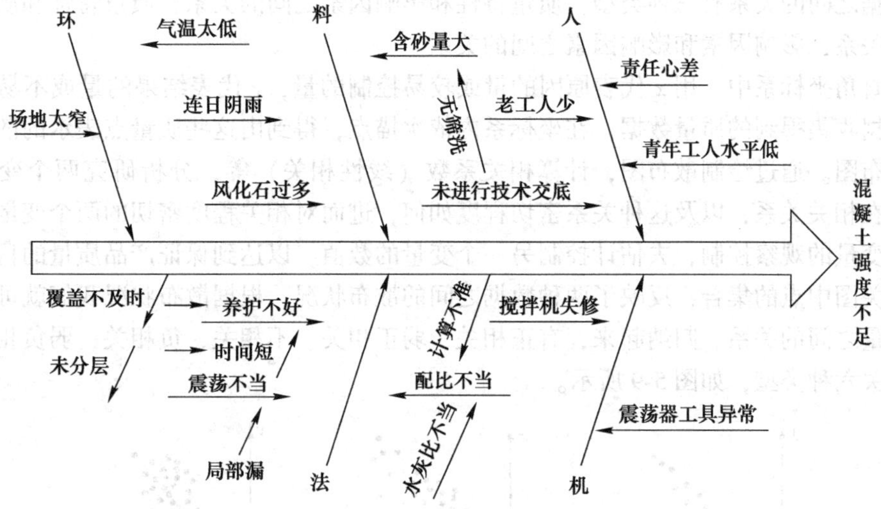

图 5-8　混凝土强度不足的因果分析图

灵活，便于整理，实用有效。它没有固定格式，可根据需要和具体情况设计出不同统计调查表。常用的有：分项工程作业质量分布调查表、不合格项目调查表、不合格原因调查表、施工质量检查评定用调查表等。统计调查表往往同分层法结合起来应用，可以更好、更快地找出质量问题的原因，以便采取改进措施。

六、分层法

分层法又称为分类法，是将调查收集到的原始数据，根据不同目的和要求，按某一性质进行分组、整理的分析方法。分层的结果使数据各层间的差异突出地显示出来，而层内的数据差异减少了。在此基础上再进行层间、层内的比较分析，可以更深入地发现和认识质量问题的原因。

常用的分层（分类）标志或依据有：按操作班组或操作者分层；按使用机械设备的型号分层；按操作方法分层；按原材料供应单位、供应时间或等级分层；按施工时间分层；按检查手段、工作环境等分层。如表 5-3 所示，按操作者分类比较产品完成质量情况，其中工人 C 的不合格率最高，占总不合格的比例也最高。

表 5-3　分层调查数据统计表

作业工人	抽检点数	不合格点数	个体不合格率/%	占不合格点数总数百分比/%
A	20	2	10	11
B	20	4	20	22
C	20	12	60	67
合计	60	18		100

七、相关图法

相关图又称散布图。在质量控制中它是用来显示两种质量数据之间关系的一种图形。

质量数据之间的关系有三种类型：质量特性和影响因素之间的关系，质量特性和质量特性之间的关系，影响因素和影响因素之间的关系。

在直角坐标系中，用 x 代表原因的量或较易控制的量，y 代表结果的量或不易控制的量，依据收集得到的质量数据，在坐标系内依次描点，得到由这些质量点表示的散状分布图—散布图。通过绘制散布图，计算相关系数（线性相关）等，分析研究两个变量之间是否存在相关关系，以及这种关系密切程度如何，进而对相关程度密切的两个变量，通过对一个变量的观察控制，去估计控制另一个变量的数值，以达到保证产品质量的目的。

相关图中点的集合，反映了两种数据之间的散布状况，根据散布状况我们就可以分析两个变量之间的关系。归纳起来，有正相关、弱正相关、不相关、负相关、弱负相关、非线性相关六种类型，如图 5-9 所示。

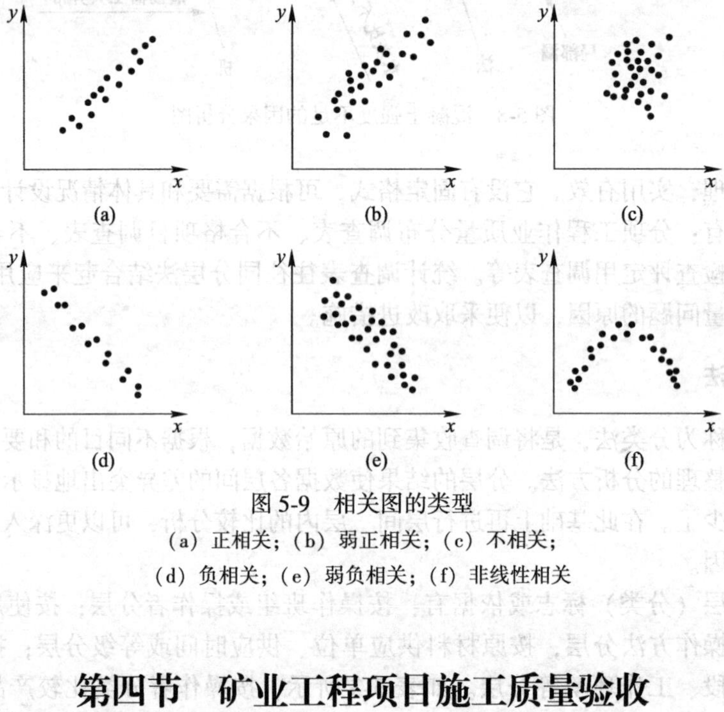

图 5-9　相关图的类型

（a）正相关；（b）弱正相关；（c）不相关；

（d）负相关；（e）弱负相关；（f）非线性相关

第四节　矿业工程项目施工质量验收

一、施工质量验收的内容

根据《建筑工程施工质量验收统一标准》（GB 50300—2013）统一标准，验收是指建设工程在施工单位自行质量检查评定的基础上，参与建设活动的有关单位共同对检验批、分项、分部、单位工程的质量进行抽样复验，根据相关标准以书面形式对工程质量作出确认。正确地进行工程项目质量的检查评定和验收是施工质量控制的重要环节。施工质量验收的内容包括以下几个方面：

（1）分部分项工程内容的检查。分项工程所含的检验批的质量均应符合质量合格的规定；分部（子分部）工程所含分项工程的质量均应验收合格；单位（子单位）工程所含分部工程的质量均应验收合格。

（2）施工质量控制资料的检查。包括施工全过程的技术质量管理资料，其中又以原材料、施工检测、测量复核及功能性试验资料为重点检查内容。

（3）主要功能项目的抽查。使用功能的抽查是对建筑工程和设备安装工程最终质量的综合检验，也是用户最为关心的内容。因此，在分项分部工程验收合格的基础上，竣工验收时应再做一定数量的抽样检查，抽查结果应符合相关专业质量验收规范的规定。

（4）工程外观质量的检查。竣工验收时，须由参加验收的各方人员共同进行外观质量检查，可采用观察、触摸或简单测量的方式对外观质量综合给出评价，最后共同确定是否通过验收。

通常在验收时，将施工项目验收按项目构成划分为单位工程、分部工程、分项工程和检验批四种层次。检验批是工程验收的最小单位，是更大检验批以及分项工程乃至整个建筑工程质量验收的基础。设立检验批单元体现了质量的过程控制和及时控制原则，可以及早发现和处理质量问题，尽量避免因质量造成的损失。

露天煤矿、冶金等矿山工程质量验收规程规定，分项工程可以由一个或若干工序检验批组成。规程规定，检验批可根据施工及质量控制和验收的实际需要划分，如露天煤矿边坡治理中的注浆加固分项工程，可以将每注浆孔的施工质量，作为一个检验批的验收内容，煤矿井巷工程检验验收不设检验批内容，最小验收单位是分项工程。

二、施工质量验收的程序和工作要求

（一）验收程序

（1）施工班组应对其操作的每道工序、每一作业循环作为一个检查点，并对其中的测点进行检查。矿山井巷工程的施工单位应对每一循环的分项工程质量进行自检，这些自检工作都应做好施工自检记录。

（2）检验批或分项工程（指井巷工程验收）应在施工班组自检的基础上，由建设单位委托监理单位、专业监理工程师组织施工单位的项目质量（技术）负责人等进行验收。

（3）分部工程应由建设单位委托监理单位的总监理工程师组织施工单位的项目负责人和质量（技术）负责人等进行验收。地基与基础、主体结构分部工程的勘察、设计单位工程项目负责人和施工单位质量（技术）部门负责人也应参加相关分部工程验收。

（4）单位工程完工后，施工单位应自行组织相关的人员进行自检。根据需要，自检可分为基层自检、项目自检和公司（或分部门）预检三个层次，最终向建设单位提交工程竣工报告。建设单位收到工程竣工报告后，应由建设单位项目负责人组织施工（含分包单位）、设计、监理等单位（项目）负责人等进行验收。

（5）单位工程竣工验收合格后，建设单位应在规定时间内向有关部门报告备案，并应向质量监督部门或工程质量监督机构申请质量认证。由质量监督部门或工程质量监督机构组织工程质量认证。井巷工程未经单位工程质量认证，不得进行工程竣工结（决）算及投入使用。

（6）当参加验收各方对工程质量验收意见不一致时，可请当地建设行政主管部门或工程质量监督机构协调处理。

（二）验收工作要求

检验验收应逐级进行。检验批是质量验收的最小单位，分项工程的验收是在检验批的基础上进行，分部工程的验收是在其所含分项工程验收的基础上进行，单位工程验收是在其各分部工程验收的基础上进行，有的单位工程验收是投入使用前的最终验收（竣工验收）。

（1）建筑工程施工质量应符合《建筑工程施工质量验收统一标准》（GB 50300—2013）和相关专业验收规范的规定。

（2）建筑工程施工应符合工程勘察设计文件的要求。

（3）参加工程施工质量验收的各方人员应具备规定的资格。

（4）工程质量验收均应在施工单位自行检查评定的基础上进行。

（5）检验批（或井巷工程的分项工程）的质量应按主控项目和一般项目验收。

（6）隐蔽工程在隐蔽前应由施工单位通知有关单位进行验收。隐蔽工程质量检验评定应以有建设单位（含监理）和施工单位双方签字的工程质量检查记录为依据。

（7）涉及结构安全的试块、试件及有关材料应按有关规定进行见证取样检测。对涉及结构安全和使用功能的重要分部工程应进行抽样检测，承担见证取样检测及有关结构安全检测的单位应具有相应资质。

（8）工程的观感质量应由验收人员通过现场检查，并应共同确认。

（9）单位工程竣工验收进行质量评定时，抽查质量检验结果如与分部工程检验评定结果不一致，应分析原因，研究确定工程最终质量等级。

（10）当有混凝土试件强度评定为不合格时，可采用非破损或根据规定采用局部破损的检测方法，按国家现行有关标准进行测算，并作为处理的依据。

三、施工质量验收合格的要求

（1）工程验收最小单位（检验批或分项工程）的验收合格要求。

1）主控项目和一般项目经抽检合格应具有完整的质量检验记录，重要工序应有完整的施工操作记录。

2）具有完整的施工操作依据、质量检查记录等两项。

3）抽检项目的合格要求，施工内容不同，抽检项目的合格要求不同。

①根据《混凝土结构工程施工质量验收规范》（GB 50204—2015）的规定，其检验批的抽检合格要求是：主控项目的质量经抽样检验均应合格；一般项目的质量经抽检合格，当采用计数抽样检验时，除有专门规定外，一般项目的合格点率应达到80%及以上，且不得有严重缺陷；应具有完整的质量检验记录，重要工序应有完整的施工操作记录。

②根据《露天煤矿工程质量验收规范》（GB 50175—2014）的规定，一般项目验收合格要求为不合格点的最大偏差值不得大于规定偏差的1.5倍。

③根据《煤矿井巷工程质量验收规范》（GB 50213—2010）对分项工程的规定，及《有色金属矿山井巷工程质量验收规范》（GB 51036—2014）对检验批的规定，抽检的合格要求是主控项目的检查点中有75%及以上测点符合合格质量规定，其余测点不得影响安全使用；一般检验项目的测点合格率应达到70%及以上，其余测点不得影响安全使用。

（2）建筑工程（包括有检验批单元的矿业工程项目）分项工程质量验收合格要求。

1）分项工程所含的检验批均应验收合格。

2）分项工程所含的检验批的质量验收记录应完整。

（3）分部（子分部）工程质量验收合格要求。

1）建筑工程的分部（子分部）工程质量验收合格要求。

①分部工程所含分项工程的质量均应验收合格。

②质量控制资料应完整。

③地基与基础、主体结构和设备安装等分部工程有关安全、节能、环境保护和主要使用功能的抽样检验结果应符合相应规定。

④观感质量应符合要求。

2）矿山井巷工程分部（子分部）工程验收合格要求。

①分部（子分部）所含分项工程的质量均应验收合格。

②质量保证资料应基本齐全。

（4）建筑工程（包括井巷工程）的单位（子单位）工程质量验收合格要求。

1）构成单位工程的各分部（子分部）工程质量均应验收合格。

2）质量控制资料应完整。

3）单位（子单位工程）所含分部工程有关安全、节能、环境保护和主要使用功能的检验资料应复查完整。

4）主要使用功能项目的抽查结果应符合相关专业质量验收规范的规定。其中，抽查项目应在检查资料文件的基础上由参加验收的各方商定。

5）感官质量验收应符合要求，矿山井巷工程的得分率应达到70%及以上。

四、施工质量验收结果的处理

对施工质量验收不符合验收标准要求时，应按规定进行处理。

（1）经返工或更换设备的工程，应该重新检查验收。在检验批验收时，其主控项目不能达到验收规范要求或一般项目超过偏差限制的子项不符合检验规定的要求时，对其中的严重缺陷应返工重做，对一般缺陷则通过翻修或更换器皿、设备进行处理。通过返工处理的检验批，应重新进行验收。

（2）经有资质的检测单位检测鉴定，能达到设计要求的工程，应予以验收。在检验批发现试块强度等指标不能满足验收标准要求，但经具有资质的法定检测单位检测，能够达到设计要求的，应认为检验批合格，准予验收；如检验批经检测达不到设计要求，但经原设计单位核算，能够满足结构安全和使用功能时，可予以验收。

（3）经返修或加固处理的分部、分项工程，虽局部尺寸等不符合设计要求，但仍然能满足安全使用要求，可按技术处理方案和协商文件进行验收。严重缺陷或超过检验批的更大范围内的缺陷，可能影响结构的安全性和使用功能，若经有资质的检测单位检测鉴定，确认达不到验收标准的要求，即不能满足最低限度的安全储备和使用功能要求，则必须按一定的技术方案进行加固处理，使之达到能满足安全使用的基本要求。但可能造成一些永久性的缺陷，只要不影响安全和使用功能，可以按处理技术方案和协商文件进行验收，而责任方要承担经济责任。

（4）经返修和加固后仍不能满足安全使用要求的工程严禁验收，经返修和加固处理的分项、分部工程，虽然改变外形尺寸，但仍不能满足安全使用标准和功能使用要求，则严禁验收。

第五节　矿业工程项目质量事故处理

一、质量事故的等级分类

在工程项目中，凡存在工程质量不符合建筑安装质量检验验收标准，相关施工与验收规范或设计图纸要求，以及合同规定的质量要求，不构成质量隐患，不存在危及结构安全的因素，造成直接经济损失在5000元以下的称为工程质量问题。由于施工质量较差，造成一定经济损失或永久性缺陷的，称为工程质量事故。工程质量事故分类方法较多，按造成损失的严重程度分类如下：

（1）一般质量事故。凡具备下列条件之一者为一般质量事故。

1）直接经济损失在5000元（含5000元）以上，不满50000元的。

2）影响使用功能和工程结构安全，造成永久质量缺陷的。

（2）严重质量事故。凡具备下列条件之一者为严重质量事故。

1）直接经济损失在50000元（含50000元）以上，不满10万元的。

2）严重影响使用功能或工程结构安全，存在重大质量隐患的。

3）事故性质恶劣或造成2人以下重伤的。

（3）重大质量事故。凡具备下列条件之一者为重大质量事故，属建设工程重大事故范畴。

1）工程倒塌或报废的。

2）由于质量事故造成人员死亡或重伤3人以上的。

3）直接经济损失10万元以上的。

（4）特别重大事故。国务院发布的《生产安全事故报告和调查处理条例》规定：特别重大事故，简称特大事故，在中国特指造成30人以上死亡，或者100人以上重伤（包括急性工业中毒），或者1亿元以上直接经济损失的事故。

二、质量事故发生原因

引起工程项目质量事故的原因很多，重要的是能分析出主要影响的因素，以使采取的技术处理措施能有效地纠正问题，这些原因综合起来有如下几个方面：

（1）违背建设程序。项目不经可行性论证，不作调查分析就决策，没有工程地质、水文地质资料就仓促开工，无证设计，无图施工，任意修改设计，不按图纸施工，工程竣工不进行试车运行、不经验收就交付使用等现象，致使不少工程项目留有严重隐患。

（2）工程地质勘查原因。未认真进行地质勘查，提供的地质资料、数据有误，地质勘查时钻孔间距太大，不能全面反映地基的实际情况，地质勘查钻孔深度不够，没有查清地下软土层、滑坡、墓穴、孔洞等地层结构，地质勘查报告不详细、不准确等，均会导致采用错误的基础方案，造成地基不均匀沉降、失稳，使上部结构及墙体开裂、破坏、倒塌等。

（3）未加固处理好地基。对软弱土、冲填土、杂填土、湿陷性黄土、膨胀土、岩层出露、熔岩或土洞等不均匀地基未进行加固处理或处理不当，均是导致重大质量问题的原因，必须根据不同地基的工程特性，按照地基处理应与上部结构相结合，使其共同工作的原则，从地基处理、设计措施、结构措施、防水措施和施工措施等方面综合考虑处理。

(4) 设计计算问题。设计考虑不周，结构构造不合理，计算简图不正确，计算载荷取值过小，内力分析有误，沉降缝及伸缩缝设置不当，悬挑结构未进行抗颠覆验算等，都是诱发质量问题的隐患。

(5) 施工和管理问题。许多工程质量问题往往是由施工和管理所造成，例如：不熟悉图纸，盲目施工，图纸未经会审，仓促施工，未经监理、设计部门同意，擅自修改设计，不按图施工，不按有关施工验收规范施工，不按有关操作规程施工均会给质量和安全造成严重的后果。施工管理紊乱，施工方案考虑不周，施工顺序错误，技术组织措施不当，技术交底不清，违章作业，不重视质量检查和验收工作等都是导致质量问题的祸根。

(6) 自然条件影响。施工项目周期长，露天作业多，受自然条件影响大，温度、湿度、日照、雷电、洪水、大风和暴雨等都能造成重大的质量事故，施工中应特别重视，采取有效措施予以预防。

三、质量事故处理的依据和程序

(一) 处理依据

处理工程质量事故必须分析原因，作出正确的处理决策，这就要以充分的、准确的有关资料作为决策基础和依据，进行工程质量事故处理的主要依据有几个方面。

(1) 事故调查分析报告。一般包括以下内容：质量事故的情况；事故性质；事故原因；事故评估；设计、施工以及使用单位对事故的意见和要求；事故涉及人员与主要责任者的情况等。

(2) 具有法律效力的，得到有关当事各方认可的工程承包合同、设计委托合同、材料或设备购销合同以及监理合同或分包合同等合同文件。

(3) 有关的技术文件和档案。

(4) 相关的法律法规。

(5) 类似工程质量事故处理的资料和经验。

(二) 处理程序

工程质量事故发生后，应按照下列程序进行处理：

(1) 当发现工程出现质量缺陷或事故后，监理工程师或质量管理部门首先应以“质量通知单”的形式通知施工单位，并要求停止有质量缺陷部位和预期有关联部位及下道工序的施工，需要时还应要求施工单位采取防护措施。同时，应及时上报主管部门。

(2) 当施工单位自己发现有质量事故的发生时，要立即停止有关部位施工，立即报告监理工程师（建设单位）和质量管理部门。

(3) 施工单位接到质量通知单后在监理工程师的组织与参与下，应尽快进行质量事故的调查，写出质量事故的报告。

(4) 在事故调查的基础上进行事故原因分析，正确判断事故原因。事故原因分析是事故处理措施方案的基础，监理工程师应组织设计、施工、建设单位等各方参与事故原因分析。

(5) 在事故原因分析的基础上，研究制定事故处理方案。

（6）确定处理方案后，由监理工程师指令，施工单位按既定的处理方案实施对质量缺陷的处理。

（7）在质量缺陷处理完毕后，监理工程师应组织有关人员对处理的结果进行严格的检查、鉴定和验收，写出质量事故处理报告，提交业主或建设单位，并上报有关主管部门。

四、质量事故处理的要求

（一）事故处理必须具备的条件

（1）事故情况清楚。

（2）事故性质明确。结构性的还是一般性的问题；表面性的还是实质性的问题；事故处理的迫切程度。

（3）事故原因分析准确、全面。

（4）事故评价基本一致，各单位的评价应基本达成一致的认识。

（5）处理目的和要求明确，恢复外观、防渗堵漏、封闭保护、复位纠偏、减少荷载、结构补强、拆除重建等。

（6）事故处理所需资料齐全。

（二）事故处理的主要任务

（1）创造正常施工条件。

（2）确保建筑物安全。

（3）满足使用要求。

（4）保证建筑物具有一定的耐久性。

（5）防止事故恶化，减少损失。

（6）有利于工程交工验收。

（三）事故处理的工作要求

按照《建设工程质量管理条例》的规定，建设工程发生质量事故，有关单位应在24小时内向当地建设行政主管部门和其他有关部门报告。对重大质量事故，事故发生地的建设行政主管部门和其他有关部门应当按照事故类别和等级向当地人民政府、上级建设行政主管部门和其他有关部门报告。特别重大质量事故的调查程序应按照国务院有关规定办理，发生重大工程质量事故隐瞒不报、谎报或者拖延报告期限的，对直接负责的主管人员和其他责任人员依法给予行政处分。

质量事故发生后，事故发生单位和事故发生地的建设行政主管部门应严格保护事故现场，采取有效措施，防止事故扩大。质量事故发生后，应进行调查分析，查找原因，吸取教训。分析处理的基本步骤和要求是：

（1）通过详细的调查，查明事故发生的经过，分析产生事故的原因，如人、机械、设备、材料、方法和工艺环境等，经过认真、客观、全面、细致、准确地分析，确定事故的性质和责任。

（2）在分析事故原因时，应根据调查所确认的事实，从直接原因入手，逐步深入间接原因。

（3）确定事故的性质。事故的性质通常分为责任事故和非责任事故。

（4）根据事故发生的原因，明确防止发生类似事故的具体措施，并应定人、定时间、定标准，完成措施的全部内容。

五、质量事故处理的方法和验收

（一）处理方法

质量事故处理通常可以根据质量问题的情况，确定以下几种不同性质的处理方法。

（1）返工处理。即推倒重来，重新施工或更换零部件，自检合格后重新进行检查验收。

（2）修补处理。即经过适当的加固补强、修复缺陷，自检合格后重新进行检查验收。

（3）让步处理。即对质量不合格的施工结果，经设计人的核验，虽没达到设计的质量标准，却尚不影响结构安全和使用功能，经业主同意后可予验收。

（4）降级处理。如对已完工部位，因轴线、标高引测差错而改变设计平面尺寸，若返工损失严重，在不影响使用功能的前提下，经承发包双方协商验收。

（5）不作处理。对于轻微的施工质量缺陷，如面积小、点数多、程度轻的混凝土蜂窝麻面、露筋等在施工规范允许范围内的缺陷，可通过后续工序进行修复。

（二）检查验收

施工单位自检合格报验，按施工验收标准及有关规范的规定进行，结合监理人员的旁站、巡视和平行检验结果，依据质量事故技术处理方案设计要求，通过实际量测确定。凡涉及结构承载力等使用安全和其他重要性能的处理工作，均应做相应鉴定。

验收结论通常有以下两种：

（1）事故已排除，可以继续施工。

（2）隐患已消除，结构安全有保证。

对短期内难以作出结论的，可提出进一步观测检验意见。对于处理后符合规定的，监理工程师应确认，并应注明责任方主要承担的经济责任。对经处理仍不能满足安全使用要求的分部工程，单位（子单位）工程，应拒绝验收。

第六节 案 例 分 析

［例 5-1］ 施工某矿井下轨道运输大巷，断面形式为半圆拱，采用锚喷网联合支护方式，钢筋锚杆直径 22mm，树脂药卷锚固，锚杆间排距 800mm×800mm，喷射混凝土强度等级为 C20。该巷道长 500m，在施工完 100m 巷道时，建设单位在组织质量检查过程中出现有喷射混凝土强度不合格 12 次，喷层厚度不合格 8 次，锚杆抗拔力不合格 3 次，锚杆间排距不合格 2 次，断面尺寸不合格 25 次。

问题：

（1）根据案例背景绘制影响该工程质量因素的排列图。

（2）根据排列图判断影响该工程质量的主次因素。

答：（1）按照不合格出现次数的大小进行排列，并计算累计频率，如表 5-4 所示。根据计算结果画出排列图，如图 5-10 所示。

（2）根据排列图可以看出，影响质量的主要因素是断面尺寸和喷射混凝土强度，其累计频率在0~80%之间，次要因素为喷射混凝土厚度，其累计频率在80%~90%之间，一般因素是锚杆抗拔力和锚杆间排距，其累计频率在90%~100%之间。

表 5-4　频率统计表

序号	存在质量问题原因	频数	出现频率/%	累计频率（Σ）/%
1	断面尺寸不合格	25	50	50
2	喷射混凝土强度不合格	12	24	74
3	喷射混凝土厚度不合格	8	16	90
4	锚杆抗拔力	3	6	96
5	锚杆间排距	2	4	100
合计	存在问题项目总数	50	100	

［例 5-2］　某施工单位承担一立井井筒工程，该井筒净直径 7.0m，井深 580m，采用现浇混凝土支护。施工单位与建设单位指定的商品混凝土供货商签订了供货合同。由于施工场地偏僻，施工单位采购了压力试验机，建立了现场试验室，自行检验混凝土强度。在施工过程中，施工单位每 50m 井筒预留一组试块，在现场试验室经过标准养护 28 天后，自行进行强度试验。该井筒施工竣工验收时，建设单位要求对井壁混凝土进行破壁检查，每 100m 检查一处（共 6 处），检查结果全部合格。

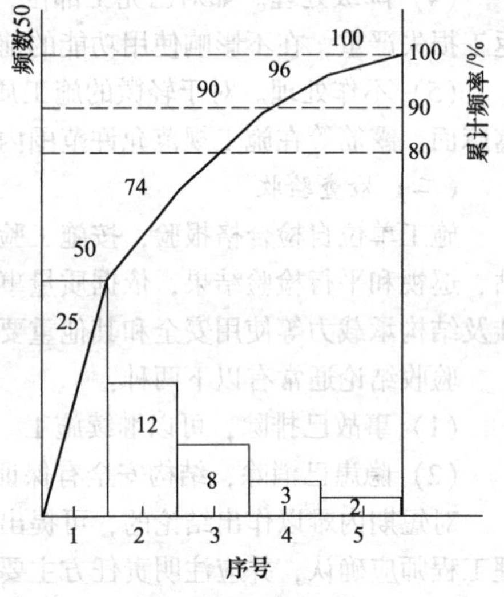

图 5-10　排列图

问题：

（1）施工单位在混凝土强度检测方面的做法有何不妥？

（2）井筒竣工验收应检查的内容有哪些？

（3）建设单位要求破壁检查混凝土质量的做法是否正确，为什么？

答：（1）根据背景资料，施工单位在井筒施工中有关混凝土井壁的强度检测是自行完成的，没有经具有检测资质的相关部门检测，因而不符合规范的规定。在混凝土试块的制作时，每 50m 井筒预留 1 组，不符合规范要求的 20~25m 预留 1 组的要求，且预留的混凝土试块采用标准养护 28 天，与规范规定的“类似条件下经 28 天养护”不符。

（2）立井井筒工程竣工验收应检查的相关内容一般包括工程质量、验收质量和主要的质量要求等。本问题主要是检查的相关内容，包括井筒中心坐标、井口标高、井筒的深度以及井筒连接的各水平或倾斜的巷道口的标高和方位、井壁的质量和井筒的总漏水量（一昼夜应测漏水量 3 次，取其平均值）、井筒断面和井壁的垂直度、隐蔽工程记录材料和试块的实验报告。

（3）对于井壁混凝土的强度检查，施工中应预留试块，每 20~30m 不得小于 1 组，每组三块，并应按井筒同样条件进行养护。试块的混凝土强度应符合《混凝土强度检验评定标准》（GB/T 50107—2010）和设计的相关要求。当井壁的混凝土试块资料不全或判定质量有异议时，应采用超声检测法复测；若强度低于规定时，应查明原因并采取补强措施，应尽量减少重复检验和破损性检验。立井井筒工程破壁性、破损性检验不应超过2处，其他井巷工程破损性检验不宜超过3处。案例中建设单位要求进行破壁检查混凝土质量，其做法显然不正确，无法保证施工安全，且破壁检查了6处，明显违反了立井井筒工程破损性检验不应超过2处的规定。

复习思考题

5-1 质量的概念是什么？影响施工质量的因素有哪些？

5-2 施工阶段的质量控制要点是什么？

5-3 常用的质量分析统计方法有哪些？

5-4 施工质量验收的程序和基本要求是什么？

5-5 如何进行施工质量事故处理？

第六章　矿业工程项目费用管理

第一节　矿业工程项目费用组成与计价方法

一、矿业工程项目费用组成

（一）矿业工程项目投资构成特点

（1）投资数额巨大。相比一般的建设工程项目，矿业工程建设投资数额巨大，动辄上千万、数十亿。建设工程投资数额巨大的特点是它关系到国家、行业或地区的重大经济利益，对国计民生也会产生重大的影响。

（2）投资项目之间、项目的内容间差异明显。每个建设工程都有其特定的用途、功能、规模，每项工程的结构、空间分隔、设备配置和内外装饰都有不同的要求，工程内容实物形态都有其差异性。矿业项目每个建设工程都有专门的用途。如地面工程、矿山井巷工程、井上（下）的机电设备安装工程等，所以其结构、面积、造型和装饰也不尽相同。因此，建设工程只能通过不同的程序，就每项工程单独计算其投资。

（3）投资确定依据复杂。矿业工程在不同的建设内容和不同的建设阶段有不同的确定依据，且互为基础和指导，互相影响，包括预算定额、概算定额（指标）、估算指标间的关系等；还有矿建工程的定额及投资估算指标与土建安装工程的定额及投资估算指标等。

（4）投资确定层次繁多。矿业基本建设由矿建工程、土建工程、安装工程等单项工程组成。各单项工程又可分解为各个能独立施工的单位工程。如矿建工程又可分为井筒工程、井下巷道工程、井下硐室工程等。单位工程又分解为分部工程，然后还可按照不同的施工方法、构造及规格，把分部工程更细致地分解为分项工程，可见建设投资的确定层次繁多。

（5）投资风险大，调整状况较多。矿业项目建设经过的环节多，从勘查开始到建设投产，涉及资源、地质、政策、环境等方面的风险。项目建设从立项到竣工的较长时期内，都会出现一些不可预料的变化因素和对项目投资产生的影响。仅以地质风险而言，目前不能掌握项目所需要地质资料和不能控制或解决的地下施工困难的状况相对比较多，由此造成的工程设计变更、设备、材料、人工价格变化、国家利率、汇率调整，以及因不可抗力或因人为原因造成的索赔事件等，必然要引起建设工程投资的变动。所以，矿山建设投资项目在整个建设期内都有较多变动。

（二）矿业工程项目费用组成

矿业工程的项目费用由建筑安装工程费、设备及工器具购置费、工程建设其他费用、预备费、建设期利息、铺底流动资金等构成。矿业工程项目投资一般包括的内容见图6-1。

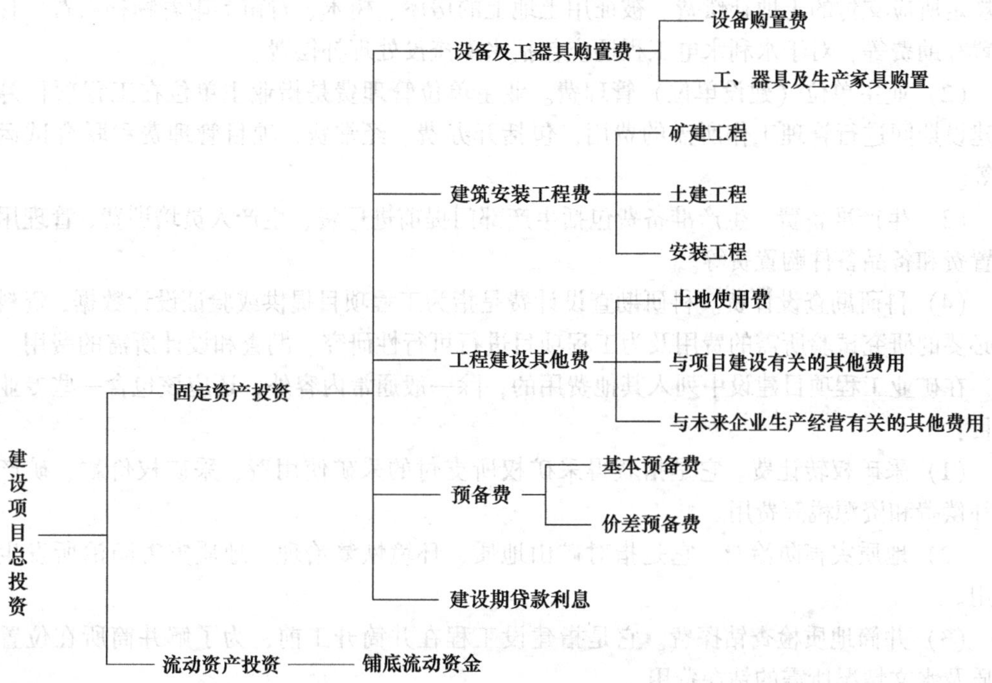

图 6-1　矿业工程项目投资费用构成

1. 建筑安装工程费

建筑安装工程费是指用于建筑工程和安装工程的费用。建筑工程包括一般土建工程、采暖通风工程、电气照明工程、给排水工程、工业管道工程和特殊构筑物工程等。安装工程包括电气设备安装工程、化学工业设备安装工程、机械设备安装工程和热力设备安装工程等。

2. 设备及工器具购置费

设备购置费包括设备原价、运杂费、工器具购置费、采购及保管费等。

(1) 设备原价。对于国产设备，以出厂价为原价；对于进口设备，以到岸价和进口征收的税、手续费、商检费、港口费之和为原价；对于大型设备，分块运到工地的拼装费用也应包括在设备原价内。

(2) 运杂费。它指设备由厂家运至工地安装现场所发生的一切费用，主要包括调车费、装卸费、包装绑扎费、其他可能发生的杂费。

(3) 采购及保管费。它指设备采购、保管过程中发生的各种费用。

(4) 工器具购置费。工器具购置费是指新建项目为保证初期正常生产所必须购置的第一套不够固定资产标准的设备、仪器、工卡模具、器具、生产家具等的费用。

3. 工程建设其他费

工程建设其他费是指应列入建设投资中支付，除建筑安装工程费用和设备、工器具购置费以外的一些费用。一般包括：土地征用和安置补偿费、业主单位管理费、生产准备费、科研勘查设计费等。

(1) 土地征用和安置补偿费（或土地使用费）。土地征用和安置补偿费是指按国家有关规定所应支付的土地补偿费、被征用土地上的房屋、树木、青苗等附着物补偿费、移民安置补助费等，对于水利水电工程还应包括水库淹没处理补偿费。

(2) 业主单位（建设单位）管理费。业主单位管理费是指业主单位在工程项目筹建和建设期间进行管理工作所需的费用，包括开办费、经常费、项目管理费和联合试运转费等。

(3) 生产准备费。生产准备费包括生产部门提前进厂费、生产人员培训费、管理用具购置费和备品备件购置费等。

(4) 科研勘查设计费。科研勘查设计费是指为工程项目提供或验证设计数据、资料进行必要的研究试验所需的费用及为工程项目进行可行性研究、勘查和设计所需的费用。

在矿业工程项目建设中列入其他费用的，除一般通常内容外，还应该包含一些专业性项目：

(1) 采矿权转让费。它是指获得采矿权所支付的采矿使用费、采矿权价款、矿产资源补偿费和资源税等费用。

(2) 地质灾害防治费。它是指对矿山地质、环境恢复治理、地质灾害防治所发生的费用。

(3) 井筒地质检查钻探费。它是指建设工程在井筒开工前，为了解井筒所在位置的地质及水文情况所需的钻探费用。

(4) 探矿权转让费。它是指建设单位支付精查、详查（最终）、普查（最终）、扩大延深、补充勘探、矿区水源勘探及补充地震勘探阶段全部技术资料的费用。

(5) 维修费。它是指井下锚喷支护巷道、木支架巷道和工业广场永久建筑工程及外部公路建成后至移交生产前，由施工单位使用和代管期间的维修费。

(6) 矿井井位确定费。它是指测量、标桩灌注等费用。

4. 预备费和建设期贷款利息

(1) 预备费。预备费是指在设计阶段难以预料而在施工过程中又可能发生的、在规定范围内的工程费用，以及工程建设期内发生的价差。预备费包括基本预备费和价差预备费两项。

(2) 建设期贷款利息。工程项目资金若用贷款方式取得，在建设期内的贷款利息也应计入建设项目总费用。在编制工程概算时，它是根据合理工期，以及分年度预算开支数、基本预备费、价差预备费之和，按贷款利率计算而得。

（三）建筑安装工程费用构成

按照中华人民共和国住房和城乡建设部和中华人民共和国财政部联合发布的《建筑安装工程费用项目组成》（建标〔2013〕44号）的规定，建筑安装工程费用项目组成可按费用构成要素来分，也可按造价形成划分。

建筑安装工程费按照费用构成要素划分，由人工费、材料（包含工程设备，下同）费、施工机具使用费、企业管理费、利润、规费和税金组成。

1. 人工费

人工费是指按工资总额构成规定，支付给从事建筑安装工程施工的生产工人和附属生产单位工人的各项费用。内容包括：

(1) 计时工资或计件工资：是指按计时工资标准和工作时间或对已做工作按计件单

价支付给个人的劳动报酬。

（2）奖金：是指对超额劳动和增收节支支付给个人的劳动报酬。如节约奖、劳动竞赛奖等。

（3）津贴补贴：是指为了补偿职工特殊或额外的劳动消耗和因其他特殊原因支付给个人的津贴，以及为了保证职工工资水平不受物价影响支付给个人的物价补贴。如流动施工津贴、特殊地区施工津贴、高温（寒）作业临时津贴、高空津贴等。

（4）加班加点工资：是指按规定支付的在法定节假日工作的加班工资和在法定日工作时间外延时工作的加点工资。

（5）特殊情况下支付的工资：是指根据国家法律、法规和政策规定，因病、工伤、产假、计划生育假、婚丧假、事假、探亲假、定期休假、停工学习、执行国家或社会义务等原因按计时工资标准或计时工资标准的一定比例支付的工资。

2. 材料费

材料费是指施工过程中耗费的原材料、辅助材料、构配件、零件、半成品或成品、工程设备的费用。内容包括：

（1）材料原价：是指材料、工程设备的出厂价格或商家供应价格。

（2）运杂费：是指材料、工程设备自来源地运至工地仓库或指定堆放地点所发生的全部费用。

（3）运输损耗费：是指材料在运输装卸过程中不可避免的损耗费用。

（4）采购及保管费：是指为组织采购、供应和保管材料与工程设备的过程中所需要的各项费用，包括采购费、仓储费、工地保管费、仓储损耗，其中工程设备是指构成或计划构成永久工程一部分的机电设备、金属结构设备、仪器装置及其他类似的设备和装置。

3. 施工机具使用费

施工机具使用费是指施工作业所发生的施工机械、仪器仪表使用费或租赁费。仪器仪表使用费是指工程施工所需使用的仪器仪表的摊销及维修费用。施工机械使用费以施工机械台班耗用量乘以施工机械台班单价表示，施工机械台班单价应由下列七项费用组成：

（1）折旧费：指施工机械在规定的使用年限内，陆续收回其原值的费用。

（2）大修理费：指施工机械按规定的大修理间隔台班进行必要的大修理，以恢复其正常功能所需的费用。

（3）经常修理费：指施工机械除大修理以外的各级保养和临时故障排除所需的费用。包括为保障机械正常运转所需替换设备与随机配备工具附具的摊销和维护费用，机械运转中日常保养所需润滑与擦拭的材料费用及机械停滞期间的维护和保养费用等。

（4）安拆费及场外运费：安拆费指施工机械（大型机械除外）在现场进行安装与拆卸所需的人工、材料、机械和试运转费用以及机械辅助设施的折旧、搭设、拆除等费用；场外运费指施工机械整体或分体自停放地点运至施工现场或由一施工地点运至另一施工地点的运输、装卸、辅助材料及架线等费用。

（5）人工费：指机上司机（司炉）和其他操作人员的人工费。

（6）燃料动力费：指施工机械在运转作业中所消耗的各种燃料及水、电等。

（7）税费：指施工机械按照国家规定应缴纳的车船使用税、保险费及年检费等。

4. 企业管理费

企业管理费是指建筑安装企业组织施工生产和经营管理所需的费用。内容包括：

(1) 管理人员工资：是指按规定支付给管理人员的计时工资、奖金、津贴补贴、加班加点工资及特殊情况下支付的工资等。

(2) 办公费：是指企业管理办公用的文具、纸张、账表、印刷、邮电、书报、办公软件、现场监控、会议、水电、烧水和集体取暖降温（包括现场临时宿舍取暖降温）等费用。

(3) 差旅交通费：是指职工因公出差、调动工作的差旅费、出勤补助费，市内交通费和误餐补助费，职工探亲路费，劳动力招募费，职工退休、退职一次性路费，工伤人员就医路费，工地转移费以及管理部门使用的交通工具的油料、燃料等费用。

(4) 固定资产使用费：是指管理和试验部门及附属生产单位使用的属于固定资产的房屋、设备、仪器等的折旧、大修、维修或租赁费。

(5) 工具用具使用费：是指企业施工生产和管理使用的不属于固定资产的工具、器具、家具、交通工具和检验、试验、测绘、消防用具等的购置、维修和摊销费。

(6) 劳动保险和职工福利费：是指由企业支付的职工退职金、按规定支付给离休干部的经费、集体福利费、夏季防暑降温、冬季取暖补贴、上下班交通补贴等。

(7) 劳动保护费：是企业按规定发放的劳动保护用品的支出，如工作服、手套、防暑降温饮料以及在有碍身体健康的环境中施工的保健费用等。

(8) 检验试验费：是指施工企业按照有关标准规定，对建筑以及材料、构件和建筑安装物进行一般鉴定、检查所发生的费用，包括自设试验室进行试验所耗用的材料等费用。不包括新结构、新材料的试验费，对构件做破坏性试验及其他特殊要求检验试验的费用和建设单位委托检测机构进行检测的费用，对此类检测发生的费用，由建设单位在工程建设其他费用中列支。但对施工企业提供的具有合格证明的材料进行检测不合格的，该检测费用由施工企业支付。

(9) 工会经费：是指企业按《中华人民共和国工会法》规定的全部职工工资总额比例计提的工会经费。

(10) 职工教育经费：是指按职工工资总额的规定比例计提，企业为职工进行专业技术和职业技能培训，专业技术人员继续教育、职工职业技能鉴定、职业资格认定以及根据需要对职工进行各类文化教育所发生的费用。

(11) 财产保险费：是指施工管理用财产、车辆等的保险费用。

(12) 财务费：是指企业为施工生产筹集资金或提供预付款担保、履约担保、职工工资支付担保等所发生的各种费用。

(13) 税金：是指企业按规定缴纳的房产税、车船使用税、土地使用税、印花税等。

(14) 其他：包括技术转让费、技术开发费、投标费、业务招待费、绿化费、广告费、公证费、法律顾问费、审计费、咨询费、保险费等。

5. 利润

利润是指施工企业完成所承包工程获得的盈利。

6. 规费

规费是指按国家法律、法规规定，由省级政府和省级有关权力部门规定必须缴纳或计取的费用。包括：

(1) 社会保险费：是指企业按照规定标准为职工缴纳的基本养老保险费、失业保险费、基本医疗保险费、生育保险费、工伤保险费。

(2) 住房公积金：是指企业按规定标准为职工缴纳的住房公积金。

(3) 工程排污费：是指按规定缴纳的施工现场工程排污费。

7. 税金

税金是指国家税法规定的应计入建筑安装工程造价内的税费。

建筑安装工程费按照工程造价形成由分部分项工程费、措施项目费、其他项目费、规费、税金组成。

(1) 分部分项工程费：是指各专业工程的分部分项工程应予列支的各项费用。

1) 专业工程：是指按现行国家计量规范划分的房屋建筑与装饰工程、仿古建筑工程、通用安装工程、市政工程、园林绿化工程、矿山工程、构筑物工程、城市轨道交通工程、爆破工程等各类工程。

2) 分部分项工程：指按现行国家计量规范对各专业工程划分的项目。如房屋建筑与装饰工程划分的土石方工程、地基处理与桩基工程、砌筑工程、钢筋及钢筋混凝土工程等。

(2) 措施项目费：是指为完成建设工程施工，发生于该工程施工前和施工过程中的技术、生活、安全、环境保护等方面的费用。内容包括：

1) 安全文明施工费：

①环境保护费：是指施工现场为达到环保部门要求所需要的各项费用。

②文明施工费：是指施工现场文明施工所需要的各项费用。

③安全施工费：是指施工现场安全施工所需要的各项费用。

④临时设施费：是指施工企业为进行建设工程施工所必须搭设的生活和生产用的临时建筑物、构筑物和其他临时设施费用，包括临时设施的搭设、维修、拆除、清理费或摊销费等。

2) 夜间施工增加费：是指因夜间施工所发生的夜班补助费、夜间施工降效、夜间施工照明设备摊销及照明用电等费用。

3) 二次搬运费：是指因施工场地条件限制而发生的材料、构配件、半成品等一次运输不能到达堆放地点，必须进行二次或多次搬运所发生的费用。

4) 冬雨季施工增加费：是指在冬季或雨季施工需增加的临时设施、防滑、排除雨雪，人工及施工机械效率降低等费用。

5) 已完工程及设备保护费：是指竣工验收前对已完工程及设备采取的必要保护措施所发生的费用。

6) 工程定位复测费：是指工程施工过程中进行全部施工测量放线和复测工作的费用。

7) 特殊地区施工增加费：是指工程在沙漠或其边缘地区、高海拔、高寒、原始森林等特殊地区施工增加的费用。

8) 大型机械设备进出场及安拆费：是指机械整体或分体自停放场地运至施工现场或由一个施工地点运至另一个施工地点所发生的机械进出场运输、转移费用，以及机械在施工现场进行安装、拆卸所需的人工费、材料费、机械费、试运转费和安装所需的辅助设施的费用。

9）脚手架工程费：是指施工需要的各种脚手架搭、拆、运输费用以及脚手架购置费的摊销（或租赁）费用。

（3）其他项目费。

1）暂列金额：是指建设单位在工程量清单中暂定并包括在工程合同价款中的一笔款项。用于施工合同签订时尚未确定或者不可预见的所需材料、工程设备、服务的采购，施工中可能发生的工程变更、合同约定调整因素出现时的工程价款调整以及发生的索赔、现场签证确认等的费用。

2）计日工：是指在施工过程中，施工企业完成建设单位提出的施工图纸以外的零星项目或工作所需的费用。

3）总承包服务费：是指总承包人为配合、协调建设单位进行的专业工程发包，对建设单位自行采购的材料、工程设备等进行保管以及施工现场管理、竣工资料汇总整理等服务所需的费用。

（四）矿业工程费用标准的适用范围

（1）列入井巷工程费用标准范畴的工程内容。

1）立井井筒及硐室工程：适用于立井井筒、立井井筒与井底车场连接处，箕斗装载硐室以及位于井筒中的硐室。

2）一般支护井巷工程：适用于一般支护的斜井、斜巷、平硐、平巷及硐室工程。

3）金属支架支护井巷工程：适用于施工企业自行制作的金属支架支护的斜井、斜巷、平硐、平巷及硐室工程。

（2）井下其他工程：井下铺轨工程适用于井下铺轨、道岔铺设工程。

（3）其他矿山工程。

1）特殊凿井工程：适用于井筒冻结、地面预注浆等特殊措施工程和大钻机钻井工程。

2）露天剥离工程：适用于露天矿基本建设剥离工程。

（4）地面土建工程。地面土建工程包括一般工业与民用建筑工程、基础等各种土建构筑物、地面轻轨铺设工程、大型土石方工程等。

（5）安装工程。安装工程包括地面安装工程与井下安装工程。井下安装工程包括井筒设备（含辅助工程）、井下机电设备设施安装和管线铺设等工程。

二、矿业工程计价方法

（一）工程量清单计价概述

工程量清单计价方式是在建设工程招投标中，招标人自行或委托具有资质的中介机构按国家统一的工程量计算规则编制反映工程实体消耗和措施性消耗的工程量清单，提供工程数量并作为招标文件的一部分给投标人，由投标人依据工程量清单自主报价的计价方式。按照工程量清单计价的一般原理，工程量清单应是载明建设工程项目名称、项目特征、计量单位和工程数量等的明细清单，而项目设置应伴随着建设项目的进展不断细化。

目前，工程量清单计价主要遵循的依据是工程量清单计价与工程量计算规范，我国现行的《建设工程工程量清单计价规范》（GB 50500—2013）中附录F有专门的矿山工程工程量清单项目及计算规则。

工程量清单计价的基本过程可以描述为在统一的工程量计算规则的基础上，制定工程量清单项目设置规则，根据具体工程的施工图纸计算出各个清单项目的工程量，再根据各自渠道获得的工程造价信息和经验数据按综合单价法计算得到工程造价。

（二）综合单价计价方法

工程量清单计价模式采用综合单价计价方法，实施步骤为：首先依据《建设工程工程量清单计价规范》（GB 50500—2013）及相应的工程量计算规范计算清单工程量，并根据相应的工程计价依据或市场交易价格确定综合单价；其次用工程量乘以综合单价，得到工程量清单项目合价及人工费；最后以该合价或人工费为基础计算应综合计取的措施项目费以及规费、税金等，逐级汇总形成工程造价。

综合单价是完成一个规定清单项目所需的人工费、材料和工程设备费、施工机具使用费、企业管理费、利润，并考虑一定范围内的风险费用。综合单价的确定及相关规定如下：

（1）分部分项工程和措施项目中的单价项目，应根据招标文件和招标工程量清单项目中的特征描述及要求确定综合单价。

（2）措施项目中的总价措施项目计价应根据招标文件及拟建工程的施工组织设计或施工方案确定。措施项目中的安全文明施工费必须按国家或省级、行业建设主管部门的规定计算，不得作为竞争性费用。

（3）其他项目计价：暂列金额和专业工程暂估价应按招标工程量清单中列出的金额填写；材料（设备）暂估价应按招标工程量清单中列出的单价计入综合单价；计日工和总承包服务费按招标工程量清单中列出的内容和要求计算。材料（设备）暂估价、确认价均应为除税单价，结算价格差额只计取税金。专业工程暂估价应为营改增后的工程造价。

（4）建设工程承发包，必须在招标文件、合同中明确计价中的风险内容及其范围，不得采用无限风险、所有风险或类似语句规定风险内容及范围。风险幅度确定原则是风险幅度均以材料（设备）、施工机具台班等对应除税单价为依据计算。

（5）对于营改增后适用一般计税方法计税的建筑工程，在发承包及实施阶段的各项计价活动（包括招标控制价的编制、投标报价、竣工结算等），除税务部门另有规定外，必须按照“价税分离”计价规则进行计价，具体要素价格使用增值税税率执行财务部门的相关规定。

（三）合同价款调整费用计算规定

工程变更和相关合同价款调整原则的内容包括：

（1）施工中出现施工图纸（含设计变更）与招标工程量清单项目的特征描述不符，应按照实际施工的项目特征，重新确定相应工程量清单项目的综合单价，并调整合同价款。

（2）因工程变更引起已标价工程量清单项目或其工程数量发生变化时，应按下列规定调整。

1）已标价的工程量清单中有适用于变更工程项目的，应采用项目的单价，按合同中已有的综合单价确定。

2）已标价的工程量清单中没有适用，但有类似于变更工程项目的，可在合理范围内参照类似项目的单价。

3）已标价的工程量清单中没有适用也没有类似于变更工程项目的，由承包人根据变更工程资料、计量规则和计价办法、工程造价管理机构发布的信息价格和承包人报价浮动率提出变更工程项目的单价，报发包人确认后调整。承包人报价浮动率可分别按招标工程和非招标工程的不同计算公式计算。

4）已标价的工程量清单中没有适用，也没有类似于变更工程项目，且工程造价管理机构发布的信息价格缺价的，由承包人根据变更工程资料、计量规则、计价办法和通过市场调查等取得有合法依据的市场价格提出变更工程项目的单价，报发包人确认后调整。

（3）工程变更引起施工方案改变并使措施项目发生变化时，承包人提出调整措施项目费的，应事先将拟实施的方案提交发包人确认，并应详细说明与原方案措施项目相比的变化情况。拟实施的方案经发承包双方确认后执行，并按照规范规定调整措施项目费。

（4）对于招标工程量清单项目，当应予计算的实际工程量与招标工程量清单出现的偏差和工程变更等原因导致的工程量偏差超过15%时，可进行调整。当工程量增加15%以上时，增加部分的工程量的综合单价应予调低，当工程量减少15%时，减少后剩余部分工程量的综合单价应予调高。

（5）合同履行期间，因人工、材料、工程设备、机械台班价格波动影响合同价款时，应根据合同约定，按照规范规定的方法调整合同价款。

第二节　费用估算

一、费用估算的概念和依据

费用估算是通过成本信息和工程项目的具体情况，对未来的费用水平及发展趋势作出科学的估计，估计完成项目的各个工作所必需的资源费用的近似值。这里所说的资源包括要获得项目目标所需要的各种资源或需要支出的各种费用，如人力资源、原材料、设备、能源、各种设施和管理费用等。在进行费用估算时要考虑经济环境（如通货膨胀、税率、利息率和汇率等）的影响，并以此为基准对估算结果进行适当的修正。一般情况下，项目的费用与项目所需要的资源数量、质量、价格有关，与项目的工期长短、项目的质量要求有关。费用估算的依据包括以下几个方面：

（1）工作分解结构（WBS）。WBS是项目管理的一项基础性工作，是一种在项目全范围内分解和定义各层次工作包的方法。它按照项目发展的规律，依据一定的原则和规定，进行系统化的、相互关联和协调的层次分解。工作分解结构的目的是将整个项目划分为相对独立、易于管理的较小单元，将这些项目单元与组织机构相联系，对每一单元作出较为详细的时间、费用估计，并进行资源分配，估计出项目全过程的费用。

项目工作分解主要依靠项目管理者的经验和技能，分解结构的结果包括项目结构图、项目结构分析表（见表6-1）、施工工程任务单等，分解结果的优劣只有在项目设计、计划和实施控制中才能体现出来。

表 6-1 项目结构分析表

编码	名称	负责人	成本	工期	…
10000 11000 11100 11200					
12000 12100 12200 ⋮					
13000 13100 13200					
⋮					

（2）资源需求计划。资源需求计划是项目估算的基础。资源需求的种类和数量及其单价，决定的项目的费用估算值。资源需求包括项目所需的资源种类（人力、设备、材料和资金等）和数量，资源需求的生成也是基于项目的 WBS 和项目工作进度计划，在项目的基本工作单元资源需求估计的基础上逐层汇总得到的。

在估算基本工作单元的资源需求时，要充分利用项目团队及企业已完成项目的历史统计数据或相关专家顾问提供的数据来估计单位工作的资源消耗。在完成相同的项目任务时，实际资源占用的多少与资源利用效率有很大的关系。当资源在整个项目进程中配置越均匀，资源的利用效率就越高，资源实际占用率越低，相应成本也较低；相反地，资源使用分布越不均匀，由于资源闲置率较高，所以资源实际需求量就会越高，实际成本就会上升。在做资源需求量估算时，要考虑到备选或替代方案的资源需求，目的是通过比较找出项目利益相关者最满意的项目实施方案。

（3）资源价格。为了计算项目各工作费用，估算人员必须知道各种资源的单位价格。对于资源单价的获得，可以通过市场调查，了解各类资源的单价，如人工工资率；各类设备的购买价格、折旧费率或租赁、使用费率；各种所需材料的价格以及资金的利息率等。估算人员必须通过认真、周密地询价，确定和计算资源的合理单价。

对于一些跨区域的项目，可能会因为地域的不同，资源单价在区域之间就可能存在差异，不利于项目绩效的评比。解决方法可以考虑采用一种平均价格或是加权平均价格，作为整个项目资源单价的基准。另外，在估算资源单价时考虑到市场变化的因素，判断资源价格变化的市场特性，在项目执行期间资源单价可能上扬或者下降。一个好的资源价格判断，可以通过经验分析有效地降低项目的市场价格风险。

（4）工作持续时间。工作持续时间是指完成该项工作所需要的持续时间。工作持续时间直接影响到项目的工作费用估算，其中项目的人工、设备和资金的使用成本都与时间有关。在估算项目各工作单元消耗资源的成本时，要先估算与这些资源的使用或占用有关的工作持续时间。一般来说，工作历时时间的估算方法有以下几种：

1）经验类比法。根据已完成类似工作需要的持续时间来估算本项工作的持续时间。

2）专家建议法。借助专家的经验和建议，结合三点估计法估计工作的持续时间。请有经验的专家分析项目的各项工作，给出各项工作持续时间的乐观估计 O、悲观估计 P 和最可能时间的估计 M。然后通过以下公式得到各项工作持续时间的估计值 T。计算公式如下：

$$T = \frac{O + 4M + P}{6} \tag{6-1}$$

3）工时定额法。工时定额是指规定的完成单位工作量所需的时间，或在单位时间内完成的工作量。对于常规项目，可基于历史数据编制各类工作的工时定额。利用工时定额和项目各项工作单元的工作量，就可估算出工作持续时间。

4）德尔菲法。德尔菲法是一种利用和开发群体专家知识的技术。德尔菲法估算项目工作单元持续时间的过程是：首先向专家介绍项目和需要估算的工作单元，然后请专家群体中的每个人都给出他所能得到的最好估计，其结果（第一轮）以列表和直方图形式反馈给该群体。在此基础上，给出的估计与平均值相差大的人各自讲述自己的理由，然后每个人进行下一次预测，得到新的结果（第二轮），再次让人们讨论后进行新的估计（第三轮）。依次类推，直到专家群体的推测结果集中程度满意时为止。此时，专家群体估算结果的均值就是我们所要的结果。一般情况下，专家意见越集中，估算结果就越准确。

（5）历史信息。同类项目的历史资料始终是项目执行过程中可以参考的最有价值的资料。项目团队和在企业或其他组织已完成的类似项目的历史记录，以及资源市场的历史数据，都可以作为费用估算的参考信息。已完成类似项目的历史数据，包括项目文件共用的项目费用数据库及项目工作组的知识为当前项目的工作分解结构、各工作单元的资源消耗估计、各工作单元的持续时间估计提供了参考依据。

（6）账目表。账目表表明了项目的费用构成框架，也是项目执行过程中进行费用记录和控制的框架。这也有利于项目费用的估计与正确的会计科目相对应。

二、费用估算工具与方法

（1）类比估算法。类比估算法就是指利用以前已完成的类似项目的实际费用估算当前项目费用的方法。通常，当项目的详细资料难以得到时，这是一种对项目总费用粗略估计行之有效的方法。但不足之处就是精度取决于被估算的项目与以前项目的相似程度、相距时间和地点的远近，需要有较为详细的同类项目历史信息。类比估计法是专家判断的一种形式，在估算时要求有经验的专家针对类似项目和当前项目交付成果的差异、相距的时间和距离对估算费用加以修正和调整。它通常比其他技术和方法花费要少一些，但是其准确性也较低。

（2）参数模型法。参数模型法就是根据项目可交付成果的特征计量参数，如建筑项目成果的"平方米"，通过建立一个数学模型预测项目费用。参数模型可能是简单模型，也可能是相对复杂的理论或经验模型。参数模型形式是多种多样的，无论是何种形式，参数模型法估算费用的精度取决于参数的计量精度、历史数据的准确程度以及估算模型的科学程度。该方法要求建模的基础数据比较准确，在该前提条件下，参数建模估算的准确性会较高。参数估计法重点集中在成本动因（即影响费用最重要因素）的确定上，这种方法并不考虑众多的项目成本细节，因为项目的成本动因对项目成本具有举足轻重的影响。

(3) 自上而下费用估计法。自上而下估计法多在有类似项目已完成的情况下应用。自上而下估计是根据上层和中层管理人员经验和判断，以及可以获得的关于以往类似活动的历史数据，对项目整体的费用和构成项目的子项目的费用进行估计。低层的管理人员依据上级所给予的估计结果，在此基础上他们对组成项目和子项目的任务和子任务的费用进行估计，然后继续向下一层传递他们的估计，直到最基层。自上而下费用估计法的优点是上中层管理人员应用丰富经验和类似项目信息，能够比较准确地把握项目整体的资源需要，从而使得项目的费用能够控制在有效率的水平上。从总体上对费用进行把握。另一优点是避免有些任务被过分重视而获得过多费用，也不会出现重要的任务被忽视的情况。

(4) 自下而上费用估算法。这种方法就是根据项目的 WBS，先估算 WBS 底层各基本工作单元的费用，然后从下往上逐层汇总，最后得到项目总费用估算值的方法。在估算各工作单元的费用时，要先估算各工作单元的资源消耗量，再用各种资源的消耗量乘以相应的资源单位成本（或价格）得到各种资源消耗费用，进行这种估算的人对任务和预算进行仔细考察，尽可能精确地加以确定。然后将单个工作的费用汇总得到工作单元的总费用；最后再按 WBS 将各工作单元的费用逐层汇总得到项目的总费用估算值。

自下而上的费用估算方法精度相对较高，但是当项目构成复杂、WBS 的基本工作单元划分较小时，估算过程的工作量会较大，相应地估算工作费用也较高。而且要保证所涉及的所有的任务均要被考虑到，这一点比较困难。自下而上的费用估算法要求估算人员掌握较为详细的项目所消耗资源的单位成本（或价格）的信息。

(5) 计算机工具。计算机工具是指利用项目费用估算软件估算费用的方法。现在的许多项目管理软件和企业资源计划系统（ERP）软件都有相应的费用估算功能，也有许多建筑施工项目的费用估算软件。

三、项目投资估算的方法

(一) 单位生产能力法

这种方法认为项目的费用与其生产能力存在着简单的线性关系。依据调查统计资料，利用相似项目的单位生产能力费用乘以建设规模，即得到拟建项目的费用。其计算公式如下：

$$C_2 = \frac{C_1 \times Q_2 \times f}{Q_1} \tag{6-2}$$

式中 C_1——已建类似项目的费用；

C_2——拟建项目的费用；

Q_1——已建类似项目的生产能力；

Q_2——拟建项目的生产能力；

f——不同时期、不同地点建设项目的综合调整系数。

使用这种方法时，要注意拟建项目和已建项目在生产能力上的可比性，否则误差会很大。为了提高项目估算的精确度，通常是在工作分解结构内容的分项工作层面上进行，对项目中间包含的相同车间、设施、装置，分别套用类似车间、设施、装置的单位生产能力费用指标计算，然后汇总得到项目总费用。这种方法适用于新建各种用途厂房和装置的估算，其估算精确度差，但估算速度快，需要估算人员掌握大量相关项目的历史数据。

（二）生产规模指数估算法

该方法认为项目费用与其生产能力存在着非线性关系，即项目费用与产品的规模大小的幂指数成正比。其计算公式如下：

$$C_2 = \frac{C_1 \times Q_2^n \times f}{Q_1^n} \tag{6-3}$$

式中　n——生产规模指数。

若已建类似项目的生产规模与拟建项目的生产规模相差不大，即 Q_1与 Q_2的比值在0.5~2之间，则指数的取值在0.9~1之间；若已建类似项目的生产规模与拟建项目的生产规模相差不大于50倍，且拟建项目生产规模的扩大仅靠增大相应设备的规模来达到时，则指数的取值在0.6~0.7之间；若已建类似项目的生产规模与拟建项目的生产规模相差不大于50倍，且拟建项目生产规模的扩大仅靠增大相应设备的数量达到时，则指数的取值在0.8~0.9之间。

这种方法适用于拟建项目与已建类似项目类型相同但规模不同的情况，最大优点是在没有详细的工程设计文件，只知道工艺流程及规模的情况下就可以估算。

（三）系数估算法

这种方法是以拟建项目的主要设备或主要费用内容为基数，估算出项目的主要投资额。项目的其他费用以占主要投资额的百分比来计算，两者之和为项目的总投资。其计算公式为：

$$C = E(1 + f_1P_1 + f_2P_2 + f_3P_3 + \cdots) + I \tag{6-4}$$

式中　C——拟建项目的总投资；

E——拟建项目设备费用；

P_1，P_2，P_3——已建类似项目中各分项工作占设备或主要费用的比重；

f_1，f_2，f_3——考虑时间、价格、费用标准等变化因素的综合调整系数；

I——拟建项目的其他费用。

系数估算法有很多种类，其中在工程费用估算中用得较普遍的是朗格系数法，这种方法是以项目的设备费用为基数，乘以项目分项系数和管理费、开办费、应急费用等项费用的估算系数来推算项目建设费用。其计算公式如下：

$$C = E(1 + \sum K_{\mathrm{i}})K_{\mathrm{c}} \tag{6-5}$$

式中　C——拟建项目的总投资；

E——拟建项目设备费用；

K_{i}——拟建项目中各分项工作费用的估算系数；

K_{c}——管理费、开办费、应急费用等各项费用的估算系数。

第三节　费用计划

一、费用计划的概念和编制依据

费用的计划是指在对工程项目所需费用总额作出合理估计的前提下，为了确定项目实际执行情况的基准而把整个费用分配到各个工作单元上去。根据确定的施工项目成本目标编制实施计划，以确定工程项目的计划费用。费用计划是工程项目建设全过程中进行费用控制的基本依据。它是对项目费用进行计划管理的工具。费用计划编制依据有以下几个方面：

（1）费用估算。费用估算是编制费用计划的基础。如果没有合理的、科学的费用估算，那么费用控制系统就没有总体的控制目标。只有对项目费用进行合理科学的估算，费用计划中设置的单元目标才既具有可靠性，又具有实现的可能性，同时还能在一定程度上激发项目执行者的进取心，充分发挥他们的工作能力。

（2）工作分解结构。工作分解结构不仅是编制费用估算的依据，同时也是编制费用计划的重要依据。工作分解结构不是目的而是手段，是为费用目标分解服务的。

费用估算和项目工作分解结构都是为费用计划服务的，两者不能截然分开。国内费用估算工作和费用计划工作一般是由不同的人员完成的。由于两者的出发点不同，而造成项目分解结构的不一致性，进而给以后的费用控制带来了许多不必要的麻烦。因此，国际上这两项工作多由一个咨询公司来完成，保证了两者的连贯性。

（3）项目进度计划。费用计划的编制、进度计划的编制及进度分目标的确定是紧密相连的。如果费用计划不依据进度计划制订，会导致在项目实施中由于资金筹措不及时影响进度，或由于资金筹措过早而增加利息支付等情况发生。

二、费用计划的编制方法

编制费用计划的过程主要是对项目费用目标进行分解。根据费用控制目标和要求的不同，费用目标的分解可以分为按费用构成、按子项目和按时间分解三种类型。

（1）按费用构成分解。项目费用可以按成本构成分解为人工费、材料费、施工机械使用费、措施费和间接费。由于建筑工程和安装工程在性质上存在较大差异，费用的计算方法和标准也不尽相同。所以在实际操作中往往将建筑工程费用和安装工程费用分解开。在按项目费用构成分解时，可以根据以往的经验和建立的数据库来确定适当的比例，必要时也可以作一些适当的调整。按费用的构成来分解的方法比较适合于有大量经验数据的工程项目，尤其是在项目建设早期较多使用。

（2）按子项目分解。按不同子项目来划分资金的使用，首先必须对工程项目进行合理划分，划分的粗细程度根据实际需要而定。大中型的工程项目通常是由若干个单项工程构成的，而每个单项工程包括了多个单位工程，每个单位工程又由若干个分部分项工程构成。通常，要先把项目总费用分解到单项工程和单位工程中，然后进一步分解为分部工程和分项工程。在完成工程项目费用目标分解之后，接下来就要具体地分配费用，编制工程分项的费用支出计划。

由于费用估算大多都是按照单项工程和单位工程来编制的，所以将项目总费用分解到各单项工程和单位工程是比较容易的。需要注意的是，按照这种方法分解项目总费用，不能只是分解建筑工程费用、安装工程费用和设备工器具购置费用，还应该分解项目的其他费用。但项目其他费用所包含的内容既与具体单项工程或单位工程直接有关，也与整个项目建设有关，因此必须采取恰当的方法将项目其他费用合理分解到各个单项工程和单位工程中。最常用的也是最简单的方法就是按照单项工程的建筑安装工程投资和设备工器具购置费用之和的比例分摊，但分摊结果可能与实际支出的费用相差较大。因此，工作中要对工程项目的其他费用的具体内容进行分析，将其中确实与各单项工程和单位工程有关的费用分离出来，按照一定比例分解到相应的工程内容上。同时还要考虑工程项目的风险因素与物价指数，应留有一定数量的预备费。当费用计划与实际支出差额较大时，可通过采取一些措施进行费用调整来补救，对结果进行修正。

(3) 按工程进度分解。工程项目的费用总是分阶段、分期支出的，资金应用是否合理与资金的时间安排有密切关系。为了编制项目费用计划，并据此筹措资金，尽可能减少资金占用和利息支出，有必要将项目总费用按其使用时间进行分解。

编制按时间进度的费用计划，通常可利用控制项目进度的网络图进一步扩充而得。在拟定工程项目的进度计划时，一方面确定完成各项工作所需花费的时间，另一方面同时确定完成这一工作合适的费用支出。在实践中，将工程项目分解为既能方便地表示时间，又能方便地表示费用支出计划的工作是不容易的。因此，在编制网络计划时应在充分考虑进度控制对项目划分要求的同时，还要考虑确定费用支出计划对项目划分的要求，做到两者兼顾。

通过对项目费用目标按时间进行分解，在网络计划的基础上，可获得项目进度计划的横道图，并在此基础上编制费用计划。按工程进度分解的费用计划一般有两种表达方式，一种是利用横道图表示费用计划，如图 6-2 所示，横道线上方的数字为费用值；另一种是时间-费用曲线（S 形曲线），这里我们主要介绍利用时间-费用曲线（S 形曲线）表示费用计划。

分项工程	1	2	3	4	5	6	7	8	9	10	11	12
A	5	5	5									
B		4	4	4	4	4						
C				9	9	9	9					
D						5	5	5	5			
E								3	3	3		

图 6-2 横道图计划

时间-费用累计曲线（S 形曲线）的绘制步骤如下：

1）确定工程项目进度计划，编制进度计划的横道图。

2）根据每单位时间内完成的实物工程量或投入的人力、物力和财力，计算单位时间（月或旬）的费用，在柱状图上按时间编制费用支出计划，如图 6-3 所示。

3）计算规定时间 t 计划累计完成的费用额，其计算方法为各单位时间计划完成的费用额累加求和，计算公式如下：

$$Q_t = \sum_{n=1}^{t} q_n \tag{6-6}$$

式中 Q_t——某时间 t 计划累计完成投资额；

q_n——单位时间 n 的计划完成投资额；

t——规定的计划时间。

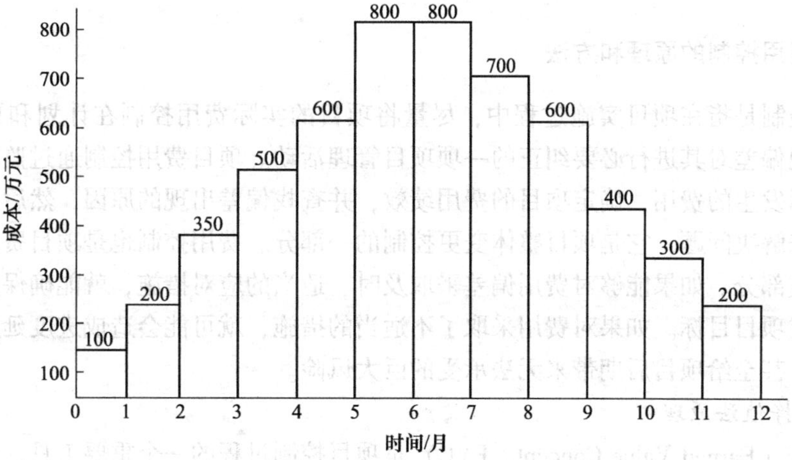

图 6-3　单位时间费用柱状图

4）按各规定时间的 Q_t 值，绘制 S 形曲线。如图 6-4 所示。

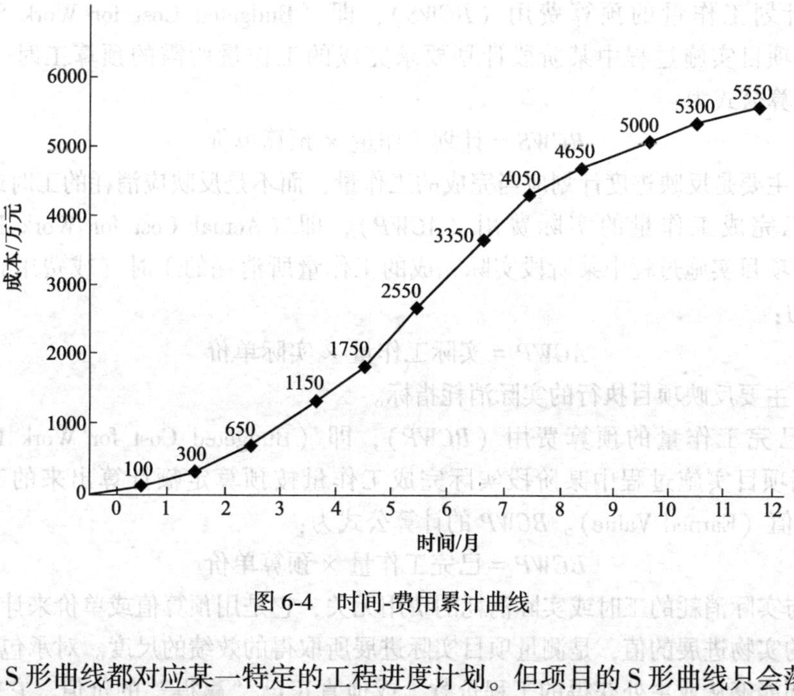

图 6-4　时间-费用累计曲线

每一条 S 形曲线都对应某一特定的工程进度计划。但项目的 S 形曲线只会落在全部工作都按最早开始时间开始和全部工作都按最迟开始时间开始的曲线所组成的“香蕉图”内。一般而言，若所有活动都按最迟开始时间开始，对节约业主方的建设资金贷款利息是有利的，但同时也降低了项目按期竣工的保证率。因此，必须合理地确定费用支出预算，达到既节约费用支出，又控制项目工期的目的。

第四节　费用控制

一、费用控制的原理和方法

费用控制是指在项目实施过程中，尽量将项目的实际费用控制在计划和预算范围之内，若出现偏差对其进行必要纠正的一项项目管理活动。项目费用控制通过监控项目计划费用与实际发生的费用，确定项目的费用绩效，并查找偏差出现的原因，然后采取必要的应对措施来解决问题，它是项目整体变更控制的一部分。费用控制也是项目费用管理的一个重要组成部分。如果能够对费用偏差采取及时、适当的应对措施，就能确保团队在费用基准内完成项目目标。如果对费用采取了不适当的措施，就可能会造成进度延后、费用超支的问题，甚至给项目后期带来无法承受的巨大风险。

（一）挣值法原理

挣值法（Earned Value Concept，EVC）是项目控制过程的一个重要工具，也是项目绩效测量的一个非常有效的工具，它综合了项目范围、进度计划和资源来测量项目绩效的一种方法。挣值法通过比较计划工作、实际挣得的工作和实际的花费，来确定成本和进度是否按照计划执行，挣值是以单独的一个货币值综合反映成本、进度和执行绩效状况。

1. 挣值法的三个基本参数

（1）计划工作量的预算费用（*BCWS*），即（Budgeted Cost for Work Scheduled）。*BCWS* 是指项目实施过程中某阶段计划要求完成的工作量所需的预算工时（或费用）。*BCWS* 的计算公式为：

$$BCWS = 计划工作量 \times 预算单价 \tag{6-7}$$

BCWS 主要是反映进度计划应当完成的工作量，而不是反映应消耗的工时或费用。

（2）已完成工作量的实际费用（*ACWP*），即（Actual Cost for Work Performed）。*ACWP* 是指项目实施过程中某阶段实际完成的工作量所消耗的工时（或费用）。*ACWP* 的计算公式为：

$$ACWP = 实际工作量 \times 实际单价 \tag{6-8}$$

ACWP 主要反映项目执行的实际消耗指标。

（3）已完工作量的预算费用（*BCWP*），即（Budgeted Cost for Work Performed）。*BCWP* 是指项目实施过程中某阶段实际完成工作量按预算定额计算出来的工时（或费用），即挣值（Earned Value）。*BCWP* 的计算公式为：

$$BCWP = 已完工作量 \times 预算单价 \tag{6-9}$$

挣值与实际消耗的工时或实际消耗的费用无关，它是用预算值或单价来计算已完工作量所取得的实物进展的值，是测量项目实际进展所取得的效绩的尺度。对承包商来说，这是他有权利能够从业主处获得的工程价款，或他真正已“赢得”的价值。它较好地反映了工程实物进度。

2. 挣值法的评价指标

（1）费用偏差（*CV*），即（Cost Variance）。*CV* 是指检查期间 *BCWP* 与 *ACWP* 之间的差异，由于两者均以已完工作量作为计算基准，因此两者的偏差即反映出项目进展的费用差异，计算公式为：

$$CV = BCWP - ACWP \tag{6-10}$$

当 CV 为负值时表示执行效果不佳，即实际消费费用超过预算值即超支。反之，当 CV 为正值时表示实际消耗费用低于预算值，表示有节余或效率高。$CV=0$，表示实际消耗费用与预算费用相符。

（2）进度偏差（SV），即（Schedule Variance）。SV 是指检查日期 $BCWP$ 与 $BCWS$ 之间的差异。由于两者均以预算单价作为计算基础，因此两者的偏差即反映出项目进展的进度差异。其计算公式为：

$$SV = BCWP - BCWS \tag{6-11}$$

当 SV 为正值时表示进度提前；SV 为负值时表示进度延误；$SV=0$，表示项目实际进度与计划进度相符。

（3）费用绩效指数（CPI），即（Cost Performance Index）。CPI 是指已完工作量的预算费用与实际费用值之比（或工时值之比），计算公式为：

$$CPI = \frac{BCWP}{ACWP} \tag{6-12}$$

$CPI>1$ 表示低于预算，说明效益好或效率高；$CPI<1$ 表示超出预算，说明效益差或效率低；$CPI=1$ 表示实际费用与预算费用吻合，说明效益或效率达到预定目标。

（4）进度绩效指数（SPI），即（Schedule Performance Index）。SPI 是指已完工作量的预算费用与计划费用值之比（或工时值之比），计算公式为：

$$SPI = \frac{BCWP}{BCWS} \tag{6-13}$$

$SPI>1$ 表示进度提前；$SPI<1$ 表示进度延误；$SPI=1$ 表示实际进度等于计划进度。

这四项指标中，前两项为绝对差异，分别表示由于项目成本管理和工期管理的问题对于项目造价（价值）所造成的绝对影响；后两项为相对差异，分别表示由于项目成本管理和工期管理的问题对于项目造价（价值）所造成的相对影响。

（5）费用差异百分比（CVP），即（Cost Variance Percentage）。CVP 能反映在项目实施过程中发生的费用差异是保持恒定，还是在增长或递减的信息。

$$CVP = \frac{CV}{BCWP} \times 100\% \tag{6-14}$$

（6）进度差异百分比（SVP），即（Schedule Variance Percentage）。SVP 能反映在项目实施过程中发生的进度差异是保持恒定，还是在增长或递减的信息。

$$SVP = \frac{SV}{BCWP} \times 100\% \tag{6-15}$$

3. 运用挣值分析进行项目成本预测

（1）完工预算（BAC），即目标成本（Budget at Completion）。

（2）预测项目未来完工成本（EAC），即最终成本（Estimate at Completion），有以下几种确定方法：

1）当最初的估算假定有缺陷或者不再与变动相关时，

$$EAC = ACWP + ETC \tag{6-16}$$

2）当前的变化不典型且没有相似的变动时，可假定项目未完工部分按计划效率实施，即

$$EAC = ACWP + (BAC - BCWP) \tag{6-17}$$

3）当前的变化比较典型且没有相似的变动时，可采用

$$EAC = ACWP + (BAC - BCWP)/CPI \tag{6-18}$$

$$或\ EAC = BAC/CPI \tag{6-19}$$

（3）完工尚需估算（ETC），即项目剩余工作的成本（Estimate to Completion）。

$$ETC = EAC - ACWP \tag{6-20}$$

（4）完工成本偏差（VAC），即成本超支或节省（Variance at Completion）

$$VAC = BAC - EAC \tag{6-21}$$

$VAC>0$，代表成本节省；$VAC<0$，代表成本超支。

（二）偏差分析方法

偏差分析可采用不同的方法，常用的有横道图法、表格法和曲线法。

1. 横道图法

横道图法是用不同的横道标识已完工程计划费用、拟完工程计划费用和已完工程实际费用，横道的长度与其金额成正比例。这种表示方法具有形象、直观、一目了然的优点，它能够准确表达出成本的绝对偏差，而且能直接表达出成本偏差的严重性。但是它反映出的信息量较少。表 6-2 为用横道图法进行成本偏差分析，从表中图形可得出以下信息。

表 6-2　横道图法分析费用偏差表

项目编号	项目名称	费用参数数额/万元	费用偏差/万元	进度偏差/万元	偏差原因
1	土方工程		0	0	
2	石方工程		−5	10	
3	基础工程		−10	0	
……	……				
		10　20　30　40　50　60　70　80			

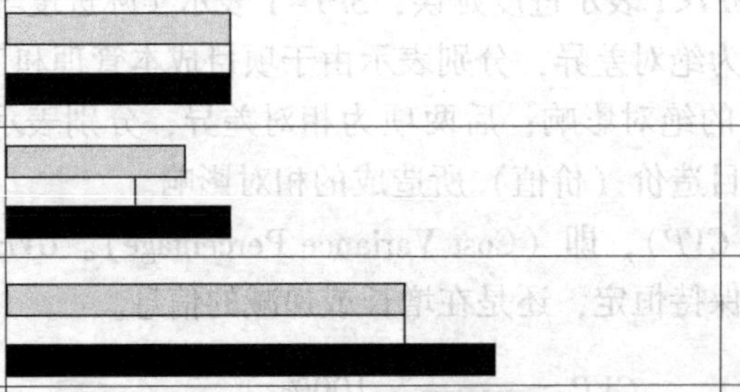

已完工程计划费用　　拟完工程计划费用　　已完工程实际费用

（1）土方工程。已完工程计划成本与拟完工程计划成本相等，说明实际进度与计划进度相符；已完工程计划成本与已完工程实际成本相等，说明成本无偏差。

（2）石方工程。已完工程计划成本大于拟完工程计划成本，说明实际进度落后于计划进度，出现进度偏差；已完工程计划成本小于已完工程实际成本，说明成本超支，产生偏差。

（3）基础工程。已完工程计划成本与拟完工程计划成本相等，说明实际进度与计划

进度相符；已完工程计划成本小于已完工程实际成本，说明成本超支，产生偏差。

2. 表格法

表格法是将项目编号、名称、各费用参数、费用偏差参数综合归纳入一张表格中，并且直接在表格中进行比较（见表6-3）。由于各偏差参数都在表中列出，使得费用管理者能够综合地了解并处理这些数据。表格法的优点如下：

（1）灵活，适应性强。可根据实际需要自己设计表格、适当增减项目。

（2）信息量大。可反映偏差分析所需资料、有利于成本管理人员及时正确地控制成本。

（3）表格处理可借助于计算机，便于微机化管理，节省人力，提高工作效率。

表6-3　费用偏差分析表

项目编码	（1）	011	012	013
项目名称	（2）	土方工程	石方工程	基础工程
单位	（3）			
计划单价	（4）			
拟完工程量	（5）			
拟完工程计划费用	（6）＝（4）×（5）	35	20	50
已完工程量	（7）			
已完工程计划费用	（8）＝（4）×（7）	35	30	50
实际单价	（9）			
其他款项	（10）			
已完工程实际费用	（11）＝（7）×（9）＋（10）	35	35	60
费用局部偏差	（12）＝（8）－（11）	0	-5	-10
费用局部偏差程度	（13）＝（8）÷（11）	1	0.86	0.83
费用累计偏差	（14）＝Σ（12）			
费用累计偏差程度	（15）＝Σ（8）÷Σ（11）			
进度局部偏差	（16）＝（8）－（6）	0	10	0
进度局部偏差程度	（17）＝（8）÷（6）	1	1.5	1
进度累计偏差	（18）＝Σ（16）			
进度累计偏差程度	（19）＝Σ（8）÷Σ（6）			

3. 曲线法

曲线法的分析对象一般是整个工程或某合同工程，其将完成实际工程费用与已完工程计划费用相比较，可确定工程费用是否符合原计划。同时，也可将拟完工程计划费用与已完工程计划费用进行比较，分析工程进度是否符合计划要求。曲线法进行偏差分析具有形象、直观的优点。

某工程的三种成本参数曲线，如图 6-5 所示，曲线 A 表示已完工程实际成本；曲线 B 表示已完工程计划成本；曲线 P 表示拟完工程计划成本。曲线 A 与曲线 B 的竖直距离表示费用偏差，曲线 B 与曲线 P 的水平距离表示进度偏差。从图中可见，在某一时间进行检查，已完工程计划成本为 b，但已完工程实际成本为 a，成本增加了。工程完成日期为 t_B，计划工期为 t_P，工期拖延了 Δt。经过偏差分析，找出影响费用偏差的原因，并对后续工作进行合理的成本预测，估计出总的成本增量和工期拖延总数。

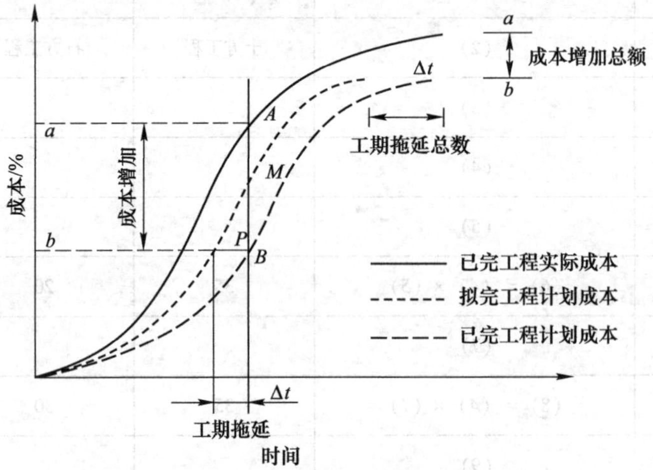

图 6-5　三种成本参数曲线

二、偏差原因分析

要进行偏差原因的分析，首先应将各种可能导致偏差的原因一一列举出来，并加以适当分类，再对其进行归纳、总结。但这种综合性的分析应以一定数量的数据为基础，因此只有当工程项目实施了一定阶段以后才有意义。一般来讲，引起费用偏差可能有以下原因，如图 6-6 所示。

在以上各类偏差原因中，客观原因通常无法控制。施工原因导致的经济损失一般是由施工单位自已承担，所以由于业主原因和设计原因所造成的投资偏差是纠偏的主要对象。

纠偏措施通常有组织措施、经济措施、技术措施、合同措施等四类。

(1) 组织措施。指从费用控制的组织管理方面采取的措施。组织措施易被忽视，但实际上它是其他措施的前提和保障，且无须增加什么费用，运用得当可收到良好的效果。

(2) 经济措施。这是最易于为人们接受的措施，但不能简单理解为审核工程量及支付工程款。这不仅是财会人员的工作，应从全局出发考虑问题。

(3) 技术措施。当出现了较大的费用偏差时，往往要采用有效的技术措施来解决问

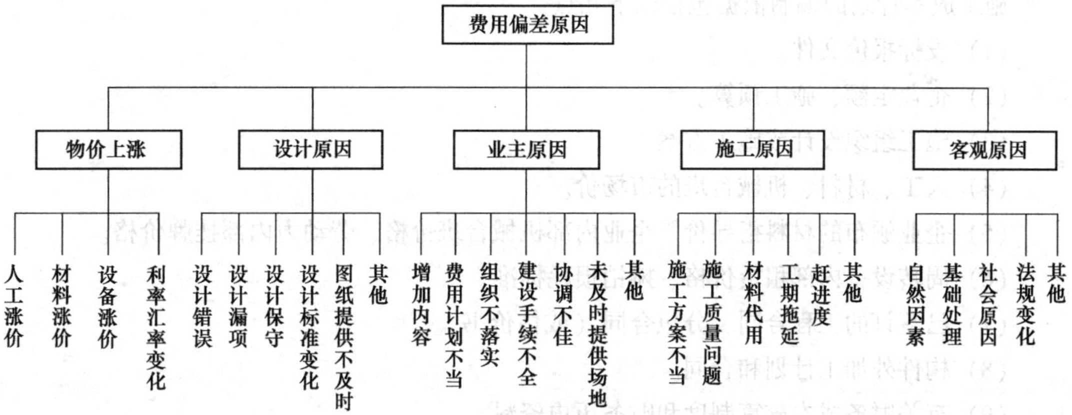

图 6-6　费用偏差原因

题，不同的技术措施有不同的经济效果，应经技术分析后加以选择。

（4）合同措施。合同措施在纠偏方面主要指索赔管理。索赔事件发生后，应认真审查有关索赔依据是否符合合同规定、计算是否合理等，还应加强日常的合同管理，研究合同的有关内容以采取预防措施。

第五节　施工成本管理

一、成本管理过程

施工成本是指在建设工程项目的施工过程中所发生的全部生产费用的总和，包括所消耗的原材料、辅助材料、构配件费；周转材料的摊销费或租赁费；施工机械的使用费或租赁费；支付给生产工人的工资、奖金、工资性质的人工；进行施工组织与管理发生的全部费用支出等。

施工成本管理是指项目施工在保证满足工期和质量的前提下，采取包括组织措施、经济措施、技术措施、合同措施等相应的成本管理措施，在费用开支合理节约的基础上，达到施工项目的成本控制在计划范围内，使项目获得最佳经济效益的目标。施工成本管理的主要内容包括成本计划、成本控制、成本核算、成本分析和考核等。

（一）成本计划

施工成本计划是以货币形式编制施工项目在计划期内的生产费用、成本水平、成本降低率以及为降低成本所采取的主要措施和规划的书面方案。它是建立施工项目成本管理责任制、开展成本控制和核算的基础。此外，它还是项目降低成本的指导文件，是设立目标成本的依据，即成本计划是目标成本的一种形式。

项目目标总成本确定后，通过将成本目标分解，提出采购、施工方案等各种费用的限额，应将总目标分解落实到各级部门，以便有效地进行控制。最后，通过综合平衡，编制完成施工成本计划。

施工成本计划的编制依据包括以下几点：

（1）投标报价文件。

（2）企业定额、施工预算。

（3）施工组织设计或施工方案。

（4）人工、材料、机械台班的市场价。

（5）企业颁布的材料指导价、企业内部机械台班价格、劳动力内部挂牌价格。

（6）周转设备内部租赁价格、摊销损耗标准。

（7）已签订的工程合同、分包合同（或估价书）。

（8）构件外加工计划和合同。

（9）有关财务成本核算制度和财务历史资料。

（10）施工成本预测资料。

（11）拟采取的降低施工成本的措施。

（12）其他相关资料。

编制施工成本计划应满足以下几点要求：

（1）由项目经理部负责编制，报组织管理层批准。

（2）自上而下分级编制，并逐层汇总。

（3）反映各成本项目指标和降低成本指标。

（二）成本控制

施工成本控制是在施工过程中，对影响施工成本的各种因素加强管理，并采取各种有效措施，将施工中实际发生的各种消耗和支出严格控制在成本计划范围内；通过动态监控并及时反馈，严格审查各项费用是否符合标准，计算实际成本和计划成本之间的差异并进行分析，进而采取多种措施，减少或消除施工中的损失浪费。施工实施阶段是项目成本发生的主要阶段，也是控制的主要阶段。

施工成本控制应满足下列要求：

（1）按照计划成本目标值来控制生产要素的采购价格，并认真做好材料、设备进场数量和质量的检查、验收与保管。

（2）控制生产要素的利用效率和消耗定额，如任务单管理、限额领料、验工报告审核等。同时要做好不可预见成本风险的分析和预控，包括编制相应的应急措施等。

（3）控制影响效率和消耗量，进而引起成本增加的其他因素（如工程变更等）。

（4）把施工成本管理责任制度与对项目管理者的激励机制结合起来，以增强管理人员的成本意识和控制能力。

（5）承包人必须有一套健全的项目财务管理制度，按规定的权限和程序对项目资金的使用和费用的结算支付进行审核、审批，使其成为施工成本控制的一个重要手段。

（三）成本核算

项目经理部应根据财务制度和会计制度的有关规定，建立项目成本核算制，明确项目成本核算的原则、范围、程序、方法、内容、责任及要求，并设置核算台账，记录原始数据。施工成本核算包括两个基本环节：一是按照规定的成本开支范围对施工费用进行归集和分配，计算出施工费用的实际发生额；二是根据成本核算对象，采用适当的方法，计算出该施工项目的总成本和单位成本。

施工成本管理需要正确及时地核算施工过程中发生的各项费用，计算施工项目的实际成本。项目经理部应按照规定的时间间隔，进行项目成本核算，编制定期成本报告。施工成本核算的基本内容包括以下几项：

（1）人工费核算。

（2）材料费核算。

（3）周转材料费核算。

（4）构件费核算。

（5）机械使用费核算。

（6）措施费核算。

（7）分包工程成本核算。

（8）企业管理费核算。

（9）项目月度施工成本报告编制。

（四）成本分析

施工成本分析是在施工成本核算的基础上，对成本的形成过程和影响成本升降的因素进行分析，以寻求进一步降低成本的途径，包括有利偏差的挖掘和不利偏差的纠正。施工成本分析贯穿于施工成本管理的全过程，它是在成本的形成过程中，主要利用施工项目的成本核算资料（成本信息），与目标成本、预算成本以及类似的施工项目的实际成本等进行比较，了解成本的变动情况；同时也要分析主要技术经济指标对成本的影响，系统地研究成本变动的因素，寻找降低施工项目成本的途径。

成本分析应依据会计核算、统计核算和业务核算等资料进行成本分析，应采用比较法、因素分析法、差额分析法和比例法等基本方法，也可采用分部分项成本分析、年季月（或周、旬等）度成本分析、竣工成本分析等综合成本分析方法。

（五）成本考核

施工成本考核是指在施工项目完成后，对施工项目成本形成中的各责任者，按施工项目成本目标责任制的有关规定，将成本的实际指标与计划、定额、预算进行对比和考核，评定施工项目成本计划的完成情况和各责任者的业绩，并以此给予相应的奖励和处罚。一般以项目成本降低额和项目成本降低率作为成本考核的主要指标，通过成本考核，有效地调动每一位员工在各自施工岗位上努力完成目标成本的积极性，从而降低施工项目成本，发现偏离目标时，应及时采取改进措施。施工成本考核是衡量成本降低的实际成果，也是对成本指标完成情况的总结和评价。

二、成本管理措施

为了取得施工成本管理的理想成效，应当从多方面采取措施实施管理，包括组织措施、技术措施、经济措施、合同措施。

(1) 组织措施。组织措施是从施工成本管理的组织方面采取的措施。如实行项目经理责任制，落实施工成本管理的组织机构和人员，明确各级施工成本管理人员的任务、职能分工、权力和责任。施工成本管理不仅是专业成本管理人员的工作，各级项目管理人员都负有成本控制的责任。组织措施的另一方面是编制施工成本控制工作计划，确定合理详细的工作流程。组织措施是其他各类措施的前提和保障，一般不需要增加额外的费用，运用得当可以收到良好的效果。

(2) 技术措施。施工过程中降低成本的技术措施包括：进行技术经济分析，确定最佳的施工方案；结合施工方法，进行材料使用的比选，在满足功能要求的前提下，通过代用、改变配合比、使用外加剂等方法降低材料消耗的费用；确定最合适的施工机械、设备使用方案；结合项目的施工组织设计和自然地理条件，降低材料的库存和运输成本；应用先进的施工技术，运用新材料，使用新的开发机械设备等。技术措施不仅对解决施工成本管理过程中的技术问题是不可缺少的，而且对纠正施工成本管理的目标偏差也有相当重要的作用。

(3) 经济措施。经济措施是最易为人们所接受和采用的措施。管理人员应编制资金使用计划，确定分解施工成本管理目标。对施工成本管理目标进行风险分析，并制定防范性对策。认真做好资金的使用计划，并在施工中严格控制各项开支。及时准确地记录、收集、整理、核算实际发生的成本。对各种变更，及时做好增减账、落实业主签证和结算工程款。通过偏差分析和未完工程预测，及时发现引起工程成本增加的潜在可能。

(4) 合同措施。采用合同措施控制施工成本，应贯穿整个合同周期，包括从合同谈判开始到合同终结的全过程。首先是选用合适的合同结构，对各种合同结构模式进行分析、比较；在合同谈判时，要争取选用适合于工程规模、性质和特点的合同结构模式。其次，在合同条款中，应仔细考虑一切影响成本和效益的因素，特别是潜在的风险因素。在合同执行期间，既要密切注视对合同执行的情况，以寻求合同索赔的机会，同时也要密切关注自己履行合同的情况，以防被对方索赔。

三、施工项目成本控制

施工项目成本控制是指在施工过程中，对影响施工项目成本的各因素加强管理，并采用各种有效措施，将实际发生的各种消耗和支出严格控制在成本计划范围内，随时揭示并及时反馈，严格审查各项费用是否符合标准，计算实际成本和计划成本之间的差异并进行分析，消除施工中的损失浪费现象，发现和总结先进经验。

成本的发生和形成是一个动态的过程，这就决定了成本的控制也应该是一个动态过程。成本控制一定要着眼于成本开支之前和开支过程中，对成本进行的监督检查，因为当发现成本超支时，损失已成为现实，很难甚至无法挽回。

(一) 工程项目施工成本控制的依据

(1) 工程承包合同。施工成本控制要以工程承包合同为依据，围绕降低工程成本这个目标，从预算收入和实际成本两个方面，研究节约成本、增加收益的有效途径，以求获得最大的经济效益。

(2) 工程项目的成本计划。成本控制的目的就是实现成本计划的目标，因此，成本计划是成本控制的基础。施工成本计划是根据施工项目的具体情况制订的施工成本控制方案，既包括预定的具体成本控制目标，又包括实现控制目标的措施和规划，是施工成本控制的指导文件。

(3) 项目进度报告。项目进度报告提供了每一时刻工程实际完成量、工程费用实际支付情况等重要信息。成本控制工作正是通过实际情况与成本计划相比较，找出二者之间的差别，分析偏差产生的原因，从而采取措施改进以后的工作。此外，进度报告还能使管理者及时发现工程实施中存在的隐患，并在事态还未造成重大损失之前采取有效措施，尽量避免损失。

(4) 工程变更。在项目的实施过程中，由于各方面的原因，工程变更是很难避免的。工程变更一般包括设计变更、进度计划变更、施工条件变更、技术规范与标准变更、施工次序变更、工程数量变更等。一旦出现变更，工程量、工期、成本都必将发生变化，从而使得成本控制工作变得更加复杂和困难。因此，成本管理人员就应当通过对变更要求中各类数据的计算、分析，随时掌握变更情况，包括已发生工程量、将要发生工程量、工期是否拖延、支付情况等重要信息，判断变更以及变更引起的索赔是否合理等。

除了上述几种成本控制的主要依据外，相关法律法规、施工组织设计、分包合同等也都是项目施工成本控制的依据。

(二) 施工成本控制的内容

(1) 严格执行财经纪律，财经法规和制度，以成本计划为依据，降低费用开支标准与范围，实行施工全过程费用控制，采取降低成本最有效的“定额管理”方法。

(2) 全过程成本费用控制的内容包括：人工费、材料费、机械使用费、其他直接费用和现场管理费。

1) 人工费控制。控制方法有按劳动定额使用劳力；减少非生产性用工和无产值用工；严格外包的工资结算；认真执行各种绩效考核。

2) 材料费控制。主要包括材料用量控制和材料价格控制，控制措施有：加强用料计划管理，实行有效储备，减少材料积压；加强施工预算的工料分析，定额控制材料用量；推行文明施工，减少浪费等。

3) 施工机械使用费控制。控制方法包括：提高机械完好率、使用率；合理配置和租赁机械设备，降低机械使用费用支出；做好施工组织设计的工作，减少机械重复搬运，实行工具定用定包。

4) 施工分包费用的控制。熟悉分包合同，加强施工验收和分包结算。

5）工程用水、电等能耗控制。要求把好计量关，落实管理，节约使用。

6）现场管理费用控制。要求合理布设临时设施和搭建临时建筑；减少非生产性人员数量，严格执行各种开支标准。

（三）施工成本控制的步骤

能否达到预期的成本目标，是施工成本控制是否成功的关键。对项目施工成本管理与控制，就是为了保证成本目标的实现，这种控制是动态的，并贯穿于项目建设的始终。

施工项目成本控制程序如下：

（1）比较。按照某种确定的方式将施工成本计划值与实际值逐项进行比较，以发现施工成本是否已超支。

（2）分析。在比较的基础上，对比较的结果进行分析，以确定偏差的严重性及偏差产生的原因。这一步是施工成本控制工作的核心，其主要目的在于找出产生偏差的原因，从而采取有针对性的措施，减少或避免相同原因的再次发生或减少由此造成的损失。

（3）预测。按照完成情况估计完成项目所需的总费用。

（4）纠偏。当工程项目的实际施工成本出现了偏差时，应当根据工程的具体情况、偏差分析和预测的结果，采取适当的措施，以期达到使施工成本偏差尽可能小的目的。

（5）检查。指对工程的进展进行跟踪和检查，及时了解工程进展状况以及纠偏措施的执行情况和效果，为今后的工作积累经验。

（四）成本状况报告

成本管理人员应及时向项目经理、高层管理者、业主或项目组织者报告当期的成本状况，使其尽早掌握工程项目的实施情况以及工程成本控制动态，如有成本失控情况，还需向他们及时提出解决问题的方法，报告内容包括：

（1）各种差异分析报告。

（2）EAC 计算与分析。

（3）成本信息总结与分析。

（4）进度信息总结与分析。

（5）工程形象进度报告。

（6）存在问题、原因分析及纠偏措施。

（7）“赢得值”曲线图。

偏差分析报告应尽量简短，报告越简短，反馈越迅速，处理问题就越及时，一旦偏差分析完成，项目经理及其项目部必须对产生的问题进行诊断，并寻求纠偏措施。偏差有 4 种处理方式：

（1）当偏差在项目开始前所确定的允许范围内，忽略不计。

（2）当偏差在允许偏差的边缘时，通常由项目部简单地调整施工方案或选择采用其他可行的措施，而无须改变计划。

（3）当出现的偏差超过允许范围，需调整计划。

（4）一旦出现重大偏差，就必须对计划或系统进行调整，调整过程需要重新定义或重新建立项目进展目标，但这必须在项目系统定义允许的范围内，调整计划的措施包括对工期、成本、质量进行综合平衡或者定义继续实施项目的新活动和新方法。如果在系统定义范围内无法进行计划调整，则必须进行系统的重新设计。

第六节　案例分析

甲矿山施工企业实施某矿业工程项目，该项目由断面 $7m^2$ 的锚喷巷道（A）、直径 8m 的主井井筒（B）、直径 6m 的风井井筒（C）等单位工程组成。企业成立了施工成本管理小组，采用挣值法控制施工成本。其中 6 个月的各月计划完成工程量及计划费用单价表见表 6-4。施工 3 个月时，对前 3 个月的实际各月完成工程量及实际费用平均单价统计表(见表 6-5)。

问：请计算该工程前 3 个月各月末时的施工成本偏差、进度偏差，并对上述偏差进行分析。

表 6-4　计划完成工程量及计划费用单价表

分项工程名称 \ 工程量/m \ 月份	1	2	3	4	5	6	全费用单价/元·m^{-1}
锚喷巷道（A）	130	150	60	160			680
主井井筒（B）		60	80	40			28000
风井井筒（C）			50	80	80		16000

表 6-5　实际完成工程量及实际成本表

分项工程名称 \ 工程量/m \ 月份	1	2	3	4	5	6	全费用单价/元·m^{-1}
锚喷巷道（A）	160	150					720
主井井筒（B）		40	65				26000
风井井筒（C）			45				15000

答：根据定义，成本偏差为已完工程的计划成本与已完工程的实际成本之差，若计算为正值，表示成本节约，负值表示成本超支；进度偏差为已完成工程的预算成本与计划完成工程的预算成本之差，若计算为正值，表示工期提前，负值表示工期拖延。计算结果见表 6-6。

表 6-6　1~3 月末成本与进度偏差值　　（元）

项　目	月末 1	月末 2	月末 3
施工成本偏差	-6400	+67600	+242600
进度偏差	+20400	-539600	-1080400

从结果可以看出，第一个月成本超出 6400 元，进度提前完成 20400 元，第二个月成本累计节约 67600 元，工期拖延工程量 539600 元，第三个月成本累计节约 242600 元，工

期拖延工程量1080400元。从第二个月开始，成本和进度偏差增加较大，经分析发现影响成本的关键性因素是井筒施工，虽然锚喷巷道的成本增加，但由于主井和风井井筒成本降低较大，所以项目从第二个月开始成本出现节约。由于井筒巷道和风井的施工工程量没有完成，进度滞后，整个项目已经出现明显的拖延。

从以上数据可以看出一些问题，但不宜具体分析。施工工程量没有完成的影响大小，可能是因为进度拖延造成的工程量问题，也可能是成本控制的某些作用使成本节省之故。因此，用此进行评价成本控制内容还需要有其他控制条件。

复习思考题

6-1 矿业工程项目费用组成有哪些？

6-2 简述费用管理的一般程序。

6-3 费用估算的方法有哪些？

6-4 费用计划的编制依据有哪些，如何编制费用计划？

6-5 简述费用控制的基本原理。

6-6 如何进行费用偏差分析？

6-7 简述施工成本控制的过程。

第七章　矿业工程项目安全与环境管理

第一节　矿业工程项目安全管理体系

一、安全管理体系的内容

2014年8月发布的《中华人民共和国安全生产法》，于2014年12月1日起施行。《中华人民共和国安全生产法》条文明确规定，安全生产工作应当以人为本，坚持安全发展，坚持安全第一、预防为主、综合治理的方针，强化和落实生产经营单位的主体责任，建立生产经营单位负责、职工参与、政府监管、行业自律和社会监督的机制。

（1）生产经营单位是安全生产的责任主体。生产经营单位必须遵守安全生产的法律、法规，加强安全生产管理，建立、健全安全生产责任制和安全生产规章制度，改善安全生产条件，推进安全生产标准化建设，提高安全生产水平，确保安全生产。生产经营单位的主要负责人对本单位的安全生产工作全面负责。

（2）职工参与。生产经营单位的从业人员有依法获得安全生产保障的权利，并应当依法履行安全生产方面的义务。生产经营单位的工会依法组织职工参加本单位安全生产工作的民主管理和民主监督，维护职工在安全生产方面的合法权益。生产经营单位制定或者修改有关安全生产的规章制度，应当听取工会的意见。

（3）政府监管。国务院安全生产监督管理部门（中华人民共和国应急管理部）对全国安全生产工作实施综合监督管理；县级以上地方各级人民政府应急管理部门对本行政区域内安全生产工作实施综合监督管理。国务院有关部门在各自的职责范围内对有关行业、领域的安全生产工作实施监督管理；各级地方人民政府负有安全生产监督管理职能的部门在各自的职责范围内对有关行业、领域的安全生产工作实施监督管理。

（4）行业自律。所谓行业自律，就是业内自己约束自己，既包括对安全生产法律法规的自觉遵守，又包括对本行业所制定的安全生产制度的自觉执行，自觉承担安全管理的社会责任，从而为维护行业权益，促进整个行业的健康发展奠定坚实的基础。

（5）社会监督。除了负有安全生产监督管理职责的部门（安全生产监督管理部门和对有关行业、领域的安全生产工作实施监督管理的部门，统称负有安全生产监督管理职责的部门）、政府部门、生产经营单位的安全监督管理部门以及社会安全评价、认证、检测、检验机构对安全生产的监督以外，安全生产法还规定，任何单位或者个人对事故隐患或者安全生产违法行为，均有权向负有安全生产监督管理职责的部门报告或者举报。同时新闻、出版、广播、电影、电视等单位有进行安全生产公益宣传教育的义务，有对违反安全生产法律、法规的行为进行舆论监督的权利。对违法行为情节严重的生产经营单位，应当向社会公告，并通报行业主管部门、投资主管部门、国土资源主管部门、证券监督管理机构以及有关金融机构。以形成安全生产全社会参与、共同促进的良好局面。

二、安全管理体系建设

（一）安全生产责任制

（1）建立健全安全生产责任制。按照“党政同责、一岗双责、齐抓共管、失职追责”的要求，建立健全覆盖企业各层级、各部门、各岗位的安全生产制度，形成人人有责、各负其责、权责清晰的安全生产责任体系。强化企业安全责任体系，弘扬人民至上、生命至上、安全第一的思想，坚持安全发展理念，坚持管理、装备、素质、系统并重原则。

（2）建立和健全安全生产规章制度。

1）必须建立和健全各级安全管理保障制度。

2）对查出的事故隐患要做到“四定”，即“定整改责任人、定整改措施、定整改完成时间、定整改验收人”。

3）必须把好安全生产教育关、措施关、交底关、防护关、文明施工关、检查关、验收关。

4）必须建立安全生产值班制度，且有领导带班。

5）必须建立应急救援体系及响应机制，编制重大安全事故应急预案并进行演练。

（3）安全生产投入。依据《中华人民共和国安全生产法》等有关法律法规，2012 年 2 月 14 日由财政部、安全监管总局以财企〔2012〕16 号文发布了《企业安全生产费用提取和使用管理办法》（以下简称《办法》）。该《办法》详细规定了安全费用的提取标准及安全费用的使用、监督管理。

1）安全生产费用的提取标准，矿山工程建设施工企业以建筑安装工程造价为计提依据，提取标准为建筑安装工程造价的 2.5%。

2）建设工程施工企业安全费用应当按照以下范围使用：

①完善、改造和维护安全防护设施设备（不含“三同时”要求初期投入的安全设施）支出，包括施工现场临时用电系统、洞口、临边、机械设备、高处作业防护、交叉作业防护、防火、防爆、防尘、防毒、防雷、防台风、防地质灾害、地下工程有害气体监测、通风、临时安全防护等设施设备支出；

②配备、维护、保养应急救援器材、设备支出和应急演练支出；

③开展重大危险源和事故隐患评估、监控和整改支出；

④安全生产检查、咨询、评价（不包括新建、改建、扩建项目安全评价）和标准化建设支出；

⑤配备和更新现场作业人员安全防护用品支出；

⑥安全生产宣传、教育、培训支出；

⑦安全生产适用的新技术、新装备、新工艺、新标准的推广应用支出；

⑧安全设施及特种设备检测检验支出；

⑨其他与安全生产直接相关的支出。

3）矿山、建筑施工单位和危险物品的生产、经营、储存单位，应当设置安全生产管理机构或者配备专职安全生产管理人员。

4）生产经营单位应当安排用于配备劳动防护用品、进行安全生产培训的经费。

5）生产经营单位必须依法参加工伤社会保险，为从业人员缴纳保险费。

6）生产经营单位必须为从业人员提供符合国家标准或者行业标准的劳动防护用品，并监督、教育从业人员按照使用规则佩戴、使用。

（4）严格执行安全生产“三同时”的规定。

1）建设项目的安全设施，必须与主体工程同时设计、同时施工、同时投入生产和使用。安全设施投资应当纳入建设项目概算。

2）矿山建设项目和用于生产、储存危险物品的建设项目，应当分别按照国家有关规定进行安全条件论证和安全评价。施工单位在取得《安全生产许可证》后方可施工。

3）建设项目安全设施的设计人、设计单位应当对安全设施设计负责。

4）矿山建设项目和用于生产、储存危险物品的建设项目的安全设施设计应当按照国家有关规定报经有关部门审查，审查部门及其负责审查的人员对审查结果负责。

5）矿山建设项目和用于生产、储存危险物品的建设项目的施工单位必须按照批准的安全设施设计施工，并对安全设施的工程质量负责。

6）矿山建设项目和用于生产、储存危险物品的建设项目竣工投入生产或者使用前，必须依照有关法律、行政法规的规定对安全设施进行验收；验收合格后，方可投入生产和使用。验收部门及其验收人员对验收结果负责。

（二）安全教育

采矿工程的施工安全管理活动由企业全员共同参与。企业应积极组织各级管理人员的安全生产教育工作，通过安全知识学习、事故总结会、对其他矿区所发生事故的原因及处理措施的学习分析等手段，使职工更加明确地感受到矿区安全事故所带来的严重后果，时刻敲响警钟。

（1）矿山、建筑施工单位的主要负责人和安全生产管理人员，必须具备与本单位所从事的生产经营活动相应的安全生产知识和管理能力，应经由有关主管部门对其安全生产知识和管理能力考核合格后方可任职。

（2）生产经营单位应当对从业人员进行安全生产教育和培训，保证从业人员具备必要的安全生产知识，熟悉有关的安全生产规章制度和安全操作规程，掌握本岗位的安全操作技能。未经安全生产教育和培训合格的从业人员，不得上岗作业。

（3）生产经营单位采用新工艺、新技术、新材料或者使用新设备，必须了解、掌握其安全技术特性，采取有效的安全防护措施，并对从业人员进行专门的安全生产教育和培训。

（4）特种作业人员必须按照国家有关规定经专门的安全作业培训，取得特种作业操作资格证书，方可上岗作业。

（5）生产经营单位应当教育和督促从业人员严格执行本单位的安全生产规章制度和安全操作规程；并向从业人员如实告知作业场所和工作岗位存在的危险因素、防范措施以及事故应急措施。

（三）安全检查

安全检查的目的是预知危险，发现隐患，以便提前采取有效措施，消除危险。

（1）通过检查发现生产工作中人的不安全行为和物的不安全状态，分析不安全因素，从而采取对策，保障安全生产。

（2）通过检查，预知危险，及时采取措施，把事故频率和经济损失降低到尽量低的范围。

(3) 通过安全检查对施工（生产）中存在的不安全因素进行预测、预报和预防。

(4) 发现施工中的不安全、不卫生问题。

(5) 利用检查，进一步宣传、贯彻、落实安全生产方针、政策和各项安全生产规章制度。

(6) 增强领导和群众的安全意识，纠正违章指挥、违章作业，提高安全生产的自觉性和责任感。

(7) 可以互相学习、总结经验、吸取教训、取长补短，有利于进一步促进安全生产工作。

(8) 掌握安全生产动态，分析安全生产形势，为研究加强安全管理提供信息依据。

安全检查有多种形式。从检查组织上分为国家及各级政府组织的检查，部、委组织的行业检查和企业组织的自行检查；从具体进行的方式上分为定期检查、专业检查、达标检查、季节检查、经常性检查和验收检查。

安全检查的主要内容是查思想、查制度、查隐患、查措施、查机械设备、查安全设施、查安全教育培训、查操作行为、查劳保用品使用、查伤亡事故处理等。

安全检查的要求：

(1) 明确检查项目和检查目的、内容及检查标准、重点、关键部位。

要求采用检测工具进行检查，用数据说话。不仅要对现场管理人员和操作人员是否有违章指挥和违章作业行为进行检查，还应进行“应知应会”的抽查，以便彻底了解管理人员及操作人员的安全素质。

(2) 及时发现问题，解决问题，对检查出来的安全隐患及时进行处理。

(3) 安全检查过程中发现的安全隐患必须登记，作为整改的备查依据；提供安全动态分析，根据隐患记录和安全动态分析，指导安全管理的决策。

(4) 要认真、全面地进行安全评价，以便于受检单位根据安全评价结论制定对策，进行整改和加强管理。

(5) 针对大范围、全面性的安全检查，应明确检查内容、检查标准及检查要求，并根据检查要求配备力量，要明确检查负责人，并抽调专业人员参加检查。

(6) 针对整改部位完成整改后，要及时通知有关部门派人进行复查，经复查合格后方可进行销案。整改工作应包括隐患登记、整改、销案。

(7) 要认真、详细地填写检查记录，特别要具体地记录安全隐患的部位、危险性程度及处理意见等。采用安全检查评分表的，应记录每项扣分的原因。

(8) 检查人员可以当场指出施工过程中发生的违章指挥、违章作业行为，责令其改正。

(9) 被检查单位领导应高度重视安全隐患问题，对被查出的安全隐患问题，应立即组织制订整改方案，按照“四定”把整改工作落到实处。

(10) 针对安全检查中发现的安全隐患，应发出整改通知书，引起整改单位重视。一旦发现有突发性事故危险隐患，检查人员应责令其立即停工整改。

(四) 安全管理措施

在制定施工安全管理措施的过程中，可以进行以下几个方面的管理。

（1）加强矿工的安全教育培训。矿工是矿山生产中最重要的一环，他们的安全意识和安全技能直接关系到矿山的安全生产。因此，必须让他们深刻认识到安全生产的重要性，掌握必要的安全技能和应急处理能力，防止发生安全事故。

（2）建立健全安全管理制度，明确各项安全管理职责和工作流程。制定安全管理制度需要考虑到矿山的特殊性，根据矿山的实际情况制定相应的制度，确保制度的可操作性和有效性。同时，矿山企业应该加强对安全管理制度的宣传和培训，让每一位员工都能够深刻理解安全管理制度的重要性和必要性。

（3）加强对矿山环境的管理。矿山环境是矿山生产的重要组成部分，环境的安全性和卫生性直接关系到矿工的身体健康和生命。

三、矿业工程项目安全管理体系的完善措施

（1）强化安全管理意识。矿山企业要实现安全管理，必须增强安全管理意识，强化现场安全管理。对煤矿企业来说，安全意识是保障安全管理的前提条件。矿山企业领导应定期开展员工安全教育培训，以提升相关工作人员安全意识。在安全培训过程阶段，应针对常见问题，重点对员工进行培训。除提升安全管理意识外，矿山开采管理者还应规范技术及操作标准。在实践中要时刻保持警惕，对安全隐患问题进行有效治理，从而为工程的安全开展提供保障。

（2）健全管理制度。不仅要对采矿工程施工中不安全技术因素予以设计优化，也要从管理层面落实相应工作，在消除安全隐患因素的基础上，提高安全管理工作的综合水平。一方面，要结合现场实际情况完善相应的管理流程，对设备库存管理单元、安全操作单元以及验收制度等工作予以重视，践行全过程管理分析方案，从而最大程度上提高现场作业的规范化。另一方面，要对现场采取的技术流程予以监督，确保相关内容和方案都能满足管理标准，利用岗位责任机制维护采矿工程项目的安全。除此之外，配合岗位责任制管理模式和奖惩机制，提升岗位人员工作规范性，针对岗位人员工作水平给予适当的奖励和处罚，在一定程度上形成良性的管理平台，确保安全管理水平符合预期。

（3）强化人员安全管理。为了全面提升采矿工程施工项目安全水平，要践行全过程人员监管机制，打造合理且规范的管控体系，在遵守法律法规条文的基础上，维持各个环节的合理性和规范性，全面提高各环节监控管理水平。首先，要及时发现隐患问题，依据人员管理方案的具体要求和规范，提升实时性人员控制工作的水平。其次，要对施工人员进行针对性管理，严格落实技术操作行为规范，保证施工环节和施工流程内容的规范性，从而在贴合施工工序的基础上，减少不合规问题造成的负面影响。最后，要落实完整的培训机制和奖惩机制。在培训机制中要对施工人员进行安全指导，避免操作人员依靠经验忽略安全标准。而在奖惩机制中则要提升人员的配合度，减少违规行为，针对不符合工程项目安全标准的情况则要给予处罚，提升整体安全管理水平。

（4）定期对施工设备进行检查保养和维修。采矿企业须将使用时间较长且没有进行过维修操作的施工设备进行报废处理，避免设备在使用过程中发生安全事故，同时采矿企业需加大在施工设备维修和采购方面的资金投入力度，并在资金充足时引进先进施工设备，以此提高采矿工程施工的工作效率。我国采矿施工中应用的施工技术尽管并不陈旧，但是依然存在部分施工人员无法正确运用施工技术的问题。施工人员只有了解和掌握施工

技术和施工方法，才能合理应用施工技术和施工设备，提高采矿工程施工效率。施工人员须具有一定的学习能力。采矿企业还可通过引入外部专业技术人才的方式进行优化引导，提高企业的生产效率。借助先进的施工技术来激发施工人员的工作积极性，还可避免施工材料浪费，节约企业施工阶段的成本支出，提高采矿工程的整体工作效率，为采矿企业在激烈的市场竞争中占一席之地。

(5) 优化采矿中的科学技术。在我国科学技术水平不断提升的过程中，只有结合现代科学技术开展安全管理才能够有效控制安全事故发生的概率，保障在场人员的人身财产安全以及采矿施工的经济效益。首先，引进新技术，确保工作人员与采矿机器之间能够进行长效的配合，同时采矿机器要保证稳定性和可靠性，做好物流管理工作，及时传递采矿施工需要的物品以及安全管理需要的工具；其次，利用当前信息技术的优势促进煤矿采矿工程发展，逐渐实现采矿施工的智能化以及自动化，即使是人工必须参与的工作环节也需要尽量减少人员的参与度，从而推动煤矿采矿向着无污染、无废料的方向发展。减少安全管理的工作压力或者是将安全管理与科学的信息技术相结合更好地应用在采矿工程中。可以将人员管理以及安全数据管理都采用信息技术管理的方式，在日常危险源检测工作以及安全隐患排查工作中可以利用信息技术第一时间发现问题并且查找出相关负责人，减少查找流程中所耗费的时间，将煤矿采矿打造成为现代化、系统化、环保化、安全化的生产工程。

第二节 矿业工程项目施工安全规定

一、爆破工程施工的安全规定

(一) 一般规定

(1) 露天、地下、水下和其他爆破，必须按审批的爆破设计书或爆破说明书进行。裸露药包爆破和浅眼爆破应编制爆破说明书。爆破说明书应由单位的主要负责人批准。爆破说明书由单位的总工程师或爆破工作领导人批准。

(2) 爆破作业地点有下列情形之一时，禁止进行爆破工作。

1) 有冒顶或边坡滑落危险；

2) 支护规格与支护说明书的规定有较大出入或工作面支护损坏；

3) 通道不安全或通道阻塞；

4) 爆破参数或施工质量不符合设计要求；

5) 距工作面 20m 内风流中沼气含量达到或超过 1%，或有沼气突出征兆；

6) 工作面有涌水危险或炮眼温度异常；

7) 危及设备或建筑物安全，无有效防护措施；

8) 危险区边界上未设警戒；

9) 光线不足或无照明；

10) 未严格按本规程要求做好准备工作。

(3) 禁止爆破器材加工和爆破作业的人员穿化纤衣服。

(4) 在大雾天、黄昏和夜晚，禁止进行地面和水下爆破。需在夜间进行爆破时，必须采取有效的安全措施，并经主管部门批准。遇雷雨时应停止爆破作业，并迅速撤离危险区。

（5）装药工作必须遵守下列规定：

1）装药前应对洞室、药壶和炮孔进行清理和验收；

2）大爆破装药量应根据实测资料校核修正，经爆破工作领导人批准；

3）使用木质炮棍装药；

4）装起爆药包、起爆药柱和硝化甘油炸药时，严禁投掷或冲击；

5）深孔装药出现堵塞时，在未装入雷管、起爆药柱等敏感爆破器材前，应采用铜或木制长杆处理；

6）禁止烟火；

7）禁止用明火照明。

（6）堵塞工作必须遵守下列规定：

1）装药后必须保证堵塞质量，洞室、深孔或浅眼爆破禁止使用无填塞爆破；

2）禁止使用石块和易燃材料填塞炮孔；

3）填塞要十分小心，不得破坏起爆线路；

4）禁止捣固直接接触药包的填塞材料或用填塞材料冲击起爆药包；

5）禁止在深孔装入起爆药包后直接用木楔填塞。

（7）禁止拔出或硬拉起爆药包或药柱中的导火索、导爆索，导爆管或电雷管脚线。

（8）炮响完后，露天爆破不少于5min（不包括洞室爆破），地下爆破不少于15min（经过通风吹散炮烟后），才准爆破工作人员进入爆破作业地点。

（9）地下爆破作业点的有毒气体的浓度不得超过标准，爆破工作面的有毒气体含量应每月测定一次，爆破炸药量增加或更换炸药品种，应在爆破前后进行有毒气体测定。

（10）严禁在残眼上打孔。

（二）爆破警戒与信号

（1）爆破工作开始前，必须确定危险区的边界，并设置明显的标志。

（2）地面爆破应在危险区的边界设置岗哨，使所有通路经常处于监视之下。每个岗哨应处于相邻岗哨视线范围之内。地下爆破应在有关的通道上设置岗哨回风巷应使用木板交叉钉封或设支架路障，并挂上“爆破危险区，不准入内”的标志。爆破结束，巷道经过充分通风后，方可拆除回风巷的木板及标志。

（3）爆破前必须同时发出音响和视觉信号，使危险区内的人员都能清楚地听到和看到。应使全体职工和附近居民，事先知道警戒范围、警戒标志和声响信号的意义，以及发出信号的方法和时间。

爆破的安全距离经计算确定，根据《爆破安全规程》警戒范围以爆心为中心取300m。

1）警戒信号：起爆警报信号。

2）第一次信号：预告信号，所有与爆破无关人员应立即撤离到警戒范围以外，警戒范围边界设立警戒人员。

3）第二次信号：起爆信号。

4）第三次信号：解除警报信号。

警戒区边界设立专职警戒人员进行警戒，警戒人员头戴安全帽、佩戴红袖章、手持红旗。过往行人、车辆及村民在爆破时段内听从现场安全管理人员指挥，禁止进入爆破警戒区。

1）预告信号：间断 3 次长声：30s 停 30s 停 30s。

2）准备信号：在预备信号 20min 后发布，间断鸣一长、一短 3 次：20s 10s 停 20s 10s 停 20s 10s。

3）起爆信号：准备信号 10min 后，连续三短声：10s 停 10s 停 10s。

4）解除信号：炮响后 15min，检查人员方可进入现场进行检查。确认安全后，由爆破作业负责人通知发出解除信号。一次长声，60s。

（三）爆破后的安全检查和处理

（1）爆破后，爆破员必须按规定的等待时间进入爆破地点，检查有无冒顶、危石、支护破坏和盲炮等现象。

（2）爆破员如果发现冒顶、危石、支护破坏和盲炮等现象，应及时处理，未处理前应在现场设立危险警戒或标志。

（3）只有确认爆破地点安全后，经当班爆破班长同意，方准人员进入爆破地点。

（4）每次爆破后，爆破员应认真填写爆破记录。

（四）盲炮处理

（1）处理盲炮必须遵守下列规定：

1）发现盲炮或怀疑有盲炮，应立即报告并及时处理。若不能及时处理，应在附近设明显标志，并采取相应的安全措施；

2）难处理的盲炮，应请示爆破工作领导人，派有经验的爆破员处理，大爆破的盲炮处理方法和工作组织，应由单位总工程师批准；

3）处理盲炮时，无关人员不准在场，应在危险区边界设警戒，危险区内禁止进行其他作业；

4）禁止拉出或掏出起爆药包；

5）电力起爆发生盲炮时，须立即切断电源，及时将爆破网路短路；

6）盲炮处理后，应仔细检查爆堆，将残余的爆破器材收集起来，未判明爆堆有无残留的爆破器材前，应采取预防措施；

7）每次处理盲炮必须由处理者填写登记卡片。

（2）处理裸露爆破的盲炮，允许用手小心地去掉部分封泥，在原有的起爆药包上重新安置新的起爆药包，加上封泥起爆。

（3）处理浅眼爆破的盲炮可采用下列方法：

1）经检查确认炮孔的起爆线路完好时，可重新起爆。

2）打平行眼装药爆破。平行眼距盲炮孔口不得小于 0.3m，对于浅眼药壶法，平行眼距盲炮药壶边缘不得小于 0.5m。为确定平行炮眼的方向允许从盲炮孔口起取出长度不超过 20cm 的填塞物。

3）用木制、竹制或其他不发生火星的材料制成的工具，轻轻地将炮眼内大部分填塞物掏出，用聚能药包诱爆。

4）在安全距离外用远距离操纵的风水喷管吹出盲炮填塞物及炸药，但必须采取措施，回收雷管。

5）盲炮应在当班处理，当班不能处理或未处理完毕，应将盲炮情况（盲炮数目、炮眼方向、装药数量和起爆药包位置，处理方法和处理意见）在现场交接清楚，由下一班继续处理。

（4）处理深孔盲炮可采用下列方法：

1）爆破网路未受破坏，且最小抵抗线无变化者，可重新联线起爆；最小抵抗线有变化者，应验算安全距离，并加大警戒范围后，再联线起爆；

2）在距盲炮孔口不小于10倍炮孔直径处另打平行孔装药起爆，爆破参数由爆破工作领导人确定；

3）所用炸药为非抗水硝铵类炸药，且孔壁完好者，可取出部分填塞物，向孔内灌水，使之失效，然后作进一步处理。

（五）机械化装药

粒状炸药露天装药车必须符合下列规定：

（1）车厢用耐腐蚀的金属材料制造，厢体必须有良好的接地；

（2）输药管必须使用专用半导体管。钢丝与厢体的连接应牢固；

（3）装药车系统的接地电阻值不得大于10万欧姆；

（4）输药螺旋与管道之间必须有足够的间隙；

（5）发动机废气排出管应安装消烟装置。排气管与油箱和轮胎应保持适当距离，装药车上应配备适量的灭火器。

二、盲竖井施工安全规定

为了加强矿山竖井延伸工程安全管理，针对目前矿山多采区进行竖井延伸工程安全管理现状，特制定安全管理规定如下：

（1）竖井（盲竖井）延伸工程应制定专项施工安全技术措施，按规定控制井筒掘进段高，及时支护井帮围岩，防止片帮坠物。

（2）所有出入延伸井人员必须遵守乘罐制度，并正确使用个人劳动防护用品（安全帽、矿灯、水靴、工作服、自救器等），系好安全带。安全带必须与提升钢丝绳钩头连接牢固（不得系在吊桶梁上），禁止手扶桶沿，身体不准超出吊桶外。

（3）人员上下吊桶时，必须等吊桶停稳，并得到信号工同意后方可上下。吊桶提升人员到井口时，待井盖门关闭、吊桶停稳后，人员方可进出吊桶。装有物料的吊桶，严禁乘人。

（4）所有入井人员入井前，要对当班工作内容进行了解清楚，从人、机、环、管理四个方面进行危险源辨识；随时检查井帮支护情况，坚持不安全不生产制度，发现问题及时采取措施进行处理，否则，不得继续下一项工作。

（5）特殊工种操作人员必须持证上岗，岗位作业人员要熟练并正确使用安全防护用具、施工机械设备设施等。

（6）卷扬机房、井口、吊盘和井底工作面之间，必须建立安全可靠的竖井提升通信联络（信号）系统。

（7）稳车、提升卷扬机、天轮、钢丝绳、滑架、旋转器、钩头、吊桶、吊盘、连接装置、防止吊桶过卷装置等应按规定每班检查，并认真执行作业现场安全确认制度。

（8）吊桶内的岩渣，应低于桶口边缘0.1m，防止运送过程中散落；装入桶内的长物件应牢固绑在吊桶梁上，严禁物料超出吊桶外沿。

(9) 井盖门、盘口、孔口不准堆放杂物，要随时清扫，保持清洁。在吊盘上使用的工具，必须用安全绳固定生根，不能拴绳的应放好，确保不坠落。井内作业人员携带的工具、材料，应拴绑牢固或置于工具袋内。不应向（或在）井筒内投掷物料或工具。井盖门必须保持常闭状态，只有在吊桶向上运行时方可打开，井盖门没有打开时严禁装卸物料。

(10) 必须使用双层吊盘，升降吊盘之前，应严格检查绞车、悬吊钢丝绳及信号装置，同时撤出吊盘下的所有作业人员。移动吊盘，应有专人指挥，移动完毕应加以固定，将吊盘与井壁之间的空隙盖严，并经检查确认可靠，下方人员方准作业。

(11) 悬吊设备、管线起落时，盘口必须有人看管，防止挂、碰、损坏、坠物。

(12) 加强竖井工作面通风，人员进入井筒作业前，必须先进行通风，排除井内有毒有害气体，风筒口距掘进工作面距离不超过10m。

(13) 竖井内管线必须按规定吊挂固定，放炮母线必须单独悬挂，防止漏电情况发生，威胁爆破安全。

(14) 爆破工必须持证上岗，熟悉爆炸材料性能，爆破作业必须遵守炸药、雷管领、用、退制度。

(15) 爆破前，班组长必须亲自指挥将吊盘提至安全位置，人员退出延伸井筒到安全地点，清点人数布置岗哨；爆破结束后，爆破工必须取下钥匙，摘掉母线并扭结成短路；每次放炮后或交接班时必须清理井口周围的浮矸等物，并将工具物品放到指定的安全位置，防止物品工具等坠入井下。

(16) 吊盘起落。

1) 井口。

①吊盘升降前，吊盘、井口设专人负责检查，清理杂物。检查工作闸、安全闸、棘爪、制动器的重锤是否完好；检查基础有无异常变化。检查无异常后，操作人员向井下吊盘信号工发出升降信号，待吊盘返回信号后，可进行升降操作。

②井口信号工负责检查稳绳是否同步，并在稳绳上做好记号，发现问题及时停车处理。

③升降过程中，停止绞车提升作业，严格遵照吊盘发出的信号进行操作。

④升降完毕，及时关闭各孔口盖门，并盖严，关闭稳车电源，绞车司机应立即在深度指示器上作好盘位标记。

2) 井下。

①吊盘信号工在接到井口信号工发出的升降吊盘工作准备就绪的信号后，应及时通知班长，再由班长通知吊盘上的所有人员立即停止其他工作并派专人负责将固定吊盘各层盘的固定装置全部松开。吊盘各管路和风筒通过孔口也要派专人负责看管。

②井下升降吊盘工作安排就绪，班长应通知吊盘信号工打点联系井口信号工，发出升降吊盘信号。

③吊盘升降过程中，严防吊盘刮、碰管路、电缆、风筒等，若出现偏斜，应及时发出停车信号并进行调盘，严防吊盘偏斜卡盘现象发生。

④紧急制动按钮标识应清楚，遇有特殊情况停不了车时按下紧急制动按钮。

⑤操作人员应精力集中听清信号，密切观察电流表的变化，过大时立即停车，让井下人员检查有无卡阻现象。故障查清排除后方可正常升降。

⑥吊盘升降就位找平后，稳绳均带紧，保持吊盘、悬吊钢丝绳受力均匀。用固定装置将各层盘楔紧定牢，以防止吊盘晃动。通知绞车司机做盘位标记，试运空钩后方可正常提升。

（17）竖井延伸中段马头门井口支护或锁口作业时，必须将连接处摇台基础部分（连接处底板）与主体工程一起进行支护工作，防止岩石或杂物坠落井下。

（18）加强各级、各岗位责任制落实，杜绝“三违”，确保竖井延伸施工作业安全。

三、巷道施工安全规定

（一）顶板管理安全技术措施

（1）危险源辨识：

1）没有观察顶帮变化，巷道出现片帮漏顶。

2）迎头掘进后没有进行敲帮问顶、临时支护不及时。

（2）预控措施：

1）锚杆支护质量必须符合设计要求，确保巷道顶板支护可靠。

2）巷道在施工过程中，必须及时进行敲帮问顶，彻底清除顶帮危岩、活石，确保施工安全。

3）每班开工前，人员进入工作面前，必须由外向里检查巷道工程质量，发现问题必须及时处理，否则严禁施工。

4）每循环掘进后挂网前，敲帮问顶工作必须彻底，临时支护必须固定牢固，否则人员严禁进入迎头。

5）工作人员每班进入工作面时必须先检查工作面的支护情况，确认无任何安全隐患后方可进入迎头作业。

6）施工过程中，要随时观察后巷顶板的变化的情况，如出现锚杆（锚索）受压折断、顶板下沉明显、片帮等异常情况时，必须及时安排人员进行处理。

7）施工过程中，如巷道压力显现明显、顶部破碎时，必须在钢筋网上方铺设与钢筋网同等规格的金属网支护，防止顶部煤矸坠落伤人。

8）施工过程中如遇到地质构造、穿煤层等情况时，若顶板破碎，必须立即停止作业，汇报给相关部门，待相关部门现场勘查后制定出相应的措施后，作业队编制专项措施经审批后，再进行施工，如无需采取其他措施，必须快掘快喷。

9）迎头支护及敲帮问顶工作时必须由跟班队长亲自执行。

（二）敲帮问顶安全技术措施

（1）危险源辨识：

1）顶帮活矸、活煤清除不彻底。

2）没有执行“敲帮问顶”制度或执行不严。

（2）预控措施：

1）每班进入工作面前必须由班组长组织两名有经验的工人进行敲帮问顶工作。

2）敲帮问顶人员必须站在后退道路畅通支护完好的安全地点，并用专用的长柄工具，由外向里，先顶后帮依次进行。

3）敲帮问顶时必须一人找顶，一人观察顶板，找顶只准一组进行，不准两组同时进行。

4）敲帮问顶时如发现顶帮有隐患要及时通知班长，能现场解决的当班处理，如有异常情况必须立即汇报调度室、队部及项目部，并将人员撤离到安全地点。

（三）预防片帮安全技术措施

（1）危险源辨识：

1）巷道帮部、拱部、端墙敲帮问顶不彻底；

2）敲帮问顶时，工器具使用未按规范操作；

3）工作面迎头出现伞檐。

（2）预控措施：

1）巷道内岩石节理发育，岩石破碎，易垮落和掘进成形状况差时，帮部锚杆支护必须紧跟迎头，严禁帮部大面积裸露不支护。

2）严格执行敲帮问顶制度。打眼前，必须敲帮问顶，人员站在安全地点用专用工具将顶、帮、端墙上的活矸捅落，防止矸掉落伤人。清理片帮矸石时，其他人员必须撤至安全地点。

3）用长把工具敲帮问顶时，应防止矸石顺长把工具滑下伤人。

4）顶、帮、工作面迎头严禁出现伞檐。

5）在帮部比较破碎的地方根据实际情况增加锚杆加强支护。

（四）瓦斯管理安全技术措施

（1）按照规定使用瓦斯传感器，瓦检员、爆破工、队长、工程技术人员、班长、电钳工下井时，必须携带便携式甲烷检测仪。瓦斯检查工必须携带光学甲烷检测仪。

（2）必须使用“风电闭锁”，保证停风后工作面自动断电；使用“瓦斯电闭锁”，甲烷浓度超限时能够自动断电。

（3）风机必须由电工负责看管，风筒吊挂平直，不论工作面是否有人，必须保证风机正常运转，因停电或其他原因造成停风时，工作人员全部撤出，并在巷口设栅栏警戒，留专人看管，同时通知调度室、施工单位及时处理。

（4）复工时，瓦检员必须由外向里认真检查工作面甲烷浓度，确认安全后，由瓦检员负责撤栅栏，恢复生产。若瓦检员检查工作面甲烷浓度超限，必须断电，及时设置栅栏，由施工单位编制排放瓦斯措施，进行排放瓦斯。

（5）避免无计划停风，严禁随意停开风机，私自拆接风筒或扒开风筒作业。

（6）掘进工作面（掘进工作面迎头到风筒这一段巷道空间的巷道风流，综掘工作面牌板应挂在距迎头30m内，炮掘工作面牌板应挂在距迎头50m内）、回风流（从风筒出风口至全风压通风巷道交叉口整个掘进巷道空间内的风流，牌板应挂在掘进巷道内距风流混合处10~15m位置）、掘进巷道内的会让硐室、使用中的机电设备设置地点、爆破地点、喷浆地点、有人作业的地点及其他需要设点检查地点都必须纳入瓦斯检查范围，每班至少检查2次，所有设点检查瓦斯的地点必须检查甲烷、二氧化碳、一氧化碳、温度、氧气。

（7）瓦斯检查人员必须执行瓦斯巡回检查制度和请示报告制度，并认真填写瓦斯检查手册。当甲烷浓度达到1.0%时，停止用电钻打眼。工作面回风流中甲烷浓度达到

1.0%或二氧化碳浓度达到1.5%时，必须停止工作面工作，撤出人员，切断电源，并向本队、矿调度室及施工单位汇报进行处理。

（五）通风（通风机、风筒、通风设施）管理安全技术措施

（1）危险源辨识：

1）无计划停风；

2）风量不足。

（2）预控措施：

1）局部通风机，必须实行“三专两闭锁”（“三专”即：专用电缆、专用开关、专用变压器；“两闭锁”即风电闭锁、瓦斯电闭锁）和双风机、双电源管理制度。

2）双风机双电源切换试验每天一次，由当班电工和该区域瓦检员共同完成，并做好试验记录。

3）局部通风机实行挂牌管理，牌板吊挂在局部通风机旁，并与局部通风机平行吊挂。

4）局部通风机必须由班组长负责管理，按照规定检查局部通风机系统，及时填写局部通风机管理牌板。

5）局部通风机的设备齐全，吸风口有风罩和整流器，高压部位有衬垫，局部通风机必须装有消音器。

6）使用局部通风机，无论工作或交接班，都不允许停风。因检修、停电等原因停风时，撤出人员、切断电源进行处理，恢复通风前必须检查瓦斯浓度，局部通风机及其开关附近20m以内风流中瓦斯浓度都不超过0.5%时方可人工开动局部通风机。开启局部通风机时，必须严格按《煤矿安全规程》第一百二十九条、第一百四十一条规定执行。

7）风筒接头严密，无破口，无反接头，软质风筒接头要反压边，硬质风筒接头要加垫，上紧螺钉。

8）风筒吊挂平直，逢环必吊。风筒拐弯处使用骨架风筒，防止风筒发生折曲，增大风阻，影响进风量。

9）临时停工时不得停风，否则必须切断掘进工作面内所有电源，设置栅栏警标、人员严禁进入，并报矿调度室。

10）每月定期检修局部通风机，严格执行检修停风、停电审批制度，彻底消灭无计划停风、停电现象。

11）其他严格执行“一通三防”管理规定。

（六）综合防尘安全技术措施

（1）危险源辨识：

1）巷道回风流中粉尘浓度超过规定。

2）现场作业人员没有按规定使用防尘设施。

3）现场作业人员没有按规定佩戴个人防护用品。

（2）预控措施：

1）巷道内必须设置完善的洒水系统，掘进工作面迎头20m范围内必须洒水降尘。

2）爆破、喷浆支护时，巷道净化水幕必须及时打开以便净化风流。

3）打眼必须湿式打眼，严禁干打眼。

4）掘进迎头50m范围内巷道顶帮每班清扫一次，200m以外及其他巷道每三天清扫一次。对顶帮缆线、管路和设备上沉积的浮尘，对不适宜用洒水方法除尘的电气设备必须用干燥的棉纱擦拭除尘。

5）加强个人防尘管理，工作面施工人员必须佩戴防尘口罩。

6）防尘设施、设备指定专人管理，不得随意拆除。

（七）防灭火安全技术措施

（1）危险源辨识：

1）巷道内未按规定设置防火器材存放点。

2）电气设备失爆。

3）巷道存放易燃易爆物品。

4）巷道内产生明火。

（2）预控措施：

1）巷道内浮煤必须清理干净，严禁在巷道内堆放浮煤。

2）采温度传感器对巷内空气温度定时进行检测，当超过正常温度26℃时，必须立即向调度室、施工单位汇报并采取相应的措施。

3）瓦检员对巷道内氧气浓度定时进行检测，发现氧气浓度低于18%时立即向调度室、施工单位汇报。

4）瓦检员每班对巷道内气体浓度至少检测二次，若检测出一氧化碳气体，须立即汇报处理，若一氧化碳浓度超过0.0024%时，立即撤出人员，并向矿调度室汇报处理。

5）工作面使用的润滑油必须存放在加盖的铁桶内，并放在绕道指定位置；维修使用过的棉纱，布头等必须班班带到地面处理，严禁在巷道内乱扔乱放。

6）在机电设备硐室处必须配备灭火器、沙箱、沙袋等消防器材，消防器材的配备必须齐全，并定期对其检测、更换。

第三节　安全事故预防与处理

一、安全事故概述

（一）矿业工程安全事故类型

矿业工程中常见的事故类型有爆炸、冒顶坍塌、边坡垮塌、尾矿库溃坝等。

（1）盲炮事故。盲炮是因各种原因未能按设计起爆，造成药包拒爆的全部装药或部分装药。产生盲炮的原因包括炸药因素、雷管因素、起爆电源或电爆网路因素、施工质量因素等。2010年3月19日，安徽省池州市一采石场发生的放炮事故，就是由于炸药未及时爆破，工人折回去处理“盲炮”时，发生爆炸造成的生产安全事故。

（2）早爆事故。引起早爆事故的主要因素是爆区周围的外来电场，如雷电、杂散电流、静电、感应电流、射频电等。另外违章作业、雷管质量存在问题和不正确地使用电爆网络的测试仪表、起爆电源也可能引起早爆事故。2018年6月5日，辽宁省本溪市一铁矿发生炸药爆炸事故，就是由于作业人员违章操作，将雷管与炸药混放。

（3）冒顶坍塌事故。冒顶事故是指矿井采掘时，通风道坍塌所产生的事故，是矿井采掘工作面生产过程中经常发生的。在西欧及日本一些采掘技术较发达的国家也常见到。常见的原因有：1）制度不够完善，敲帮问顶制度执行不严，找浮矸危石不及时、不彻底或违章操作，对隐患性危岩未采取必要的临时支护措施，造成危岩突然坠落产生伤亡事故。2）支架安装不合理 支架工作阻力低，可缩量小，支撑及支护密度不足，棚腿架设在浮矸或浮煤上，支架顶上及两帮未插严背实，棚架整体性及稳定性差，造成顶板来压时压垮或推垮支架导致冒顶。3）缺乏支护设备，掘进工作面迎头没有采用金属前探梁等临时支护，工人在空顶空帮下作业，危岩突然坠落造成伤亡事故。

（4）边坡垮塌事故。边坡垮塌事故的原因主要有：1）地质勘查程度不足，尤其是断层、破碎带等地质构造极易引发边坡垮塌事故。2）设计、生产工艺不合理。如露天采场未分台阶作业，“一面墙”开采或台阶高度不合理；排洪排水设施不完善；排土场选址不合理，基底软弱，排土工艺不合理、岩土混排等。3）爆破振动、地震、强降雨、冰雪消融入渗等外部因素对边坡稳定性的不利影响，也可能引发边坡垮塌事故。

（二）矿业工程事故分级

工程安全事故是指生产经营活动（工程建设施工）中造成人身伤亡或财产等直接经济损失的安全事故。工程安全事故分级由事故的严重程度和造成损失的大小确定。

1. 工程事故分级依据

（1）《生产安全事故报告和调查处理条例》

2007 年 4 月 9 日国务院以中华人民共和国国务院令第 493 号发布了《生产安全事故报告和调查处理条例》自 2007 年 6 月 1 日起实施。该条例为生产经营单位在生产活动中发生的造成的人身伤亡或直接经济损失的安全事故等级划分提供了必要的依据。

（2）《矿山生产安全事故报告和调查处理办法》

在国家公布《生产安全事故报告和调查处理条例》后，国家矿山安全监察局依据上述条例以及《煤矿安全监察条例》《“十四五”矿山安全生产规则》和国务院其他有关规定，于 2023 年 1 月颁发并实施了《矿山生产安全事故报告和调查处理规定》。规定制定的目的是规范煤矿生产安全事故报告和调查处理，落实事故责任追究，防止和减少煤矿生产安全事故。规范适用于各类煤矿，包括与煤炭生产、建设直接相关的煤矿地面生产系统、附属场所等企业和作业经营活动范围，对其他各类矿山同样有参考作用。附属场所等企业和作业经营活动范围，对其他各类矿山同样有参考作用。

2. 工程事故分级规定

（1）工程事故分级。

根据《生产安全事故报告和调查处理条例》规定，生产安全事故分为特别重大事故、重大事故、较大事故和一般事故 4 级。

特别重大事故，是指造成 30 人以上（含 30 人，下同）死亡，或者 100 人以上重伤（包括急性工业中毒，下同），或者 1 亿元以上直接经济损失的事故。

重大事故，是指造成 10 人以上 30 人以下（不包括 30 人，下同）死亡，或者 50 人以上 100 人以下重伤，或者 5000 万元以上 1 亿元以下直接经济损失的事故。

较大事故，是指造成 3 人以上 10 人以下死亡，或者 10 人以上 50 人以下重伤，或者 1000 万元以上 5000 万元以下直接经济损失的事故。

一般事故，是指造成 3 人以下死亡，或者 10 人以下重伤，或者 1000 万元以下直接经济损失的事故。

（2）事故数据统计的相关事项。

1）事故发生之日起 30 日内，事故造成的伤亡人数发生变化的，应当按照变化后的伤亡人数重新确定事故等级。事故抢险救援时间超过 30 日的，应当在抢险救援结束后重新核定事故伤亡人数或者直接经济损失。重新核定的事故伤亡人数或者直接经济损失与原报告不一致的，按照重新核定的事故伤亡人数或者直接经济损失确定事故等级。

2）事故造成的直接经济损失包括：人身伤亡后所支出的费用，含医疗费用（含护理费用）、丧葬及抚恤费用、补助及救济费用、歇工工资；善后处理费用，含处理事故的事务性费用、现场抢救费用、清理现场费用、事故赔偿费用；财产损失价值，含固定资产损失价值、流动资产损失价值。

二、安全事故预防控制措施

（1）盲炮事故预防控制措施。

1）严格对爆破器材进行现场检测。爆破工程使用的炸药、雷管、导爆索、导爆管、起爆器等均应做现场检测，检测合格后方可使用。

2）根据作业环境选用适用的爆破器材或采取可靠防护措施。如在潮湿或有水环境中应使用抗水爆破器材或对不抗水爆破器材进行防潮、防水处理。

3）严格起爆网路检查。根据爆破工程复杂程度，由有经验的爆破员或爆破工程技术人员对起爆网路进行检查，确保起爆网路正常，起爆器的起爆能力符合设计要求。

4）严格控制爆后检查时间。露天浅孔、深孔、特种爆破，爆后超过 5min 方准许检查人员进入爆破作业地点；如不能确认有无盲炮，应经 15min 以后才能进入爆区进行检查，切忌提前进入爆区，造成盲炮事故。

（2）早爆事故预防控制措施。

1）预防静电引起早爆事故。进行爆破作业的人员和进行爆破器材加工、检测等人员禁止穿戴化纤、羊毛等可产生静电的衣物，均应穿戴防静电的衣物。矿用现场混装炸药车要设置有效的导静电接地装置。

2）预防雷电引起早爆事故。在雷雨季节进行爆破作业宜采用非电起爆系统，露天爆破不得采用电力起爆系统，不得进行预装药作业，并应在爆破区域设置避雷针或预警系统。在装药连线作业时遇雷电来临，应立即停止作业，拆开电爆网路的主线和支线，作业人员立即撤到安全地点。

3）预防杂散电流引起早爆事故。在装药作业前，要切断进入爆区的电源、导电体，停用可能产生杂散电流的电气设备，对爆区内的杂散电流进行检测，当杂散电流超过 30mA 时，禁止采用普通电雷管。采用普通电雷管起爆时，同时要求不得携带手机或其他移动式通信设备进入警戒区。

4）严禁炸药与雷管混装、混放。在爆破器材储存、运输、搬运等环节，均要严格杜绝炸药与雷管混装、混放。搬运爆破器材要轻拿轻放，严禁抛掷、踩踏、撞击爆破器材。

5）严禁烟火。在装药作业前，要划定装药警戒区域，指定专人负责警戒，严禁携带火柴、打火机等火源进入警戒区域，警戒区内严禁烟火。

（3）冒顶坍塌事故的预防控制措施。

1）加强地质管理，严密监视地质地层和围岩压力的变化，充分维护围岩的完整性。通过地质勘探、地压监测、检测检验等手段，掌握围岩的稳定状态，及时跟进支护措施。采用光面爆破等先进技术方法，尽量避免对围岩的破坏，维护围岩的完整性。

2）加强支护施工管理，确保支护的整体稳定性。根据地质条件，对破碎带、淋水地带等复杂地质区段采用注浆加固、超前锚杆、前探支架等措施进行支护，保证锚杆、锚索的支护深度，确保支护的整体稳定性。

3）严格落实“敲帮问顶”、空顶保护等制度要求。严格按照安全规程的相关要求，认真落实“敲帮问顶”制度，及时发现和清除工作面及巷道围岩中的浮石和危石。掘进工作面严格落实空顶保护，采取有效顶板防护措施，禁止空顶作业。

4）严厉打击乱采滥挖、非法盗采行为。严格按设计施工，留设保安矿柱，及时对采空区进行处理，及时对通往塌陷区的井巷进行封闭。

（4）边坡垮塌事故的预防控制措施。

1）勘查设计阶段，要保证勘查深度，为设计提供科学依据，严格按照安全规程、标准规范进行设计，对断层、破碎带等影响边坡稳定的地质构造制定专项方案，确保设计安全可靠。

2）严格按照设计自上而下分台阶分层开采，确保台阶高度、边坡角等参数符合设计要求。采用预裂爆破技术，提高到界边坡的整体稳定性，有效控制爆破震动对边坡的影响。

3）严格按设计施工防排水设施，经常性对防排水设施进行清理维护，及时疏排边坡积水，防止雨水、冰雪融水渗入侵蚀，对边坡造成破坏。

4）积极应用边坡在线监测等先进技术，对边坡进行变形监测、应力监测、振动监测和水文监测，对边坡变形及变形速率进行实时监测，有效预警。监测系统出现预警或边坡出现开裂、掉块等险情征兆时，立即停止受影响区域作业，将人员、设备撤离至安全区域。

三、矿业工程中安全事故处理

（一）事故处理程序

（1）建设工程安全事故发生后，总监理工程师应签发《工程暂停令》，并要求施工单位必须立即停止施工，施工单位应立即实行抢救伤员，排除险情，采取必需措施，防止事故扩大，并做好标识，保护好现场。同时，要求发生安全事故的施工总承包单位迅速按安全事故类别和等级向相应的政府主管部门上报，并于24h内写出书面报告。

（2）监理工程师在事故调查组展开工作后，应积极协助，客观地提供相应证据，若监理方无责任，监理工程师可应邀参加调查组，参与事故调查；若监理方有责任，则应予以回避。

（3）监理工程师接到安全事故调查组提出的处理意见涉及技术处理时，可组织相关单位研究，并要求相关单位完成技术处理方案，必要时，应征求设计单位的意见。技术处理方案必须依据充分，应在安全事故的部位、原因全部查清的基础上进行，必要时，组织专家进行论证，以保证技术处理方案可靠、可行，保证施工安全。

(4) 技术处理方案核签后，监理工程师应要求施工单位制定详细的施工方案，必要时，监理工程师应编制监理实施细则，对工程安全事故技术处理的施工过程进行重点监控，对于关键部位和关键工序应派专人进行监控。

(5) 施工单位完工自检后，监理工程师应组织相关各方进行检查验收，必要时进行处理结果鉴定。要求事故单位整理编写安全事故处理报告，并审核签认，进行资料归档。

(6) 根据政府主管部门的复工通知，确认具备复工条件后，签发《工程复工令》，恢复正常施工。

(二) 事故处理原则

(1) 发生事故后，事故现场有关人员应当立即报告本单位负责人；负责人接到报告后，应当于1h内报告事故发生地县级以上人民政府安全生产监督管理部门和负有安全生产监督管理职责的有关部门报告。情况紧急时，事故现场有关人员可以直接向事故发生地县级以上人民政府安全生产监督管理部门和负有安全生产监督管理职责的有关部门报告。

(2) 事故发生单位负责人接到事故报告后，应立即启动事故相应应急预案，或者采取有效措施，组织抢救，防止事故扩大，减少人员伤亡和财产损失。

(3) 事故发生后，有关单位和人员应当妥善保护事故现场以及相关证据，任何单位和个人不得破坏事故现场、毁灭证据。因事故抢险救援必须改变事故现场状况的，应当绘制现场简图并作出书面记录，妥善保存现场重要痕迹、物证。

(三) 报告事故的规定

安全生产监督管理部门和负有安全生产监督管理职责的有关部门接到事故报告后，应当依照事故等级，按规定向有关上级部门和本级人民政府报告事故情况，并通知公安机关、劳动保障行政部门、工会和人民检察院。必要时，安全生产监督管理部门和负有安全生产监督管理职责的有关部门可以越级上报事故情况。安全生产监督管理部门和负有安全生产监督管理职责的有关部门应逐级上报事故情况，每级上报的时间不得超过2h。

报告事故应包括：

(1) 事故发生单位概况（单位全称、所有制形式和隶属关系、生产能力、证照情况等）；

(2) 事故发生的时间、地点以及事故现场情况；

(3) 事故类别（顶板、瓦斯、机电、运输、放炮、水害、火灾、其他）；

(4) 事故的简要经过，入井人数、生还人数和生产状态等；

(5) 事故已经造成伤亡人数、下落不明的人数和初步估计的直接经济损失；

(6) 已经采取的措施；

(7) 其他应当报告的情况。

事故报告要求：

(1) 事故报告应当及时、准确、完整，任何单位和个人不得迟报、漏报、谎报或者瞒报事故。

(2) 自事故发生之日起30日内，事故造成的伤亡人数发生变化的，应当及时补报。初次报告由于情况不明没有报告的，应在查清后及时续报；报告后出现新情况的，应当及时补报或者续报。事故伤亡人数发生变化的，有关单位应当在发生的当日内及时补报或者续报。

四、生产安全事故应急救援体系

（一）生产安全事故应急体系

应急救援原则：矿山事故应急救援工作是在预防为主的前提下，贯彻统一指挥，分级负责，区域为重，矿山企业单位自救和互救以及社会救援相结合的原则。其中，做好预防工作是事故应急救援工作的基础，除平时做好安全防范、排除隐患，避免和减少事故外，要落实好救援工作的各项准备措施，一旦发生事故，能得到及时施救。

矿山重大事故具有发生突然，扩散迅速，造成的危害极大的特点，决定了救援工作必须迅速、准确和有效。采取单位自救、互救和矿山专业救援队相结合。并根据事故的发展情况，充分发挥事故单位及地方的优势和作用。

事故应急救援的基本任务：

(1) 立即组织营救受害人员，组织撤离或者采取其他措施保护危害区域内的其他人员，抢救遇险人员是应急救援的首要的任务。

(2) 迅速控制危险源，尽可能地消除灾害。

(3) 做好现场清理，消除危害后果。

(4) 查清事故原因，评估危害程度。

应急救援行动的一般程序：

接警与响应→应急启动→救援行动→应急恢复→应急结束。

接警与响应，按事故性质、严重程度、事态发展趋势及控制能力应急救援实行分级响应机制。政府按生产安全事故的可控性、严重程度和影响范围启动不同的响应等级，对事故实行分级响应。目前我国对应急响应级别划分了四个级别：Ⅰ级为国家响应；Ⅱ级为省、自治区、直辖市响应；Ⅲ级为市、地、盟响应；Ⅰ级为县响应。

（二）避灾措施要求

根据《财政部 应急部 国家矿山安监局关于印发〈安全生产预防和应急救援能力建设补助资金管理办法〉的通知》（财资环〔2022〕93号），国家矿山安监局、财政部研究制定了《煤矿及重点非煤矿山重大灾害风险防控建设工作总体方案》。指出按照“急用先行、突出重点”的原则，力争到2026年，在全国范围内完成所有在册煤矿、2400座重点非煤矿山重大灾害风险防控项目建设工作。重点支持地方政府建设纳入全国性系统的AI视频智能辅助监管监察系统、应急处置视频智能通信系统和重大违法行为智能识别分析系统（包括建设智慧监管监察平台、安装矿端监测监控设备和软件、开展煤矿及重点非煤矿山重大安全风险隐患排查整治等），以及党中央、国务院部署的加强矿山安全监管监察能力建设的其他相关工作。

(1) 建设AI视频智能辅助监管监察系统。在煤矿、重点非煤矿山的地面和井下关键点位安装高清摄像机和图像智能分析设备，实时监控煤矿、重点非煤矿山生产状态和安全状态，分析研判煤矿、重点非煤矿山是否存在明停暗开、超定员等违法生产作业行为。

1) 煤矿地面关键点位视频智能监控子系统。在煤矿的主井口、副井口、煤场出入口等地面关键地点、重要部位安装高清摄像机和图像智能分析设备。

2) 重点煤矿井下视频智能监控子系统。在重点煤矿的井下危险区域、井下带式输送机机头、机尾、井底车场、马头门等关键地点、重要部位安装高清摄像机和图像智能分析设备。

3）重点非煤矿山视频智能监控子系统。在重点非煤矿山的采场危险区域、高陡边坡、排土场、尾矿库库区周边（干滩）、排洪设施、井下危险区域、井下皮带机头、机尾、井底车场、马头门等关键地点、重要部位安装高清摄像机和图像智能分析设备。

(2) 建设应急处置视频智能通信系统。先期在煤矿调度室安装高清摄像头图像智能分析和音视频通信软件，平时监控调度室值班人员是否空岗、睡岗，遇突发事件或事故应急处置时，实现各级煤矿安全监管监察部门与煤矿进行视频会商，加快应急处置响应速度。

(3) 建设重大违法行为智能识别分析系统。在煤与瓦斯突出、高瓦斯、冲击地压、水文地质条件复杂极复杂等重点煤矿的重要设备上加装智能用电融合终端，开展井下精准定位系统建设，实现对重点煤矿重要设备的用电监测和对井下作业人员、重要机电设备的精准定位，结合前期建成的国家矿山安全生产风险监测预警平台，实现对煤矿重大违法行为及风险隐患的早期识别和智能分析，督促煤矿企业提前防范化解重大安全风险，并进一步提升应急救援精准度和时效性。

1）重点煤矿重要设备用电监测子系统。在重点煤矿的矿井变电站、主运输、主通风、主排水、主副提升等重要设备上加装智能用电融合终端，实时监测煤矿重要设备的电流、电压、负载等主要数据变化。

2）重点煤矿井下精准定位子系统。在重点煤矿开展井下精准定位系统建设，对井下作业人员实时精确定位，对井下人员进入危险区域、作业面超定员数量等违规行为及时报警提醒；对矿车、采煤机、掘进机等重要机电设备的位置和安全运行情况实时监测反馈，及时发现违规操作、设备位移和车辆碰撞等风险，并发出预警；发生事故时，迅速确定井下人员具体位置，为精准快速救援提供支撑，提高救援成功率。

第四节 职业健康保护与环境管理

一、职业健康保护

在矿业工程项目中，职业健康保护是为了保护劳动者及周边人民群众生命和财产，杜绝、预防、减少安全事故、避免由于管理的缺陷造成的损失。环境管理则是为了保护劳动者及周边作业环境和生态环境，对施工现场产生的污水、扬尘、噪声、垃圾采取控制措施，遵循可持续发展策略。

(一) 职业健康保护的概念

职业健康是研究并预防因工作导致的疾病，防止原有疾病的恶化，主要表现为工作中因环境及接触有害因素引起人体生理机能的变化。1950 年由国际劳工组织和世界卫生组织的联合职业委员会给出的定义：职业健康保护应以促进并维持各行业职工的生理、心理及社交处在最好状态为目的；并防止职工的健康受工作环境影响；保护职工不受健康危害因素伤害；并将职工安排在适合他们的生理和心理的工作环境中。

(二) 职业健康保护在矿业工程项目管理上的不足

(1) 在施工前，对班组的教育培训内容中所涉及的施工现场职业健康保护和环境管理内容相对较少，没有结合项目环境实际情况，且不具有针对性。

(2) 危险源辨识和风险评价没有及时随着建设工程项目环境的变化而动态调整。矿业工程项目由于其规模大、周期长及施工环境的复杂性、不确定性、多样性，危险源和风险因素随施工环境变化而改变，很多施工企业对危险源识别和风险评价自始至终一成不变，没有及时给予动态调整并采取措施，这是造成对职业健康安全事故和环境破坏的直接原因。

(3) 项目经理往往重视施工的成本管理、进度管理、质量管理、合同管理等，却对施工现场员工，尤其是现场农民工的职业健康忽略不计，总是认为只要不出安全事故即可。

(4) 工程完工后对顾客满意度回访调查基本上不够完善，没有很好的形成记录。

(三) 矿业工程项目施工现场职业健康保护的注意事项

(1) 应建立健全施工现场职业健康保护组织机构。

(2) 根据工程特点建立施工现场职业健康安全管理制度，要求制度有针对性、可行性，并落实到人。

(3) 落实施工现场职业健康安全保护专项资金，专款专用，不得挪作他用。

(4) 施工现场人员必须持证上岗，加强对施工现场施工人员劳动保护用品的使用，对从事有职业危害的人员在上岗前、在岗期间、离岗后进行身体健康检查。

(5) 加强对职业健康保护危险源的识别、风险控制，并经常检查。当发生变化时及时给予动态调整并采取纠偏措施，严格按照 PDCA 的循环模式动态控制。

(四) 矿业工程施工环境条件

矿业工程的施工环境条件包括噪声，粉尘，高、低温度，辐射污染等。

(1) 噪声影响。矿业工程施工中用到许多重型设备，并存在有大量高压、冲击、滚磨、碰撞等过程，如压风机、凿岩机、钻机等。这些设备在使用过程中产生的噪声，不仅污染环境，而且在一些相对封闭的环境中，如井下，其恶劣程度十分严重，对附近施工人员的身心健康有严重危害。

(2) 粉尘污染影响。矿业工程的粉尘污染主要包括各种矿尘以及岩石粉尘等。这些粉尘多数是施工直接产生的内容，如凿岩、爆破、挖掘等，也有的如施工时的水泥粉尘等。由于井下空间有限，因此对作业环境中的人员会产生重大的危害。

(3) 高温工作条件问题。当前一些施工矿井，尤其是南方，或者深矿井条件，施工过程已经遇到了甚至是40℃左右的高温环境，这不仅严重限制了施工人员工作能力的发挥，也严重影响了施工人员的身心健康；解决井下高温施工条件已经成为一些矿井的重要而困难的任务。

(4) 低温工作环境问题。矿井采用冻结法施工时还将遇到-10℃甚至更低的低温工作条件，这时低温防护就成为一项重要的劳动保护工作。

(5) 辐射危害。在开发一些具有辐射性矿物（铀矿）的施工过程中，施工人员往往会受到这些矿物的辐射性影响。因此辐射性防护是开发辐射性矿物（铀矿）施工中的一项重要工作内容。

(五) 施工环境保护与人员防护

施工环境保护，包括采用先进的施工技术，严格遵循施工中的卫生、环保要求，加强施工地点通风、洒水和其他井下的环境控制措施和环境保护。施工中严格执行有关卫生防护的规定。

(1) 地面场地的环境保护：

1）场地临时设施应尽量满足生产区与生活办公区分离的要求，布局合理。

2）有污染的设施尽量远离其他工作区域和取主导方向的下风位置。

3）矿山工程项目现场要重点监管可能造成污染大、扬尘大的工作，注意对危险化学品、易燃易爆物品和有毒有害物质的运输防护和加工处理工作。

4）及时清除建筑垃圾，防止废矿石和矸石对环境的污染，严格防止有害物质和有害气体、灰尘的扩散，做好施工噪声的防护工作。

5）炸药库、油脂库的设置符合安全要求，严格爆破施工的安全警卫工作。

(2) 井下环境保护：

1）确保井下通风系统安全运行，保证工作面的风量、风质符合要求。严格风门管理，维持风筒完好，并有专人检查和维修。

2）井下应设置专门的洒水或喷雾装置，定时、定点洒水或喷雾。

3）坚持井下清洁工作。

4）井下应采用湿式凿岩和湿喷混凝土。

5）井下凿岩应推广使用液压凿岩设备。

6）坚决落实工作面降尘防尘措施，做好井下高温的降温措施。

(3) 个人防护：

1）加强个人防护，包括对粉尘、放射性辐射、噪声等的防护。

2）做好个人劳动卫生防护工作；做好职业病防护工作。

二、环境管理

(一) 环境管理的概念

环境是指与人类密切相关的、影响人类生活和生产活动的各种自然力量或作用的总和，不仅包括各种自然因素的组合，还包括人类与自然因素间相互形成的生态关系的组合。

环境管理是指运用计划、组织、协调、控制等手段，为达到预期环境目标而进行的一项综合性活动。

矿业工程项目环境管理是指在矿业工程项目建设过程中对自然环境和生态环境实施的保护，以及按照法律法规的要求对作业现场环境进行的保护和改善，防止和减轻各种粉尘、废水、废气、固体废弃物以及噪声、振动等对环境的污染和危害。

(二) 环境管理的主要内容

环境管理贯穿于矿业工程项目建设的各阶段，各阶段管理的主要内容如下：

(1) 决策阶段：

1）协助建设单位根据拟建项目的性质、规模、建设地点、环境现状等有关资料，对工程项目建成后可能造成的环境影响，进行环境影响初步分析。

2）协助建设单位办理环境保护的审批手续，执行环境影响报告书（表）审查制度。

3）协助建设单位选择具有环境评价资质的专业工程咨询单位，并与其签订合同，督促其开展环境评价工作，编制环境影响报告书（表）。

（2）设计阶段：

1）督促设计单位按照国家有关环境保护要求，进行环境保护设施的设计，在工程概算中应明确环境保护措施费等。

2）协助建设单位组织初步设计审查会，确保初步设计满足环境保护的要求，审查环境保护设施投资的概预算。

3）根据初步设计审查的意见，协助建设单位会同设计单位，在施工图设计中落实有关环境保护设施的设计及其投资。

（3）施工阶段：

1）协助建设单位会同施工承包单位做好环境保护设施的施工、资金使用情况等资料、文件的整理建档工作。

2）协助建设单位与施工承包单位负责落实政府环境保护部门门对施工过程中环境保护要求及措施；主要是保护施工现场周围的环境，防止对自然环境造成不应有的破坏；防止和减轻各种粉尘、废水、废气、固体废弃物以及噪声、振动等对环境的污染和危害。

（4）收尾阶段：

1）协助建设单位向政府环境保护部门提交环境保护设施预验收申请报告。

2）参加政府环境保护部门组织的环境保护工程的预验收。

3）协助建设单位根据政府环境保护部门在环境保护设施预验收中提出的要求，认真组织实施，预验收合格后，方可进行正式竣工验收。

4）协助建设单位向政府环境保护部门提交《环境保护设施竣工验收报告》，说明环境保护设施运行的情况、治理的效果及达到的标准。

（三）矿业工程项目的环境影响问题

（1）生态环境破坏影响：矿山建设过程中由于地下空间的开采和疏干排水，导致地下水失衡，引起区域性地下水位大幅度下降，造成地面水资源短缺，耕地荒漠化，造成严重的生态环境破坏。

（2）地质结构破坏影响：矿山建设过程中由于部分地层挖空，地层压力和地质结构失衡，造成地层结构变形破坏，并且这种影响一直会延展到地面。局部地面沉降使耕地沉陷，不仅会危及地面原有建（构）筑物，以致村庄道路搬迁、房屋破坏，而且会导致山体开裂、崩塌、滑坡，大范围对地面自然环境的破坏，威胁着矿区地面建筑物和人员安全。

（3）废弃物排放污染影响：大量施工泥浆等废水、废渣和废气的排放，直接有害于施工人员。矿业工程施工人员在狭小的工作面直接面对岩尘（或煤尘）、粉尘、有毒有害气体、放射性毒害以及带有腐蚀性的地下水等，对施工人员身心健康和职业病的危害是非常严重的。开挖出来的矿山固体废弃物（矸石等矿山废渣和工业垃圾）的排放，不仅侵占场地和农田，还造成对矿区周围的大气、水质、土壤的恶化，破坏植被和生态景观；有的废弃物还带有放射性，危害更是严重。因此矿山废渣和工业垃圾的处理也是矿业工程环境保护、避免生活水源污染和生存环境破坏的重要内容。

（四）施工过程中的环境保护工作要求

（1）优化工程设计。新开发矿区（矿井），应在充分做好环境影响评价的前提下，力求对一切与环境相关的工程进行优化设计，将对环境的影响降到最低且可控。

(2) 矿井主体工程设计。应在矿井地面工业场地布置上进行改革，按照建立生产、生产服务和生活服务三条线的设想，将矿区生产组织按功能划分为若干系统。用专业化、集中化、企业化和系统化的原则进行全面规划。

(3) 环境保护工程的设计。环境保护工程应在环境影响评价基础上，满足环境保护要求，并应有环境保护部门审查同意。

(五) 环境保护工作要点

(1) 防尘：

1) 施工现场土方作业应采取防止扬尘措施。施工现场的土方应集中堆放，主要道路必须进行硬化处理。

2) 拆除建（构）筑物时应采用隔离、洒水等措施，并定期清理废弃物。施工现场严禁焚烧各类废弃物。

3) 施工现场的水泥和其他易飞扬的细颗粒建筑材料应密闭存放或采取覆盖措施；混凝土搅拌场所应采取封闭、降尘措施。

(2) 防止水土污染：

1) 施工污水应经现场设置的排水沟、沉淀池，并经沉淀后方可排入污水管网或河流。

2) 施工的油料和化学溶剂等物品应存放在现场专门设置的库房。废弃的油料和化学溶剂应集中处理，不得随意倾倒。

(3) 防治施工噪声污染：

1) 施工现场应按照国家标准制定降噪措施。强噪声施工设备宜设置在远离居民区的一侧，并有降低噪声措施。

2) 确需夜间进行超过噪声标准施工的工程，在施工前由建设单位提请有关部门批准。

(4) 环境卫生：

1) 施工现场的临时设施所用建筑材料应符合环保、消防要求。

2) 施工现场宿舍应保证有必要的生活空间、卫生设施和生活条件。食堂必须有卫生许可证，炊事人员必须持身体健康证上岗。

3) 施工现场作业人员发生法定传染病、食物中毒或急性职业中毒时，必须在2h内向现场所在地相关部门报告。对传染病应及时采取隔离措施等，由卫生防疫部门进行处置。

第五节　案 例 分 析

某矿副井井筒深560m。某日，时值冬季，当罐笼上升到离井底100m时，离井口30m处突然落下一大冰块，冰块落在罐顶一侧并将罐盖砸掉，巨大的冲击使运行中的罐笼剧烈颠簸，把罐内的4个工人从罐笼两端抛出，坠落井底，2人当场死亡，另外2人摔成重伤，在救护队的救护下送往当地医院救治，其中1人在一周后抢救无效死亡。

问题：

(1) 请根据《生产安全事故报告和调查处理条例》的规定确定该事故的等级。

(2) 按照有关规定，该事故应如何处理?

(3) 该事故发生的原因是什么，应如何杜绝此类事故的发生?

(4) 作为施工企业针对项目危险因素编制的安全事故应急救援预案一般分哪几个层次?

答: (1) 根据《生产安全事故报告和调查处理条例》，在事故发生的一个月内先后死亡3人，所以该事故为较大事故。

(2) 根据《生产安全事故报告和调查处理条例》，事故发生后，相关负责人应立即赶赴现场，做好应急救援工作，抢救人员，保护现场，并在山内报告县级政府安全监管部门; 然后企业主管部门要会同工程所在地的市 (或区) 劳动部门、公安部门、人民检察院、工会组成事故调查组，对事故进行调查，并作出处理。

(3) 事故发生的主要原因是由于冬季施工井筒没有保温措施，又没有及时清除井筒内冻结冰块造成的。为了杜绝此类事故的发生，应采取以下措施:

1) 加强冬季施工的安全教育，提高对立井井筒结冰危害的认识;

2) 立井井筒冬季施工前，必须提前做好井口供暖工作，防止井筒内冻结挂冰;

3) 无法解决暖风问题的，必须安排专人轮班检查、清除井筒挂冰;

4) 如果是瓦斯矿井，要在保证瓦斯浓度不超限的情况下，适当限制井筒风速和风量，防止井筒大量结冰。

(4) 施工企业应根据项目危险源分别编制综合应急救援预案、危险因素编制专项预案、关键岗位、地点编制现场处置方案。

复习思考题

7-1 处于什么情况下应该停止爆破工作?

7-2 矿业工程施工安全管理的基本制度有哪些?

7-3 盲竖井施工安全规定有哪些?

7-4 通风管理安全域控措施包括哪些?

7-5 矿业工程中常见的事故类型有哪些?

7-6 冒顶坍塌事故的主要原因和预防控制措施?

7-7 职业健康保护与环境管理的意义是什么?

第八章　矿业工程项目风险管理

第一节　概　述

一、矿业工程项目风险

风险在任何工程项目中都存在，它是项目系统中的不确定因素。风险会造成项目实施的失控现象，如计划修改、工期延长、成本增加等，最终导致经济效益降低，甚至项目失败。矿业工程项目建设周期长、面临的不确定性因素多，受地质条件限制大，可以说在项目建设过程中危机四伏。

（一）风险的定义

风险就是指由于可能发生的事件，造成实际结果与主观意料之间的差异，并且这种结果可能伴随某种损失的产生。或者说，风险是人们因对未来行为的决策及客观条件的不确定性而可能引起的后果与预定目标发生偏离的综合。由上述风险的定义可知，风险要具备两方面条件：一是不确定性；二是产生损失后果，否则就不能成为风险。

与风险相关的概念有：风险因素、风险事件、风险损失、损失概率。

(1) 风险因素。风险因素是指引起或增加风险事故发生的机会或扩大损失幅度的原因。它是风险事件发生的潜在原因，是造成风险损失的根源。如果消除了所有风险因素，风险损失就不会发生。

(2) 风险事件。风险事件是指有一种或几种风险因素共同作用而发生的任何造成生命财产损失的偶发事件。也就是说，风险事件是风险损失的媒介，是造成损失的直接原因，即风险只有通过风险事件的发生，才能导致损失。如汽车的制动系统失灵导致车祸和人员伤亡，在这里制动系统失灵是风险因素，而车祸是风险事件，人员伤亡是风险损失。如果仅有刹车系统失灵，而未导致车祸，则不会导致人员伤亡。风险事件的发生是不确定的，这种不确定性是由内外部环境的复杂性和人们对于未来变化的预测能力有限而导致的。

(3) 风险损失。在风险管理中，风险损失是指非故意的、非预期的和非计划的人身损害及财产经济价值的减少，通常以货币单位来衡量。显然，风险损失包括两方面的含义：一是非故意、非预期和非计划的事件；二是造成了人身伤害及财产经济价值的减少。如果缺少其中任何一方面，都不能成为风险损失。如设备折旧，虽有经济价值的减少，但不是风险损失。风险损失重要的是要找出一切已经发生和可能发生的损失，尤其是要对间接损失和隐蔽损失进行深入分析，因为有些损失是长期起作用的，是难以在短期内预测、弥补和扭转的。假如做不到定量分析，至少也要进行定性分析，以便对损失后果有一个比较全面客观的估计。

(4) 损失概率。损失概率是指损失出现的机会，分为客观概率和主观概率两种。客观概率是某一事件在长时期内发生的概率。例如，木结构房屋发生火灾的概率要远远大于钢筋混凝土结构的房屋。主观概率是个人对某一事件发生可能性的估计，估计结果受到很多因素的影响，如个人的受教育程度、专业知识水平、实践经验等，还可能与年龄、性别、性格等有关系。

(二) 风险的来源

矿业工程项目风险主要体现在以下五个方面：

(1) 项目受资源条件限制。通过初期地质勘探，难以完全获取真实的地质信息。这是由于人们受到技术、成本等客观条件的限制，难以获取项目所在位置的具体的详细的地质水文资料，只能在项目实施过程中不断进行地质勘探，补充资料，如果遇到与初期勘探资料不相符，就会影响项目计划，这就更增加了矿业工程项目的不确定性。

(2) 参与项目人员造成的不确定性。从信息经济学的角度来看，在业主、承包商、设计单位、监理单位之间存在信息不对称现象，这就容易引起机会主义行为，增加了项目目标实现的不确定性。同时每个人受到技术、知识、能力等的限制，个人能力并不相等，在工作中常犯错误，也会影响到项目目标的实现。

(3) 设备、材料的可靠程度。矿业工程项目对机械设备要求较高，机械和人员的可靠性对项目质量、安全等具有较大影响，并且施工机械受到场地条件的限制，安装操作具有较大难度。同时矿业工程项目经常使用到炸药等危险品，稍有不慎即可能产生严重后果。

(4) 工作环境的不确定性。矿业工程项目的施工多为地下作业，工作环境复杂，经常遇到瓦斯、粉尘、突水、顶板等危险因素，工作环境在长时间的作用过程中存在不确定的危险，时常威胁到人身财产安全。

(5) 事件后果不确定性。矿业工程项目环境条件复杂，影响因素众多，既是经验丰富的施工承包商或业主，也会经常碰到无法预料的情况。即使人们认识到了风险因素的存在，但人们认识水平的限制和环境条件的变化，也很难准确判断事件的预期后果及发生的概率。

(三) 风险的特点

(1) 风险的长期性和复杂性。

矿业工程项目建设周期长、规模大、涉及范围广，风险贯穿项目的整个生命周期，并且随着项目的实施不断呈现递增趋势，也就是说如果风险没有被及时发现和处理，随着项目的实施，其影响程度会逐步增加，造成的损失也会越来越大。各个风险之间还存在着复杂的内在联系，互为影响，任何一个方面出现问题都直接影响项目目标的顺利实现。

(2) 风险的多样性和动态变化性。

在一个项目中有许多种类的风险存在，如政治风险、经济风险、自然风险、合同风险等，这些风险之间有复杂的内在联系。在不同生命周期阶段的风险因素是不同的，同一种风险因素在不同阶段引发的风险事件影响程度可能也不一样，发生的概率也会随着时间的变化而发生变化。随着项目的进展，有些风险因素会消失，有些风险因素又会产生，是动态变化的。

(3) 风险的渐进性和可测性。

绝大部分风险不是突然形成的，它是随着环境、条件和自身固有的规律一步一步逐渐发展而形成的。只有当内部和外部条件发生变化时，风险的大小和性质才会随之发生、发展和变化。项目风险虽然具有不确定性，但人们仍然可以掌握其变化，风险是客观存在的，人们可以对其发生的概率及所造成的后果作出主观判断，以对风险进行预测和估计。现代计量方法和技术提供用于测量项目风险的客观尺度，用这些方法可以动态地掌握项目风险，以更好地作出控制和避免风险的对策。

（四）风险的类型

从风险的成因而言，矿业工程项目风险一般有社会风险、自然风险、经济风险、技术风险等。这些风险中具体内容，有的是对社会具有普遍影响，有的是主体参与项目后而存在，即项目主体将自身处于风险之中，如项目的工期、质量、安全、成本等风险。

（1）社会风险。社会风险是指由社会环境因素引起对项目的风险，如区域性停电停水、突发的社会事件等。政局变化、罢工、战争等引起社会动荡而造成财产损失和损害及人员伤亡也是社会风险。

（2）自然风险。自然风险是指由自然界的一些灾害现象或灾害条件所引起，包括如地震、泥石流、暴雨以及恶劣的地质、水文条件对工程项目可能的威胁。除此之外，地下环境也存在风险，地层环境中存在许多灾害因素，如地层压力、有害气体、涌水、放射性元素等。

（3）经济风险。经济风险是指人们在从事经济活动中，受市场因素影响、企业经营决策、通货膨胀、合同等原因导致经济损失的风险。

（4）技术风险。技术风险存在于整个项目过程中，包括从决策技术方案开始到施工、竣工移交、质保期。引起技术风险的主要原因是技术方案的合理性和施工技术能力的适用性。由于受施工条件复杂性的限制，井下施工技术的效果或者其影响会存在一定的盲目性或不确定性。

二、矿业工程项目风险管理的概念和特点

（一）风险管理的概念

矿业工程项目风险管理是指对可能遇到的风险因素进行识别、评估、监控以及应对，以求减少风险因素对项目的影响，以最低的成本获得最大安全保障的决策及行动过程。风险管理的主体是矿业工程项目的参与单位，包括业主、承包商、施工单位、设计单位、监理单位等，有效的矿业工程项目风险管理能取得巨大的经济效果。矿业工程项目风险管理与安全的关系如下：

安全就是保险的意思，也可理解为万无一失，而风险就是不安全的意思，因此可以说建设和生产过程安全就说明已杜绝或减少了风险，如果建设过程有风险，那么这个过程就可能是不安全的。

风险管理不是要把风险因素引入建设及生产过程，而是增强人们对潜在风险的重视，通过风险识别、风险评价，采取相应的风险对策，杜绝或减少建设过程中的风险，使建设过程更加安全。

根据工程建设的统计资料表明，减少投资风险的关键在设计阶段，尤其是初步设计以前的阶段；而设计阶段和施工阶段的质量风险为最大；施工阶段中存在的较大风险则是进度风险。因为施工阶段持续时间长，期间可能遇到的不确定性因素较多，因此参建各方必

须加大施工阶段的风险管理力度，才能减少质量风险和进度风险，确保建设工程安全。由此可见，建设和生产过程安全是风险管理的目的，风险管理是确保建设工程安全的必要手段，两者的关系是相辅相成缺一不可的。

（二）风险管理的特点

（1）综合性。建设工程项目的风险来源、风险的形成与转化、风险的潜在破坏机制、风险的影响范围及其损失程度等方面复杂多变，而单一的管理技术或单一的工程、技术、财务、组织、教育或程序等措施都有一定的局限性。因此，项目风险管理是一种综合性的管理活动，涉及自然科学、社会科学、工程技术、系统科学、管理科学等多学科领域。

（2）主动性。建设工程项目风险管理是一个动态的、复杂的过程。在建设工程项目实施过程中，必须依据内外部环境的变化，对风险管理的方案作出合理、及时的调整，以达到风险管理的目的。因此，作为建设工程项目风险管理的主体，项目管理组织（尤其是项目经理）应在风险事件发生之前采取行动，并在认识和处理错综复杂、性质各异的多种风险时，要统观全局，抓主要矛盾，因势利导，变不利为有利，将威胁转化为机会。

（3）目标性。从项目的费用、时间和质量目标来看，风险管理与项目管理目标一致。通过风险管理降低项目的风险成本（风险事件造成的损失或减少的收益以及防止发生风险事件采取预防措施而支付的费用），降低项目的总费用。项目风险管理的目的必须与合同管理、成本管理、工期管理、质量管理连成一体，将风险管理的各种不利后果减少到最低，实现项目总体的预期目标。

此外，风险管理的目的并不是消灭风险，在工程项目中，大多数风险是不可能由项目管理者消灭或排除的，而是有准备地、理性地实施项目，尽可能地减少风险的损失和利用风险因素有利的一面。

（4）科学性。风险管理需要大量地占用信息、了解情况，对项目系统以及系统环境进行深入的研究与预测。在调查研究的基础上须调查和收集资料，必要时还要进行试验和模拟，研究项目本身和环境以及两者之间互相影响和相互作用的关系，以识别项目面临的风险。所以风险管理中要注重对专家经验和教训的调查分析，如专家对风险范围和规律的认识，对风险的处理方法、工作程序和思维方式等，并在此基础上将分析成果系统化、信息化、知识化，为风险规划、风险控制和风险监督提供科学、可靠的依据。

三、矿业工程项目风险管理过程

矿业工程项目风险管理过程是由风险识别、风险估计与评价、建立应对计划和措施、实施风险管控等环节构成，其核心是优化组合各种风险管理技术，实现避免风险、减少风险损失的目标。参照《建设工程项目管理规范》（GB/T 50326—2006）和《项目管理知识体系指南》（PMBOK，第5版）的相关内容，风险管理是一个确定和度量项目风险，并且制订、选择和处理方案的过程，包括项目实施全过程的风险识别、风险评估、风险应对和风险控制，如图8-1所示。

（1）风险识别。对风险进行管理的前提条件即对风险进行全面的识别。项目本身是一个复杂的系统，其风险影响因素很多，这些风险因素不仅关系错综复杂，而且各自引起的后果的严重程度也不相同。识别的过程即基于同类工程项目的统计数据，并结合具体工程管理水平对风险源、风险诱因及结果进行分析，比较系统全面地确定项目所涉及的各个

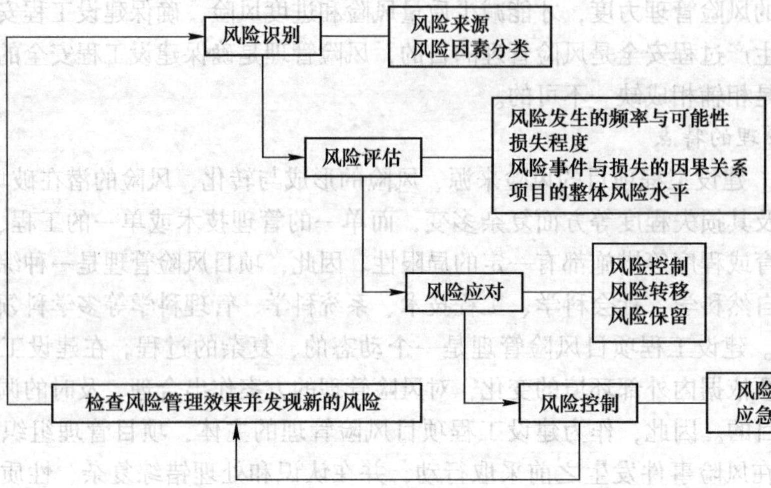

图 8-1 风险管理的基本程序

方面及其整个发展过程中可能存在的风险事件，将引起风险的极其复杂的风险因素或风险事件分解成比较简单的、容易被认识的基本单元。找出风险形成的规律，从而对风险加以识别。风险识别不是一次性的工作，应在项目生命周期自始至终的定期进行，需要更多系统的、横向的分析。

（2）风险评估。风险评估是评估发生风险事件的可能性和将风险事件对项目的影响进行量化，即在风险识别基础上运用各种工具与方法评价项目面临的风险的严重程度，以及这些风险对项目可能造成的影响。风险评估可分为风险估计和风险评价两个方面：风险估计是计算风险事件发生的可能性及后果的大小，以减少风险的计量不确定性；风险评估是对风险事件的后果进行评价，并确定其严重程度。风险评估包括以下内容：

1）确定风险事件发生的概率和可能性。

2）确定风险事件的发生对项目目标影响的严重程度，如经济损失的大小；工期的延误量；以及工程的质量、功能和使用效果等方面的影响。

3）判定风险事件与风险损失的因果关系。

4）项目整体风险水平的评估。将工程项目所有的风险视为一个整体，评价它们的潜在影响，从而得到项目的风险决策变量值，作为项目决策的重要依据。

（3）风险应对。风险应对指的是对各种风险管理对策进行规划，并根据项目风险管理的总体目标，就处理项目风险的最佳对策组合进行决策。形成风险规划的主要内容包括风险管理目标，风险管理范围，可使用风险管理的方法、工具及数据来源，风险分类与排序，风险管理职责与权限，风险跟踪的要求，相应的资源预算。

（4）风险控制。风险控制是在项目实施过程中对风险进行监测和实施控制措施的工作。风险控制主要有两个方面内容：一是以风险控制规划中的规避措施对项目风险进行有效的控制，妥善处理风险事件造成的不利后果；二是在项目进展中检查实施情况，检查是否有被遗漏的项目风险或者发现新的项目风险，并制订应急计划与方案，对项目的变更及时作出反馈与调整。当项目变更超出原先预计或出现未预料的风险事件时，必须重新进行风险识别和风险评估，并制定规避措施。

第二节 风 险 识 别

一、风险识别的过程

风险识别是风险管理的起点和基础，目的是通过科学的方法和手段，尽可能地找出潜在的、对项目目标有显著影响的风险因素。矿业工程项目工期长、地质条件复杂、不确定因素众多，理论上说，与矿业工程项目相关的任何因素都有可能影响项目的目标，但是并不是每个因素都会对项目目标产生显著影响。哪些因素对于矿业工程项目来说是关键因素？这些风险因素又是如何相互作用的？风险因素识别就是对影响矿业工程项目目标的各个因素进行分析，找出对项目目标产生显著影响的那些关键因素。

识别风险的过程包括对可能的风险事件、来源和结果进行全面实事求是的调查，系统分类，并恰如其分地评价其后果。风险识别过程通常分为如下六个步骤。

（1）确认不确定性的客观存在。这项工作包括两项内容：首先要辨认所发现或推测的因素是否存在不确定性，如果是确定无疑的，则无所谓风险。例如，承包商已知工程所在地的物价高昂而仍然决定投标，则物价高昂便不会成为风险，因为承包商已经准备了对付高昂物价的办法，有备而投标。其次要确认这种不确定性是客观存在的，是确定无疑的，而不是凭空想象的。

（2）建立初步清单。清单中应明确列出客观存在的潜在的各种风险，包括各种影响生产率、操作运行、质量和经济效益的各种因素。人们通常凭借企业经营者的经验对其作出判断，并且通过对一系列调查表进行深入分析而制定清单。

（3）确定各种风险事件并推测其结果。根据初步风险清单中开列的各种重要的风险来源，推测与其相关联的各种合理的可能性，包括盈利和损失、人身伤害、自然灾害、时间和成本、节约和超支等方面，重点应是资金的财务结果。

（4）对潜在风险进行重要性分析和判断。对潜在风险进行重要性分析和判断通常采用二维结构图（风险预测图），如图 8-2 所示。图中纵坐标表示不确定因素发生的概率，横坐标表示不确定事件潜在的危害。图中每一曲线均表示相同的风险，但不确定性或者其发生的概率与潜在的危害有所不同，因此各条曲线所反映的风险程度也就不同。曲线距离原点越远，风险就越大。

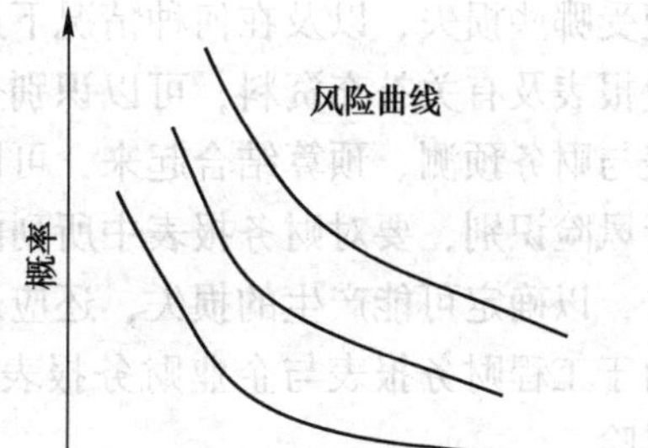

图 8-2 风险预测图

（5）风险分类。通过对风险进行分类，加深对风险的认识和理解，同时也能辨清风险的性质。实际操作中，可依据风险的性质和可能的结果及彼此间可能发生的关系进行风险分类，能更彻底地理解风险预测结果，且有助于发现与其相关联的各方面的因素。常见的分类方法是由若干个目录组成的框架形式，每个目录中都列出不同种类的风险，并针对各个风险进行全面检查，这样可避免仅重视某一项而忽视其他风险的现象。

（6）建立风险目录摘要。通过建立风险目录摘要，将项目可能面临的风险汇总并排列出轻重缓急，能给人一种总体风险的印象图。风险目录摘要能把全体项目人员都统一起来，使个人不再仅仅考虑自己所面临的风险，而且能自觉地意识到项目的其他管理人员的风险，还能预感到项目中各种风险之间的联系和可能发生的连锁反应。

二、风险识别的方法

风险识别阶段的主要任务是找出各种潜在的危险，需要做很多细致的工作，要对各种可能导致风险的因素进行去伪存真，反复比较；要对各种倾向、趋势进行推测，作出判断。风险识别的主要方法有专家调查法、财务报表分析法、列表检查法、流程图法和现场调查法。

(1) 专家调查方法。由于多数项目的潜在危险可能在短时间内用统计的方法、实验分析的方法和因果关系论证得到证实，专家调查法具有显著的优越性。专家调查法是一种利用专家的知识和经验来进行风险识别的方法，应用广泛。专家调查方法主要有头脑风暴法和德尔菲法两种。对风险影响和发生可能性的分析，一般不采用提问表的形式，而采用专家会议的方法。

1) 组建专家小组，一般4~8人最好，专家应有实践经验且具有代表性。

2) 通过专家会议对风险进行界定，量化。召集人尽可能使专家了解项目目标、项目结构、环境以及工程状况，详细地调查并提供信息。有条件时，专家可以实地考察。对项目的实施、措施的构想作出说明，对项目有一个共识，否则容易增加评价的离散程度。

3) 召集人有目的地与专家合作，定义风险因素及结构、可能的成本范围。

4) 风险评价。专家对风险的程度（影响量）和出现的可能性给出评价意见。在这个过程中，特别要注意集思广益，重点分析讨论。为了获得专家意见，可以采用匿名的形式发表意见（如德尔菲法），也可以采用会议面对面讨论方式（如头脑风暴法）。

5) 统计整理专家意见，得到分析结果。

(2) 财务报表分析法。财务报表法有助于确定一个特定企业或特定的工程项目可能遭受哪些损失，以及在何种情况下遭受这些损失。通过分析资产负债表、现金流量表、营业报表及有关补充资料，可以识别企业当前的所有资产、责任及人身损失风险。将这些报表与财务预测、预算结合起来，可以发现企业或工程项目未来的风险。采用财务报表法进行风险识别，要对财务报表中所列的各项会计科目做深入的分析研究，并提出分析研究报告，以确定可能产生的损失，还应通过一些实地调查以及其他信息资料来补充财务记录。由于工程财务报表与企业财务报表不尽相同，因而需要结合工程财务报表的特点来识别风险。

(3) 列表检查法。在实际调查中，常常采用填写一份检查表的方法。检查表可以包括多种内容，如以前项目成功或失败的原因、项目其他方面规划的结果（范围、成本、质量、进度、采购与合同、人力资源与沟通等计划成果）、项目班子成员的技能、项目可用的资源、项目产品或服务的说明书等，这些内容能够提醒人们还有哪些风险尚未考虑到。使用检查表的优点是它使人们能够按照系列化、规范化的要求去识别风险，且简单易行。其不足之处是专业人员不可能编制一个包罗万象的检查表，因而检查表具有一定的局限性。

(4) 流程图法。流程图法是将项目的全过程按其内在的逻辑关系制成流程，针对流程中的关键环节和薄弱环节进行调查和分析，找出风险存在的原因，发现潜在的风险威胁，分析风险发生后可能造成的损失和对项目全过程造成的影响有多大等。运用流程图分析，项目人员可以明确发现项目所面临的风险，但流程图分析仅着重于流程本身，而无法显示发生问题的时间阶段、损失值和损失发生的概率。

(5) 现场调查法。现场调查对于识别风险非常重要。通过直接考察现场，可以发现许多客观存在的静态因素，也有助于预测判断某些动态因素。特别是对于工程实施的基本条件、现场及周围环境，可以取得第一手资料。现场调查是风险识别不可缺少的手段。现场调查除要求获取直接资料外，还应设法获取间接资料，而且要对所掌握的资料认真研究以便去伪存真。

第三节 风险评估

一、风险评估的内容

风险评价是在风险识别的基础上，对具体的危险源发生概率和可能造成后果的严重程度进行定性或定量的分析和评价。它是风险管理不可缺少的关键环节，是介于风险识别和风险决策之间的环节，目的是将各种风险因素对项目的影响程度给予量化描述，以使风险管理者全面掌控风险，使工程项目风险管理建立在科学的基础上，为提出正确的风险对策和管理措施提供依据。

(1) 风险存在和发生的时间分析。风险可能在项目的哪个阶段、哪个环节上发生，有许多风险具有明显的阶段性。有的风险是直接与具体的工程活动相联系的。风险存在和发生的时间分析对风险的预警有很大的作用。

(2) 风险的影响和损失分析。风险的影响是个非常复杂的问题，有的风险影响面较小，有的风险影响面很大，可能引起整个工程的中断或报废。然而风险之间常常是有联系的，某个工程活动受到干扰而拖延，则可能影响他后面的许多活动。如经济形势的恶化不但会造成物价上涨，而且可能会引起业主支付能力的变化；通货膨胀引起了物价上涨，会影响后期的采购、人工工资及各种费用支出，进而影响整个后期的工程费用。有的风险影响可以相互抵消，如反常的气候条件、设计图纸拖延，承包人设备拖延等在同一时间段发生，它们之间对总工期的影响可能是有重叠。

(3) 风险发生的可能性分析。风险发生的可能性分析是研究风险自身的规律性。通常可用概率表示，既然被视为风险，则它必然在必然事件（概率=1）和不可能事件（概率=0）之间。它的发生具有一定的规律性，但也具有不确定性，人们可以通过各种方法研究风险发生的概率。

(4) 风险级别。风险因素非常多，涉及各个方面，但是人们并不是对所有的风险都予以同等重视，否则将大大增加管理费用。然而谨小慎微，反过来会干扰正常的决策过程。因此，管理者需要对风险进行分级，区别对待。

(5) 风险的起因和可控制性分析。对风险起因的研究是为风险预测、对策研究和责任分析服务。风险的可控性是指人对风险影响和控制的可能性，如有的风险是人力可以控制的，而有的却不可以控制。可控的风险，如承包商对招标文件的风险、实施方案的安全性和效率风险、报价的正确性风险等，不可控制的风险，如物价风险、反常的气候风险。

二、风险评估的步骤和结果

（一）风险评估的步骤

（1）采集数据。必须采集与所要分析的风险相关的各种数据，所采集的数据必须是客观的、可统计的，某些情况下数据资料还不够充分，尚需主观评价。特别是对投资者来讲，在技术、商务和环境方面都比较新的项目，需要通过专家调查法获得具有经验性和专业知识的主观评价。

（2）完成不确定性模型。以有关风险的信息为基础，对风险发生的可能性和可能的结果给予明确的定量化，通常用概率来表示风险发生的可能性，可能的结果体现在项目现金流量表上，用货币表示。

（3）对风险影响进行评价。在不同风险事件的不确定性已经模型化后，紧接着就要评价这些风险的全面影响，通过评价把不确定性与可能结果结合起来。

（二）风险评估结果

风险评估结果必须用文字、图表进行表述说明，作为风险管理的文档，即以文字、表格的形式作风险评估报告。分析结果不仅作为风险评估的成果，而且应作为人们风险管理的基本依据。表的内容可以按照分析的对象进行编制，例如以项目单元（工作包）为对象，见表8-1，这可以作为对工作包说明的补充分析文件，也可以按风险的结构进行分析研究，见表8-2。

表 8-1　以项目单元为对象建表样式

工作包编号	风险名称	风险产生的影响	原因	损失		可能性	损失期望	预防措施	评价等级
				工期	费用				

表 8-2　按风险的结构进行分析研究建表样式

风险编号	风险名称	风险的影响范围	导致发生的边界条件	损失		可能性	损失期望	预防措施	评价等级
				工期	费用				

三、风险评估的方法

（一）调查和专家打分法

调查和专家打分法是一种最常用的、最简单的、易于应用的分析方法，具体步骤如下：

第一步：识别出某一特定项目可能遇到的所有风险，列出风险调查表。

第二步：利用专家经验，对可能的风险因素的重要性进行评价，确定每个风险因素的权重以表征其对项目风险的影响程度。

第三步：确定每个风险因素的等级值，按可能性很大、比较大、中等、不大、较小五个等级，分别以1.0、0.8、0.6、0.4、0.2打分。

第四步：将每项风险因素的权数与等级值相乘，求出该项风险因素的得分，再求出此工程项目风险因素的总分。显然，总分越高说明风险越大，表 8-3 是一个风险调查表的简单示例。

表 8-3 风险调查表

可能的风险事件	权重（W）	风险事件发生的可能性（C）					$W\times C$
		很大 1.0	比较大 0.8	中等 0.6	不大 0.4	较小 0.2	
政局不稳	0.05			√			0.03
物价上涨	0.15		√				0.12
业主支付能力	0.10			√			0.06
技术难度	0.20					√	0.04
工期紧迫	0.15			√			0.09
材料供应	0.15		√				0.12
汇率浮动	0.10			√			0.06
无后续项目	0.10				√		0.04
$\sum W\times C=0.56$							

（二）统计和概率分析法

应用统计和概率方法分析工程项目风险是比较传统的做法。风险概率是指某一风险发生的可能性，风险后果是指某一风险事件发生对项目目标产生的影响。

1. 风险事件发生的概率

风险估计的首要工作是确定风险事件的概率分布。一般来讲，风险事件的概率分布应当根据历史资料来确定，当项目管理人员没有足够的历史资料来确定风险事件的概率分布时，可以利用理论概率分布进行风险估计。

（1）历史资料法。在项目基本相同的条件下，可以通过观察各个潜在的风险在长时期内已经发生的次数来估计每一可能事件的概率，这种估计就是每一事件过去已经发生的频率。

（2）理论概率分布法。当项目的管理者没有足够的历史信息和资料来确定项目风险事件的概率时，可以根据理论上的某些概率分布来补充或修正，从而建立风险的概率分布图。常用的风险概率分布是正态分布，正态分布可以描述许多风险的概率分布，如交通事故、财产损失、加工制造的偏差等。除此之外，在风险评估中常用的理论概率分布还有离散分布、等概率分布、阶梯形分布、三角形分布和对数正态分布等。

（3）主观概率。由于项目的一次性和独特性，不同项目的风险往往存在差别。因此，项目管理者在很多情况下要根据自己的经验去测度项目风险事件发生的概率或概率分布，这样得到的项目风险概率被称为主观概率。主观概率的大小常常根据人们长期积累的经验、对项目活动及其有关风险事件的了解估计。

2. 风险事件后果的估计

风险事故造成的损失要从三个方面来衡量：风险损失的性质、风险损失范围大小和风险损失的时间分布。风险损失的性质是指损失是属于政治性的，经济性的还是技术性的。

风险损失范围大小包括损失的严重程度、损失的变化幅度和分布情况。损失的严重程度和损失的变化幅度分别用损失的数学期望和方差表示。风险损失的时间分布是指项目风险事件是突发的，还是随时间的推移逐渐致损的。风险损失是在项目风险事件发生后马上就感受到，还是需要随时间推移而逐渐显露出来，以及这些损失可能发生的时间等。

损失这三个方面的不同组合使得损失情况千差万别。因此，任何单一的标度都无法准确地对风险进行估计。在估计风险事故造成损失时，描述性标度最容易用，费用最低；定性标度次之；定量标度最难、最贵、最耗费时间。

3. 风险量的衡量

风险的大小不仅和风险事件发生的概率有关，而且还与风险损失的多少有关。项目风险量的大小 R 为风险出现频率 p 和潜在的损失量 q 的函数：

$$R = f(p, q) \tag{8-1}$$

R 具有下列性质：

（1）R 的大小主要取决于潜在损失的多少，有严重潜在损失的风险，其虽不经常发生，却比虽经常发生，但无大灾的风险可怕。

（2）若两种风险与潜在损失相类似，则其发生频率高的风险具有较大的 R。

（3）风险评价图中每条曲线代表一风险事件，不同曲线风险程度不一样。曲线距离原点越远，期望损失越大，一般认为风险就越大。

（4）工程项目风险频率与损失的乘积就是损失期望值，即风险量大小是关于损失期望值的增函数。在风险理论中常用下列公式来计算 R。

$$R = f(p, q) = pq \tag{8-2}$$

或

$$R = \sum_{i=1}^{n} p_i q_i \tag{8-3}$$

式中，$i=1, 2, 3, \cdots, n$，表示项目的第 i 个风险事件。

（三）风险相关性分析

风险之间的关系可以分为三种情况，第一种情况是两种风险之间没有必然联系，如国家经济政策变化不可能引起自然条件的变化；第二种情况是一种风险出现则另一种风险一定会发生，如一个国家政局动荡，必然会导致该国经济形势恶化而引起通货膨胀；第三种情况是如果一种风险出现后，另一种风险发生的可能性增加，如自然条件发生变化，有可能会导致承包商技术能力不能满足实际需要。

上述后两种情况的风险是相互关联的，有交互作用。用概率来表示各种风险发生的可能性，设某项目中可能会遇到 i 个风险，$i=1, 2, 3, \cdots$，P_i 表示各种风险发生的概率（$0 \leqslant P_i \leqslant 1$），$R_i$ 表示第 i 个风险一旦发生给项目造成的损失值。其评价步骤如下：

1. 找出各种风险之间相关概率 P_{ab}

设 P_{ab} 表示一旦风险 a 发生后风险 b 发生的概率（$0 \leqslant P_{ab} \leqslant 1$）。如 P_{ab} 等于零表示风险 a 和 b 之间无必然联系；当 P_{ab} 等于 1 表示风险 a 出现必然会引起风险 b 发生。根据各种风险之间的关系，可以找出各风险之间的 P_{ab}，见表 8-4。

表 8-4 各风险之间的 P_{ab}

风险		1	2	3	…	i	…
1	P_1	1	P_{12}	P_{13}	…	P_{1i}	…
2	P_2	P_{21}	1	P_{23}	…	P_{2i}	…
⋮	⋮	⋮	⋮	⋮	⋮	⋮	⋮
i	P_i	P_{i1}	P_{i2}	P_{i3}	…	1	…
⋮	⋮	⋮	⋮	⋮	⋮	⋮	⋮

2. 计算风险发生的条件概率 $P(b/a)$

已知风险 a 发生概率为 P_a，风险 b 的相关概率为 P_b，则在 a 发生情况下 b 发生的条件概率 $P(b/a)=P_a \times P_b$，见表 8-5。

表 8-5 各风险发生的 $P(b/a)$

风险	1	2	3	…	i	…
1	P_1	$P(2/1)$	$P(3/1)$	…	$P(i/1)$	…
2	$P(1/2)$	P_2	$P(3/2)$	…	$P(i/2)$	…
⋮	⋮	⋮	⋮	⋮		⋮
i	$P(1/i)$	$P(2/i)$	$P(3/i)$	…	P_i	…
⋮	⋮	⋮	⋮	⋮	⋮	⋮

(1) 计算出各种风险损失情况 R_i。

$$R_i = \text{风险 } i \text{ 发生后的工程成本} - \text{工程的正常成本}$$

(2) 计算各风险损失期望值 W_i。

$$W_i = \sum p(j/i) R_j \tag{8-4}$$

(3) 将损失期望值从大到小进行排列，并计算出各期望值在总损失期望值中所占的百分率。

(4) 计算累计百分率并分类。损失期望值累计百分率在 80%以下所对应的风险为 A 类风险，它是主要风险；累计百分率在 80%~90%的那些风险为 B 类风险，它是次要风险；累计百分率在 90%~100%的那些风险为 C 类风险，它是一般风险。

(四) 敏感性分析法

敏感性分析方法只考虑影响工程项目成本的几个重要因素的变化，如利率、投资额、运行成本等，而不是采用工作分解结构把总成本按工作性质细分为各子项目成本，从子项目成本角度考虑风险因素的影响，再综合成整个项目风险。

敏感性分析方法的结果可以为决策者提供这样的信息：工程目标成本对哪个成本单项因素的变化最为敏感，哪个其次，可以相应排出对成本单项的敏感性顺序。这样的结果也说明，使用敏感性分析方法分析工程风险不可能得出具体的风险影响程度资金值，它只能说明一种影响程度。

一般在项目决策阶段的可行性研究中使用敏感性分析方法分析工程风险，使用这种方法能向决策者简要地提供影响项目成本变化的因素及其影响程度，使决策者在作最终决策时考虑这些因素的影响，并优先考虑某种最敏感因素对成本的影响。因此，敏感性分析方法一般被认为是一个有用的决策工具。

（五）蒙特卡罗模拟技术

蒙特卡罗方法又称随机抽样技巧或统计试验方法，它是估计经济风险和工程风险常用的一种方法，使用蒙特卡罗模拟技术分析工程风险的基本过程如下：

（1）编制风险清单。通过结构化方式，把已识别出来的影响项目目标的重要风险因素构造成一份标准化的风险清单，这份清单能充分反映出风险分类的结构和层次性。

（2）采用专家调查法确定风险的影响程度和发生概率，进一步可编制出风险评价表。

（3）采用模拟技术，确定风险组合，就是对上一步专家的评价结果加以定量化。

（4）分析与总结。通过模拟技术可以得到项目总风险的概率分布曲线，从曲线中可以看出项目总风险的变化规律，据此确定应急费用的大小。

应用蒙特卡罗模拟技术可以直接处理每一个风险因素的不确定性，并把这种不确定性在成本方面的影响以概率分布的形式表示出来。

第四节　风 险 控 制

一、风险应对

风险应对是根据风险评估结果，选择采取一种或多种措施来控制和降低风险，包括降低风险事件发生的可能性或改变风险后果的措施。常用的风险应对策略包括风险回避、风险转移、风险缓解和风险自留。风险管理需要业主对风险作出决策，采取何种风险应对措施。

（一）风险应对策略

1. 风险回避

风险回避是通过采取合理的控制措施，消除项目风险或发生风险的条件，从而使风险事件不再发生，而保护项目目标免遭风险的影响。风险回避策略多用于项目的启动和规划阶段。风险回避措施是最彻底地消除风险影响的方法，可在风险事件发生之前完全、彻底地消除某一特定风险，而不仅仅是减少风险的影响程度。风险回避的方式有两种：一是回避风险发生的条件或发生概率，主要指消除导致风险事件的风险因素；二是回避风险事件发生后的可能损失。

风险回避措施就是通过回避风险因素，从而回避可能产生的潜在损失或不确定性。就风险的一般意义而言，风险回避是处理风险最强有力的手段，例如拒绝采用某种施工方案，或通过招标方式、承包方式、合同类型的选择，避开某些风险。从战略上讲，风险回避是下策，但从经营战术上讲，又很有用。特别适合以下两种情况：一是某特定风险因素导致的风险损失频率和幅度相当高；二是采取其他风险管理措施的成本超过其产生的效益。

风险回避虽然是一种简单易行的风险防范措施，但是一种必要的、有时甚至是最佳的风险管理对策，同时又是一种消极的风险对策，须谨慎使用。当回避了某种风险时，又可能产生新的风险，如果处处回避风险，使企业长期不能获利，企业就将面临难以生存和发展的风险。

2. 风险转移

风险转移是有意识地将某风险的结果转移给第三方。风险转移的目的不是降低风险发生的概率或风险后果的大小，而是在风险事件发生时将风险损失转移到第三方。但要注意的是，该方法不是将风险转移给第三方，而是将风险损失转移给第三方。风险转移策略一般包括合同转移、工程担保和工程保险三种方式。

(1) 合同转移。合同转移是业主利用合同规定双方的风险责任，从而将风险转移给对方，以减少自身损失。矿业工程项目风险管理需要业主和承包商两方面共同努力。如果业主一味要求风险由承包商承担，承包商往往会采取提高不可预见费、设计和施工采取保守方法、努力索赔等对策，使成本增加，反而得不偿失。

(2) 工程担保。担保是指为他人的债务违约或失误负间接责任的一种承诺。我国大力推行工程担保制度，它是有效保障工程建设顺利进行的一个重要手段，也是保证工程参与各方履行的管理机制。

(3) 工程保险。工程保险就是把项目进行中可能发生的风险，作为保险对象，通过购买保险，将本应自己承担的责任转移给保险公司，以减轻与项目实施有关的损失和可能。由此而产生的纠纷通常通过保险合同实现。

风险转移策略，虽然只是将风险在风险承担者之间进行转移，并没有消除风险，但是该策略降低了业主承担风险的压力。有许多风险对一方可能会造成损失，转移后并不一定给其他方同样造成损失，其原因是各方所具有的优势和劣势不同，对各方潜在的风险因素不同，各方对风险的承受能力也不一样。

3. 风险缓解

风险缓解是指减少风险事件发生机会或降低风险事件发生所带来的损失，其目的是通过积极改善风险的特性，预防损失的发生和减少损失后果。风险缓解是风险应对措施中最积极、合理、有效的风险应对措施，主要包括预防损失和减少损失两方面。风险缓解策略适用于风险潜在损失小且概率大的风险因素。

(1) 降低风险发生的可能性。如挑选技术水平更高的工程施工人员，选择更可靠的材料，实行探放水、瓦斯抽放等安全措施，加强施工人员的安全教育，监督工人按操作规程施工等。

(2) 控制风险损失。如建立科学的决策机制；落实安全生产责任制；加强安全通风措施；配备必要的急救设备等。

(3) 应急措施。应急措施是对可能发生重大事故而制定的方法。矿业工程项目施工不可避免地遇到各种风险，必须制订合理的应急计划，如建立救援队伍；加强应急救援演练；配备必要的应急物资、设备等。

4. 风险自留

风险自留是业主自己承担风险造成的损失，这是最省事的风险应对方法。风险自留可能是主动的，也可能是被动的。与其他对策不同，风险自留并未改变风险的性质，即其发生的频率和损失的程度。风险自留对策包括非计划性风险自留和计划性风险自留。

(1) 非计划性风险自留。这是指当事人没有意识到风险的存在或者没有处理风险的准备时，被动地承担风险。出现这一种风险自留主要是由于：风险识别过程的失误，使得当事人未能意识到风险的存在；风险的评价结果认为可以忽略，而事实并非如此；风险管理决策延误，虽然当事人成功地识别和评价了风险，但由于决策的延误，造成风险事故一旦发生，就形成了事实上的非计划性风险自留。

(2) 计划性风险自留。这是指当事人经过合理的判断和谨慎的分析评估，有计划地主动承担风险。对于某些风险是否自留，决定于相关的环境和条件。当风险自留并非是唯一选择时，应将风险自留与其他风险应对方法进行认真的对比和分析，制定最佳决策。

风险自留应考虑的原则：企业具有承受这些自留风险的能力；同其他可行的风险应对方法相比，风险自留的预期损失较小；风险不可投保或投保费高于风险自留引起的费用。

(二) 风险应对决策

风险应对决策主要包括以下内容：

(1) 是否需要应对。控制风险是有成本的，因此只有当风险达到一定条件才进行控制，风险达到什么级别才进行控制，可以遵循公式来判断是否需要采取应对措施。

$$RRL(\text{风险作用杠杆}) = \frac{RE_{\text{before}} - RE_{\text{after}}}{Cost(\text{风险实施成本})} \tag{8-5}$$

当计算出 RRL 小于 1 时，表明采取进一步的风险应对措施失大于得，只有当 RRL 大于 1 时才有考虑的必要。如果同时面临多种风险，而投入的资源总量有限，此时风险计划中确定风险应对的决策实际上等于求解一个多元背包问题。

(2) 应对的先后顺序。在对风险进行管理时，需要优先控制风险等级高的风险，按照等级由高到低的顺序逐步控制风险。

(3) 采取哪种策略。在同等条件或相近条件下，可按下列顺序选择风险应对策略：优先考虑能否避免风险，再考虑是否可以转移风险，最后是风险缓解和风险自留。

不同的业主由于抗风险能力、知识经验、客观条件等不同，会对风险产生不同的判断和分析，业主需要综合考虑风险的类型、风险的强度以及自身能力等因素，根据风险事件的特征不断更新风险应对的策略。

二、风险监控

风险监控是项目风险管理过程中的一项重要工作。这是因为风险管理应贯穿项目的整个生命周期，需对项目风险进行持续的分析，包括对已识别风险的跟踪、监视，发现其是否变化，是否已消除。同时，还需要识别项目进程中新的风险，并审查风险应对策略的实施以及评估其效果。也就是说，在风险事件发生时，按照风险管理计划中预先制定的应对方法，采取措施以减少风险影响。如果情况发生变化，应对其重新进行分析，并制定新的应对措施。风险监控应是一个实时的、连续的过程，它针对风险管理过程中风险及风险因素的变化，及时调整风险管理措施。

(一) 风险监控的技术与方法

风险监控的方法与技术一般是以项目管理中的控制方法和技术为主。一般来说，可以分为以下几类：

(1) 项目进度风险监控技术，包括因果分析图、关键线路法、横道图法、前锋线法、PERT 和 GERT、挣值分析方法等。

(2) 项目成本风险监控技术包括费用偏差分析、横道图法等。

(3) 项目质量风险控制技术包括因果图、直方图法、控制图法、帕雷托图法等。

(4) 项目全过程风险控制技术包括审核检查方法、风险里程碑图、风险预警系统等。

(二) 风险预警系统

风险预警系统是指在实施风险管理的过程中，利用风险评价模型、预测模型及专家决策系统对项目的风险进行实时的监控和预测，对风险的损害程度作出及时的判断。在项目风险达到警戒范围时，通过指定平台，准确、迅速向各相关机构进行险情通报。

风险预警系统能对项目风险进行全面系统的检测、识别、诊断和预控。系统的核心是监控指标的选取、风险阈值的设定、控制措施的选取。项目中一旦出现对项目目标产生不利影响的风险因素，预警系统就会产生明确的预警信号，提醒风险管理部门及时采取相应的管理措施，减少可能的损失，体现了风险管理事前控制的思想。风险管理预警系统过程如图 8-3 所示。

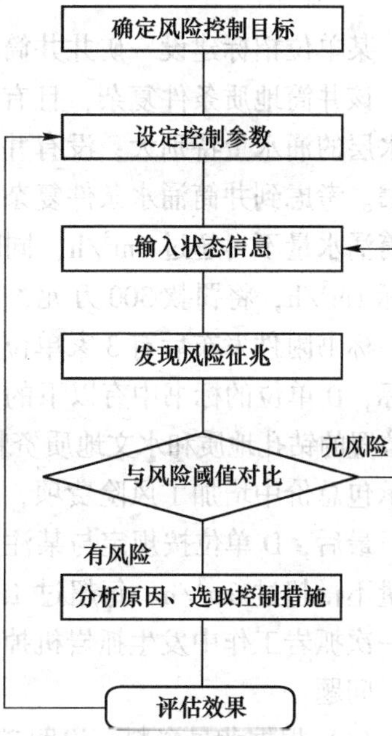

图 8-3 项目风险管理预警系统结构框架图

风险管理预警系统包含风险预警分析和风险预控措施两个子系统。风险预警分析是对工程项目风险进行识别、分析与评价并做出预警的管理活动；风险预控措施是对矿业工程项目风险的早期征兆进行矫正与控制的管理活动。为了保障风险管理预警系统有效发挥作用，还应建立风险预警—响应—信息报送机制。

(1) 风险预警分析。风险预警分析主要包括四个阶段：风险监测、风险识别、风险诊断与风险评价。其中，风险监测是对矿业工程项目内外部风险信息进行监测与收集，是风险预警的前提。风险识别是对上面监测得到信息进行分析，以识别矿建工程项目中各类风险征兆，从而确定项目风险，风险识别是风险预警的关键。风险诊断和风险评价是风险预警的分析过程。风险诊断对选择的风险预警指标进行诊断，分析已被识别的各种风险因素的发生可能性及危害，查明危险性和危害性最大的风险因素。风险评价是对矿业工程项目风险进行损失评价，不仅需要分析对项目的影响，还需要分析评价项目的社会影响评价，结论是采取预控措施的基础。

(2) 预控措施的内容。风险预控措施主要包括组织准备、日常监控和应急管理三个阶段。组织准备主要是建立有效的风险管理组织结构，明确组织的职能职责，为风险预控措施提供组织保障，保证风险监控顺利进行。日常监控是出现风险征兆后，风险因素逐渐向风险事件发展过程中的预控对策，主要是事前预防机制。应急管理是假设发生风险事件时，针对发生后果提出预案，主要侧重事后救援机制，目标是降低风险事件造成的损失。组织准备是预控对策工作的前奏，它与日常监控都是对预控对策的主体，而应急管理是特殊情景下，日常监控活动的拓展。

(3) 风险预警—响应—信息报送机制。风险预警管理系统中除了进行风险预警分析并制定风险预控措施外，还应建立风险预警—响应—信息报送机制。根据实时监测数据、工况、环境巡视和作业面异常状态等，施工单位确定预警级别，形成异常状况报告；对可能发生重大突发风险事件的预警状态，施工单位应立即启动相关预案，组织处理，同时第一时间报送业主，设计单位、监理单位。事故后要对事故进行调查分析，主要是查明事故发生的原因、过程和人员伤亡、经济损失等情况，确定事故责任者，提出事故处理意见和防范措施的建议。

第五节　案例分析

某单位招标建设一矿井井筒项目。设计井筒深 682m，净直径 6.5m；根据相邻矿井资料，该井筒地质条件复杂，且有较多含水层，含水层主要分布在 420m 上下，其中有两层含水层的涌水量特别大；没有井筒位置的钻孔地质详细资料。发标后，建设单位收到 6 份标书。考虑到井筒涌水条件复杂，建设单位又重新发函补充增加了井筒治水的要求，规定井筒涌水量不得超过 $6m^3/h$，同时还规定，在无其他质量问题的条件下，如井筒涌水量每超标 $1m^3/h$，将罚款 300 万元，每少 $1m^3/h$ 则奖励 30 万元。

标书附件发布后有 3 家单位确定撤标，3 家单位重新提交了标书，最终由施工单位 D 中标，D 单位的标书中有以下的条文内容：（1）发包单位必须提供由专业单位在井筒中心位置的钻孔地质和水文地质资料；（2）发包单位应同意对井筒注浆施工的分包；（3）项目承包总价中增加了风险费项，并较原标书提高了 200 万元。

最后，D 单位按规定与某注浆单位签订了分包合同。分包合同规定，井筒注浆后的涌水量不得超过 $6m^3/h$，每超过 $1m^3/h$ 将罚款 50 万元。因疏忽井筒掘进过程的安全管理，在一次抓岩工作中发生抓岩机掉落的碎块砸伤一名工作面工人的工伤事故。

问题：

（1）根据背景资料，说明矿井施工项目中的风险和风险对策内容。

（2）有哪些方法可以应对工伤风险？

（3）注浆后施工单位还要采取哪些预防措施？

答：（1）矿井工程项目风险及应对策略见表 8-6。

表 8-6　矿井工程项目风险及应对策略

风险类型	可采用的策略和措施（1）		可采用的策略和措施（2）	
	管理策略	应对策略	管理策略	应对策略
项目风险	风险降低/缓解	提高项目价款	风险回避	拒绝投标
地质与水文地质风险	风险降低/缓解	井筒钻孔探测	风险转移	合同明确业主责任
工程施工质量	风险控制	培训、遵章、质量检测	风险自留	增加安全条件的投入
工伤	风险回避	安全、规程教育	风险降低	施工人员保险
井筒涌水	风险转移	分包、严格分包合同	风险分散	联合承包
⋮				

（2）对于工伤风险的应对，可以采用风险规避、风险自留、风险转移等策略，通过安全和施工规程教育，例如要求严格执行爆破后的“敲帮问顶”制度（风险规避）；加强临时支护措施，增加支护投入（风险自留）；采用风险转移，给工人购买安全保险，由保

险公司承担部分风险损失。从风险投入的代价而言，显然是前者，加强教育及严格遵守规章制度是最合理的应对方法。

（3）施工单位还应根据钻孔资料设置排水设备。因为在实施这些风险应对策略和措施后，仍然有注浆效果的风险以及部分井壁漏水的质量风险。因此，施工单位自身应严格控制井壁施工质量，同时采用严格分包的质量管理，除对注浆单位在分包合同中提出更严格的要求外，还应加强对分包项目风险的监控和应急预防。

复习思考题

8-1 什么是风险，风险的构成要素是什么？

8-2 矿业工程项目风险管理的内涵是什么？

8-3 简述矿业工程项目风险管理的特点和过程。

8-4 简述风险识别的过程。风险识别的方法有哪些？

8-5 什么是风险评估，如何理解风险的不确定性？

8-6 矿业工程项目风险评估的方法有哪些？

8-7 风险管理预警系统包含什么内容？

8-8 风险控制的策略和措施有哪些？

第九章　矿业工程项目招投标与合同管理

第一节　招标投标管理

一、矿业工程项目招标投标概述

（一）招标投标的概念与性质

所谓招标投标，是指采购人事先提出货物、工程或服务的条件和要求，邀请必要数量的投标者参加投标，并按照法定或约定程序，选择交易对象的一种市场交易行为，包括招标和投标两个基本环节。前者是招标人以一定的方式邀请不特定的自然人、法人或者其他组织投标，后者是投标人响应招标人的要求参加投标竞争。没有招标就不会有投标，没有投标，招标就得不到响应。因此，招标与投标是一对相互对应的范畴，其内涵和外延是一致的。

招标投标实际上是一种市场竞争行为，对于获取最大限度的竞争，使参与双方获得公平公正待遇，提高采购的透明度和客观性，促进采购资金的节约和采购效益的最大化，杜绝腐败和滥用职权等都具有极为重要的作用。将矿业工程项目建设任务委托纳入市场管理，通过竞争择优选定项目的勘察设计、设备安装施工、材料设备供应、监理和工程总承包等单位，达到保证工程质量、缩短建设周期、控制工程造价、提高投资效益的目的。

（二）招标投标的基本原则

招标投标活动应当遵循公开、公平、公正和诚实信用的原则。

（1）公开原则。公开原则是指招标投标活动应有较高的透明度，招标人应当将招标信息公布于众，以吸引投标人做出积极反应。在招标采购制度中，公开原则要贯穿于整个招标投标程序中，具体表现在招标投标信息公开、条件公开、程序公开和结果公开。公开原则的意义在于使每一个投标人获得同等的信息，知悉招标的一切条件和要求，避免“暗箱操作”。

（2）公平原则。公平原则要求招标人平等地对待每一个投标竞争者，使其享有同等的权利，并履行相应的义务，不得对不同的投标竞争者采用不同的标准。按照这个原则，招标人不得在招标文件中要求或者标明含有倾向或排斥潜在投标人的内容，不得以不合理的条件限制或者排斥潜在投标人，不得对潜在投标人实行歧视待遇。

（3）公正原则。公正原则即程序规范，标准统一，要求所有投标活动必须按照招标文件中的统一标准进行，做到程序合法、标准公正。根据这个原则，招标人必须按照招标文件事先确定的招标、投标、开标的程序和法定时限进行。评标委员会必须按照招标文件确定的评标标准和方法进行评审。招标文件中没有规定的标准和方法，不得作为评标和中标的依据。

（4）诚实信用原则。诚实信用原则是指招标投标当事人应以诚实守信的态度行使权利，履行义务，以保护双方的利益。诚实是指真实合法，不可用歪曲或隐瞒真实情况的手段去欺骗对方。违反诚实原则的行为是无效的，且应承担由此带来的损失和损害责任。信用是指遵守承诺，履行合同，不弄虚作假，不损害他人、国家和集体的利益。

（三）项目实行招投标的有关规定

1. 招标的范围

（1）建设项目强制招标的范围。凡在中华人民共和国境内进行下列工程建设项目，包括项目的勘察、设计、施工、监理以及与工程建设有关的重要设备、材料等的采购，必须进行招标。

1）大型基础设施、公用事业等关系社会公共利益、公共安全的项目；

2）全部或者部分使用国有资金投资或国家融资的项目；

3）使用国际组织或者外国政府贷款、援助资金的项目。

《工程建设项目招标范围和规模标准规定》进一步规定，关系社会公共利益、公众安全的基础设施项目的范围包括：

1）煤炭、石油、天然气、电力、新能源等能源项目；

2）铁路、公路、管道、水运、航空以及其他交通运输业等交通运输项目；

3）邮政、电信枢纽、通信、信息网络等邮电通信项目；

4）防洪、灌溉、排涝、引（供）水、滩涂治理、水土保持、水利枢纽等水利项目；

5）道路、桥梁、地铁和轻轨交通、污水排放及处理、垃圾处理、地下管道、公共停车场等城市设施项目；

6）生态环境保护项目；

7）其他基础设施项目。

关系社会公共利益、公众安全的公用事业项目的范围包括：

1）供水、供电、供气、供热等市政工程项目；

2）科技、教育、文化等项目；

3）体育、旅游等项目；

4）卫生、社会福利等项目；

5）商品住宅，包括经济适用住房；

6）其他公用事业项目。

（2）建设项目强制招标的规模标准。工程建设项目，包括项目的勘察、设计、施工、监理以及与工程建设有关的重要设备、材料等的采购，达到下列标准之一的，必须进行招标：

1）勘察、设计、监理等服务的采购，单项合同估算价在50万元人民币以上的；

2）施工单项合同估算价在200万元人民币以上的；

3）重要设备、材料等货物的采购，单项合同估算价在100万元人民币以上的；

4）单项合同估算价低于上述三项标准，但项目总投资额在3000万元人民币以上的。

（3）可以不进行招标项目。符合上述范围和标准的各类工程建设项目，包括项目的勘察、设计、施工、监理以及与工程建设有关的重要设备、材料等的采购，必须进行招标。但有下列情形之一的，经有关主管部门批准，可以不进行招标：

1）涉及国家安全、国家秘密或者抢险救灾而不适宜招标的；

2）属于利用扶贫资金实行以工代赈需要使用农民工的；

3）建设项目的勘察、设计，采用特定专利或者专有技术的，或者其建筑艺术造型有特殊要求的；

4）施工主要技术采用特定的专利或者专有技术的；

5）施工企业自建自用的工程，且该施工企业资质等级符合工程要求的；

6）在建工程追加的附属小型工程或者主体加层工程，承包人仍具备承包能力的；

7）停建或缓建后恢复建设的单位工程，且承包人未发生变更的；

8）法律、法规规定的其他情形。

2. 禁止投标人实施不正当竞争行为的规定

在建设工程招标投标活动中，投标人的不正当竞争行为包括投标人相互串通投标、投标人与招标人串通投标、投标人以行贿手段谋取中标、投标人以低于成本的报价竞标、投标人以他人名义投标或者以其他方式弄虚作假骗取中标。

（1）投标人相互串通投标。有下列情形之一的，属于投标人相互串通投标：

1）投标人之间协商投标报价等投标文件的实质性内容。

2）投标人之间约定中标人。

3）投标人之间约定部分投标人放弃投标或者中标。

4）属于同一集团、协会、商会等组织成员的投标人按照该组织要求协同投标。

5）投标人之间为谋取中标或者排斥特定投标人而采取的其他联合行动。

有下列情形之一的，视为投标人相互串通投标：

1）不同投标人的投标文件由同一单位或者个人编制。

2）不同投标人委托同一单位或者个人办理投标事宜。

3）不同投标人的投标文件载明的项目管理成员为同一人。

4）不同投标人的投标文件异常一致或者投标报价呈规律性差异。

5）不同投标人的投标文件相互混装。

6）不同投标人的投标保证金从同一单位或者个人的账户转出。

（2）投标人与招标人串通投标。有下列情形之一的，属于招标人与投标人串通投标：

1）招标人在开标前开启投标文件并将有关信息泄露给其他投标人。

2）招标人直接或者间接向投标人泄露标底、评标委员会成员等信息。

3）招标人明示或者暗示投标人压低或者抬高投标报价。

4）招标人授意投标人撤换、修改投标文件。

5）招标人明示或者暗示投标人为特定投标人中标提供方便。

6）招标人与投标人为谋求特定投标人中标而采取的其他串通行为。

（3）投标人以行贿手段谋取中标。在账外暗中给予对方单位或个人回扣的，以行贿论处。对方单位或个人在账外暗中收受回扣的，以受贿论处。

（4）投标人以低于成本的报价竞标。《反不正当竞争法》规定，经营者不得以排挤竞争对手为目的，以低于成本的价格销售商品，低于成本的报价竞标不仅是不正当竞争行为，还容易导致中标后的偷工减料，影响工程质量。这里的“成本”是指投标人的个别成本，是以投标人的企业定额计算的成本，而不是社会平均成本，也不是行业平均成本。

评标过程中，如果评标委员会发现投标人的报价明显低于其他投标报价或者在设有标底时明显低于标底，使得可能低于其个别成本的，应当启动澄清程序，要求该投标人作出书面说明并提供相关证明材料。投标人不能合理说明或者不能提供相关证明材料的，评标委员会应当认定该投标人以低于成本报价竞标，否决其投标。

（5）投标人以他人名义投标或以其他方式弄虚作假骗取中标。投标人有下列情形之一的，属于以其他方式弄虚作假的行为：

1）使用伪造、变造的许可证件；

2）提供虚假的财务状况或者业绩；

3）提供虚假的项目负责人或者主要技术人员简历、劳动关系证明；

4）提供虚假的信用状况；

5）其他弄虚作假的行为。

3. 招投标的基本程序

矿业工程招标投标程序，始于发布招标公告或发出投标邀请书，终于发出中标通知书，大致经历招标、投标、开标、评标、定标等几个主要阶段。图 9-1 为建设工程招标投标程序流程图。

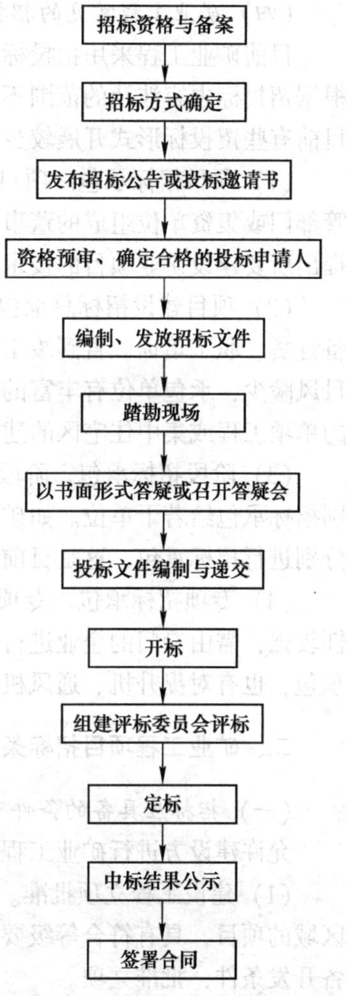

图 9-1 建设工程招标投标程序流程图

4. 招标的组织形式

招标的组织形式可以采用自行招标或委托招标的方式进行招标。招标人是工程建设项目的投资责任者和利益主体，也是项目的发包人。招标人凡是具备招标资格的，具有编制招标文件和组织评标能力，有权自己组织招标，向有关行政监督部门进行备案后自行办理招标事宜；不具备招标资格的，则委托具备相应资质的招标代理机构组织招标、代为办理招标事宜的权利。

（1）自行组织招标。招标人自行办理招标事宜所应当具备的具体条件：

1）具有项目法人资格（或者法人资格）；

2）具有与招标项目规模和复杂程度相适应的工程技术、概预算、财务和工程管理等方面专业技术力量；

3）有从事同类工程建设项目招标的经验；

4）设有专门的招标机构或者拥有 3 名以上专职招标业务人员；

5）熟悉和掌握招标投标法及有关法规规章。

（2）委托代理招标。在实际操作中，招标人或投标人往往委托专业化的公司即招投标代理机构来运作。招标人应该根据招标项目的行业和专业类型、规模标准，选择具有相应资格的招标代理机构，委托其代理招标采购业务。

招标人委托招标代理机构进行招标时，享有自由选择招标代理机构并核验其资质证书的权利，同时仍享有参与整个招标过程的权利，招标人代表有权参加评标组织。任何机关、社会团体、企业事业单位和个人不得以任何理由为招标人指定或变相指定招标代理机构，招标代理机构只能由招标人选定。招标代理机构在招标人委托的范围内办理招标事宜并遵守《招标投标法》及《招标投标法实施条例》关于招标人的规定。

在招标人委托招标代理机构代理招标的情况下，招标人对招标代理机构办理的招标事务要承担法律后果，必须对招标代理机构的代理活动，特别是评标、定标代理活动进行必要的监督，这就要求招标人在委托招标时仍需保留参与招标全过程的权利，其代表可以进入评标组织，作为评标组织的组成成员之一。

（四）矿业工程常见的招投标项目内容及其类型

目前矿业工程采用招投标形式的内容也包括从策划、实施到培训、竣工等全部过程。根据招投标内容涉及的范围不同，招投标有许多不同形式。由于矿业工程的复杂性特点，目前有些招投标形式开展较少。矿业工程常见的招投标项目类型如下：

（1）项目招标承包。项目招标承包是为择优选择项目进行的招标。国家（行业）主管部门或集资单位组成的董事会负责组织这类招标。当项目投资得到落实，招标部门公开提出所要建设矿业项目的技术经济目标后进行招标。

（2）项目建设招标总承包。项目总承包是从可行性研究、勘察设计、组织施工、设备订货、职工培训，直到竣工验收全部工作交由一个承包单位完成。这种承包方式要求项目风险少，承包单位有丰富的经验和雄厚的实力。目前，它主要是用于洗煤厂、机场之类的单项工程或集中住宅区的建筑群等。现在也有少部分的整个矿井进行总承包试点。

（3）阶段招标承包。阶段招标承包是把矿业工程项目某些阶段或某一阶段的工作分别招标承包给若干单位。如矿井建设分为可行性研究、勘察设计、施工培训等几个阶段，分别进行招标承包，这是目前多数项目采用的承包方式。

（4）专项招标承包。专项招标承包是指某建设阶段的某一专门项目，由于专业技术性较强，需由专门的企业进行建设，如立井井筒砸井、各种特殊法砸井等进行的专项招标承包，也有对提升机、通风机、综采设备等实行专项承包的做法。

二、矿业工程项目招标条件与程序

（一）招标应具备的条件

允许建设方进行矿业工程项目招标，必须符合以下要求：

（1）建设工程立项批准。矿业工程项目必须是国家或者当地政府已经列入资源开发区域的项目，具有符合等级要求的勘查报告和资源评价，以及环境影响评估报告，并已具备开发条件，批准立项。

（2）建设行政主管部门批准。已经完成符合施工要求的设计和图纸工作，并经相应的安全部门、环境管理部门审核同意，履行并完成报建手续并经行政主管部门批准。

（3）建设资金落实。建设资金已经落实或部分落实符合规定的资金到位率，有相关银行的资金或贷款证明。

（4）建设工程规划许可。已完成建设用地的购置工作，以及必要的临时施工用地规划和租赁工作，取得建设工程规划许可。

（5）技术资料满足要求。完成必要的补充勘查工作，有满足施工要求的地质资料和相应的设计和图纸，井筒施工必须有符合要求的井筒检查孔资料。

（6）法律、法规、规章规定的其他条件。

（二）招标内容和实施招标的方式

1. 招标内容

矿业工程项目招标可以对一个单项工程项目招标，如矿井、选矿厂、专用铁路或公路等，也可以是一个或几个单位工程内容的招标，如井筒项目、巷道项目、厂房或办公楼等建（构）筑物。

一个矿井项目可以对若干单位工程分别招标，同类性质的项目可以一家或几家施工单位承包，两种形式各有利弊，这涉及建设单位和施工单位的组织能力和施工能力。

2. 实施招标的方式

工程项目招标的方式在国际上通行的为公开招标、邀请招标和议标。《中华人民共和国招投标法》未将议标作为法定的招标方式，即法律所规定的强制招标项目不允许采用议标方式。

（1）公开招标。公开招标属于无限制性竞争招标，是招标人通过依法指定的媒介发布招标公告的方式邀请所有不特定的潜在投标人参加投标，并按照法律规定程序和招标文件规定的评标标准和方法确定中标人的一种竞争交易方式。

公开招标方式体现了市场机制公开信息、规范程序、公平竞争、客观评价、公正选择以及优胜劣汰的本质要求。公开招标因为投标人较多、竞争充分，且不容易串标、围标，有利于招标人从广泛的竞争者中选择合适的中标人并获得最佳的竞争效益。依法必须进行招标的项目采用公开招标，应当按照法律规定在国家发展改革委和其他有关部门指定媒介发布资格预审公告或招标公告，符合招标项目规定资格条件的潜在投标人不受所在地区、行业限制，均可申请参加投标。必须公开招标的情形：

1）国家重点项目和省、自治区、直辖市人民政府确定的地方重点项目；

2）国有资金占控股或者主导地位的依法必须进行招标的项目；

3）其他法律法规规定必须进行公开招标的项目。

（2）邀请招标。邀请招标应当向 3 个以上具备招标项目资格能力要求的特定的潜在投标人发出投标邀请书。邀请招标属于有限竞争性招标，也称选择性招标。邀请招标，是招标人以投标邀请书的方式直接邀请特定的潜在投标人参加投标，并按照法律程序和招标文件规定的评标标准和方法确定中标人的一种竞争交易方式。

邀请招标与公开招标相比，主要区别是：

1）邀请招标的程序比公开招标简化，如无招标公告及投标人资格审查的环节。

2）邀请招标在竞争程度上不如公开招标强。邀请招标参加人数是经过选择限定的，被邀请的承包商数目在 3~10 个，不能少于 3 个，也不宜多于 10 个。由于参加人数相对较少，易于控制，因此其竞争范围没有公开招标大，竞争程度也明显不如公开招标强。

3）邀请招标在时间和费用上都比公开招标节省。邀请招标可以省去发布招标公告费用、资格审查费用和可能发生的更多的评标费用。

邀请招标也存在明显缺陷：它限制了竞争范围，由于经验和信息资料的局限性，会把许多可能的竞争者排除在外，不能充分展示自由竞争、机会均等的原则。鉴于此，国际上和我国都对邀请招标的适用范围和条件，作出有别于公开招标的指导性规定。

依法应当公开招标项目存在下列情形之一的，经招标项目有关监督管理部门审批、核准或认定后，方可采用邀请招标方式。

1）项目技术复杂或有特殊要求，只有少量几家潜在投标人可供选择；

2）受自然地域环境限制的；

3）涉及国家安全、国家秘密或者抢险救灾，适宜招标但不宜公开招标的；

4）拟公开招标的费用与项目的价值相比，不值得的；

5）法律、法规规定不宜公开招标的。

国家重点建设项目的邀请招标，应当经国务院发展计划部门批准；地方重点建设项目的邀请招标，应当经各省、自治区、直辖市人民政府批准。全部使用国有资金投资或者国有资金投资占控股或者主导地位的并需要审批的工程建设项目的邀请招标，应当经项目审批部门批准，但项目审批部门只审批立项的，由有关行政监督部门批准。

（三）招标工作的基本程序

从招标人的角度看，建设工程招标的一般程序主要经历以下几个环节：

(1) 设立招标组织或者委托招标代理人；

(2) 编制招标文件、招标文件备案；

(3) 发布招标公告或者发出投标邀请书；

(4) 对投标资格进行审查；

(5) 分发招标文件和有关资料；

(6) 组织投标人踏勘现场，对招标文件进行答疑；

(7) 成立评标组织，召开开标会议（实行资格后审的还要进行资格审查）；

(8) 审查投标文件，澄清投标文件中不清楚的问题，组织评标；

(9) 择优定标，发出中标通知书；

(10) 签订合同，报送备案。

招标人在招标工作中的主要任务包括：

(1) 设立招标组织或者委托招标代理人。应当招标的工程建设项目，办理报建登记手续后，凡已满足招标条件的，均可组织招标，办理招标事宜。招标组织者组织招标必须具有相应的组织招标的资质。

(2) 编制招标有关文件、招标文件备案。招标人进行招标，要向招标投标管理机构申报招标申请书，招标申请书经批准后，就可以编制招标文件、评标定标办法和标底，并将这些文件报招标投标管理机构批准。招标人或招标代理人也可在申报招标申请书时，一并将已经编制完成的招标文件、评标定标办法和标底，报招标投标管理机构批准。经招标投标管理机构对上述文件进行审查认定后才能发布招标公告或发出投标邀请书。

1）招标申请书。招标申请书是招标人向政府主管机构提交的要求开始组织招标、办理招标事宜的一种文书。其主要内容包括：招标工程具备的条件、招标的工程内容和范围、拟采用的招标方式、对投标人的要求、招标人或者招标代理人的资质等。制作或填写招标申请书，是一项实践性很强的基础工作，要充分考虑不同招标类型的不同特点，按规范化的要求进行。

2）资格预审文件。《中华人民共和国标准施工招标资格预审文件》（2007 年版）资格预审文件包括资格预审公告、申请人须知、资格审查办法、资格预审申请文件格式、项目建设概况五部分。

3）招标文件。招标文件是招标活动中最重要的文件，其内容包括招标工程项目的技术要求，对投标人资格审查的标准，投标报价要求，评标的标准和方法，开标、评标、定标的程序等所有实质性要求和条件以及拟签订合同的主要条款。

（3）发布招标公告或者发出投标邀请书。资格预审文件、招标文件等备案后，招标人就要发布招标公告或发出投标邀请书。采用公开招标方式的，招标人要在报纸、杂志、广播、电视等大众传媒或工程交易中心公告栏上发布招标公告，邀请一切愿意参加工程投标的不特定的承包商申请投标资格审查或申请投标。

对公开招标发布招标公告有两种做法：一是实行资格预审（即在投标前进行资格审查），用资格预审通告代替招标公告，即只发布资格预审通告即可；二是实行资格后审（即在开标后进行资格审查），不发资格审查通告，而只发招标公告。

采用邀请招标方式时，招标人要向 3 个以上具备承担招标项目的能力、资信良好的特定的承包商发出投标邀请书，邀请他们申请投标资格审查，参加投标。

（4）资格审查。招标人对投标人进行投标资格审查，是通过对投标人按照资格预审通告的要求提交或填报的有关资格预审文件和资料进行比较分析，确定出有资格参加评标的投标人名单。实行资格后审的，凡报名者皆有参加投标的资格，开标后对其进行资格审查。

（5）发售招标文件。

1）发售时间。招标人应当保证合理的发售时间，使潜在投标人有时间获取招标文件。根据相关法律法规，招标文件发售时间最短不得少于 5 日。当招标文件发售期满时，如果领购招标文件的潜在投标人不足 3 个，招标人应当分析实际原因，研究是否需要延长招标文件发售期和投标截止时间，或者修改招标文件的投标人资格条件等相关内容并重新组织招标，以使更多的潜在投标人参加投标。

2）招标文件的澄清和修改。招标文件发出后，由于部分内容存在模糊、遗漏、错误或者矛盾等，而对招标文件作出书面补充、修改、澄清或说明。招标文件的澄清和修改构成招标文件的组成部分，对招标人和投标人均具有约束力。

《实施条例》规定，潜在投标人或者其他利害关系人对招标文件有异议的，应当在投标截止时间 10 日前采用书面形式向招标人提出澄清要求。招标人应当自收到异议之日起 3 日内答复。招标文件澄清或修改应当在投标截止时间 15 日前发出，否则应顺延投标截止时间；澄清和修改应说明潜在投标人提出的具体问题，以及招标人对问题的答复，但不能指明提出问题的潜在投标人名称；澄清和修改内容应当以书面形式，在规定时间之前发给所有获取招标文件的潜在投标人；接收人应予以确认。

招标人应当确定投标人编制投标文件所需要的合理时间。依法必须进行招标的项目，自招标文件开始发出之日起至投标人提交投标文件截止之日止，最短不得少于 20 日。2017 版《招标投标法》采用电子招标投标在线提交投标文件的，最短不得少于 10 日。

（6）踏勘现场。招标文件分发后，招标人要在招标文件规定的时间内，组织投标人踏勘现场，并对招标文件进行答疑。招标单位应向投标单位介绍有关现场的情况，主要目的是让投标人了解工程现场和周围环境情况，获取必要的信息。投标人对招标文件或者在现场踏勘中如果有疑问或不清楚的问题，应当用书面的形式要求招标人予以解答，并将解答内容同时送达所有获得招标文件的投标人。

（7）对招标文件进行答疑。投标人对招标文件或者在现场踏勘中如果有疑问或不清楚的问题，可以而且应当用书面的形式要求招标人予以解答。招标人收到投标人提出的疑问或不清楚的问题后，应当给予解释和答复。招标人的答疑可以根据情况采用以下方式进行：

1）以书面形式解答，并将解答内容同时送达所有获得招标文件的投标人。以书面形式解答招标文件中或现场踏勘中的疑问，在将解答内容送达所有获得招标文件的投标人之前，应先经招标投标管理机构审查认定。

2）通过投标预备会进行解答，同时借此对图纸进行交底和解释，并以会议记录形式同时将解答内容送达所有获得招标文件的投标人。

（8）开标、评标和定标。

1）开标。《招标投标法》规定，开标应当在招标文件确定的提交投标文件截止时间的同一时间公开进行。开标地点应当为招标文件中预先确定的地点。

2）评标。评标是评标委员会专家对各投标书优劣的比较，以便最终确定中标人。

3）定标。中标人确定后，招标人向中标人发出中标通知书，同时将中标结果通知所有未中标的投标人。中标通知书发出后30天内，双方应按照招标文件和中标人的投标文件订立书面合同。

（四）招标文件编制

（1）编制原则。编制招标文件必须遵守国家有关招标投标的法律、法规和部门规章的规定，遵循下列原则和要求：

1）招标文件必须遵循公开、公平、公正的原则，不得以不合理的条件限制或者排斥潜在投标人，不得对潜在投标人实行歧视待遇。

2）招标文件必须遵循诚实信用的原则，招标人向投标人提供的工程情况，特别是工程项目的审批、资金来源和落实等情况，都要确保真实和可靠。

3）招标文件介绍的工程情况和提出的要求，必须与资格预审文件的内容相一致。

4）招标文件的内容要能清楚地反映工程的规模、性质、商务和技术要求等，设计图纸应与技术规范或技术要求相一致，使招标文件系统、完整、准确。

5）招标文件规定的各项技术标准应符合国家强制性标准的要求。

6）招标文件不得要求或者标明特定的专利、商标、名称、设计、原产地或建筑材料、构配件等生产供应者，以及含有倾向或者排斥投标申请人的其他内容。如果必须引用某一生产供应者的技术标准才能准确或清楚地说明拟招标项目的技术标准时，则应当在参照后面加上“或相当于”的字样。

7）招标人应当在招标文件中规定实质性要求和条件，并用醒目的方式标明。

（2）招标文件内容。建设工程招标文件由招标文件正式文本、对招标文件正式文本的解释和对招标文件正式文本的修改三部分组成。

1）招标文件正式文本。招标文件正式文本由招标公告或投标邀请书、投标人须知、合同主要条款、投标文件格式、工程量清单（采用工程量清单招标的应当提供）、技术条款、设计图纸、评标标准和方法、投标辅助材料等组成。

2）对招标文件正式文本的解释。投标人拿到招标文件正式文本之后，如果认为招标文件有问题需要解释，应在收到招标文件后在规定的时间内以书面形式向招标人提出，招标人以书面形式向所有投标人作出答复。答复的具体形式是招标文件答疑会议记录等，这些也构成招标文件的一部分。

3）对招标文件正式文本的修改。在投标截止日前，招标人可以对已经发出的招标文件进行修改、补充，这些修改和补充也是招标文件的一部分，对投标人起约束作用。修改意见由招标人以书面形式发给所有获得招标文件的投标人，并且要保证这些修改和补充从发出之日到投标截止时间有15天的合理时间。

三、矿业工程项目投标条件与程序

（一）投标条件与要求

招标人针对招标项目的具体情况，可以提出各种不同的招标要求。通常投标人应满足的招标条件和要求的内容有以下几方面：

（1）企业资质等基本要求。为保证实现项目的目标，招标人一般都对投标人有资质及相关等级要求，并有相关营业范围的企业营业执照、项目负责人的执业条件等。

（2）技术要求。投标人应满足招标人相关的技术要求，具体体现在投标书对招标文件的实质性响应方面。投标书应能显示投标人在完成招标项目中的技术实力、满足标的要求的好坏和程度，符合招标书关于标的技术内容，包括项目的工程内容及工程量、工程质量标准和要求、工期、安全性等方面，以及设备技术条件，尤其是专业性强的招标项目，招标人往往会要求投标人出示相关业绩证明。

（3）资金条件。满足资金条件包括投标人具有完成项目所需要的足够资本，招标人为保险起见，还会要求投标人应有一定的注册资本金。除此之外，投标时还应提交足够的投标担保，以及获取项目时的履约担保等要求。

（4）其他条件。招标人还可以根据要求提出一些考核性要求或其他方面的专门性要求，例如项目的投标形式（总承包投标或不允许联合体承包投标等），要求投标人有良好的商务信誉、没有经营方面的不良记录等。

（二）投标程序

从投标人的角度看，工程投标的一般程序主要经历以下几个环节：

（1）资格审查，提供资料。投标人在获悉招标公告或接受投标邀请书后，应当按照招标公告或投标邀请书中所提出的资格审查要求，向招标人申报资格审查。

采用不同的招标方式，对潜在投标人资格审查的时间和要求不一样。按要求参加资格预审或资格后审，资格后审为评标的一个内容，与评标结合起来进行。招标一般要按照招标人编制的资格预审文件进行资格审查。资格预审文件应包括的主要内容有：

投标人组织与机构；

1）近3年完成工程的情况；

2）目前正在履行的合同情况；

3）过去2年经审计过的财务报表；

4）过去2年的资金平衡表和负债表；

5）下一年度财务预测报告；

6）施工机械设备情况；

7）各种奖励或处罚资料；

8）与本合同资格预审有关的其他资料。如果联合体投标应填报联合体每一成员的以上资料。

（2）购领招标文件。投标人经资格审查合格后，便可向招标人申购招标文件和有关资料。

（3）组织投标班子。投标准备时间是指从开始发放招标文件之日起至投标截止时间为止的期限不得少于20天。承包商的投标班子一般应包括下列三类人员：熟悉工程投标活动策划、具有相当决策水平的经营管理人员；经验丰富的工程专业技术人员；从事有关金融、贸易、财务、合同管理与索赔等工作的商务金融人员。

投标人如果没有专门的投标班子或有了投标班子还不能满足投标工作的需要，可以考虑雇佣投标代理人，即咨询中介机构。

（4）参加踏勘现场和投标预备会。投标人拿到招标文件后，应进行全面细致的调查研究。若有疑问或不清楚的问题需要招标人予以澄清和解答的，一般应在收到招标文件后的3天内以书面形式向招标人提出。

投标人在去现场踏勘之前，应先仔细研究招标文件有关概念的含义和各项要求，特别是招标文件中的工作范围、专用条款以及设计图纸和说明等，然后有针对性地拟订出踏勘提纲，确定重点需要澄清和解答的问题，做到心中有数。

（5）编制和递交投标文件。经过现场踏勘和投标预备会后，投标人可以着手编制投标文件。投标人着手编制和递交投标文件的具体步骤和要求如下：

1）结合现场踏勘和投标预备会的结果，进一步分析招标文件。

2）校核招标文件中的工程量清单。如发现工程量有重大出入的，特别是漏项的，可以找招标人核对，要求招标人认可，并给予书面确认。这对于总价固定合同来说，尤其重要。

3）根据工程类型编制施工组织设计。施工规划和施工组织设计都是关于施工方法、施工进度计划的技术经济文件，是指导施工生产全过程组织管理的重要设计文件，是确定施工方案、施工进度计划是进行现场科学管理的主要依据之一。

4）根据工程价格构成进行工程估价，确定利润方针，计算和确定报价。正确计算和确定投标报价。

5）形成、制作投标文件。《招标投标法》规定："投标人应当按照招标文件的要求编制投标文件。投标文件应当对招标文件提出的实质性要求和条件作出响应。"响应招标文件的实质性要求是投标的基本前提。凡是不能满足招标文件中的任何一项实质性要求和条件的投标文件，都将被拒绝。

6）递送投标文件。递送投标文件，也称递标，是指投标人在招标文件要求提交投标文件的截止时间前，将所有准备好的投标文件密封送达投标地点。在招标文件要求提交投标文件的截止时间后送达的投标文件，招标人应当拒收。

投标文件的修改或撤回必须在投标文件递交截止时间之前进行。《招标投标法》规定："投标人在招标文件要求提交投标文件的截止时间之前，可以补充、修改或者撤回已提交的投标文件，并书面通知招标人。"投标截止时间之后至投标有效期满之前，投标人对投标文件的任何补充、修改，招标人不予接受，撤回投标文件的还将被没收投标保证金。

（6）出席开标会议。投标人参加开标会议，对于被错误地认定为无效的投标文件或唱标出现的错误，应当场提出异议。在评标期间，评标组织要求澄清投标文件中不清楚问题的，投标人应积极予以说明、解释、澄清。说明、澄清和确认的问题，经投标人签字后，作为投标书的组成部分。在澄清会谈中，投标人不得更改标价、工期等实质性内容，开标后和定标前提出的任何修改声明或附加优惠条件，一律不得作为评标的依据。

（7）接受中标通知书，签订合同。投标人被确定为中标人后，应接受招标人发出的中标通知书。中标人收到中标通知书后，招标人和中标人应当自中标通知书发出之日起30天内签订合同。同时，按照招标文件的要求，提交履约保证金或履约保函，招标人同时退还中标人的投标保证金。

中标人如果拒绝在规定的时间内提交履约担保和签订合同，招标人报请招标投标管理机构批准同意后取消其中标资格，并按规定不退还其投标保证金，重新确定中标人。合同副本分送有关主管部门备案。

（三）投标书编制的基本要求

（1）投标文件的组成。

《标准施工招标文件》规定投标文件一般由下列内容组成：

1）投标函及投标函附录；

2）法定代表人身份证明或附有法定代表人身份证明的授权委托书；

3）联合体协议书；

4）投标保证金；

5）已标价工程量清单；

6）施工组织设计；

7）项目管理机构；

8）拟分包项目情况表；

9）资格审查资料；

10）投标人须知前附表规定的其他材料。

（2）编制工程投标文件的步骤。

1）熟悉招标文件、图纸、资料，对图纸、资料有不清楚、不理解的地方，可以用书面或口头方式向招标人询问、澄清；

2）参加招标人施工现场情况介绍和答疑会；

3）调查当地材料供应和价格情况；

4）了解交通运输条件和有关事项；

5）编制施工组织设计，复查、计算图纸工程量；

6）编制或套用投标单价；

7）计算取费标准或确定采用取费标准；

8）计算投标报价；

9）核对调整投标报价；

10）确定投标报价。

投标人应该按照招标文件中提供工程量清单要求编制投标报价文件。投标人根据招标文件及相关信息，计算出投标报价，并在此基础上研究投标策略，提出反映自身竞争能力的报价。投标报价对投标人竞标的成败和将来实施项目的盈亏具有决定性作用。

（四）投标报价及策略

投标报价是承包企业对招标工作的响应，是获得工程项目的主要竞争方式，是投标获胜的关键因素，尤其是报价工作，在评标的份额中占有较大的比重。投标报价工作既体现了企业在招标项目中的实力，也反映了其竞争的智慧。

投标策略主要来自投标企业经营者的决策魄力和能力，以及对工程项目实践经验的积累和对投标过程中突发情况的反应。在实践中，常见的投标策略有：提出改进技术或改进设计的新方案，或利用拥有的专利显示企业实力；以较快的工程进度缩短建设工期，或有实现优质工程的保障条件；利用低利策略等。

（1）基本要求。项目投标是以获取项目，并通过项目为企业获取利益为目的，因此投标报价要做到对招标人有较大的吸引力，也要考虑使项目在满足招标项目对工程质量和工期要求等前提下获取自身利益的最大化。

投标文件是投标人对项目能力的展示，投标文件必须对招标文件提出的实质性要求和条件作出响应，投标程序应满足招标文件的要求的报价是最常用的报价策略，但是按规定投标人不得以低于成本的报价竞标。

（2）基本工作。投标报价的基本工作一般分为两个步骤，首先是确定基础单价，然后是编制工程单价。其他费用的确定要点如下：

1）风险费用估计。在确定风险费时，要考虑可能存在的风险形势和具体内容。矿业工程项目常常遇到有地质复杂、勘探不充分的情况，因此，因地质条件引起的风险常常是矿业工程项目考虑的内容。由项目的技术复杂程度、对工程的熟悉程度等因素影响技术风险。当项目工期长，则存在材料价格、借贷等风险情况时，应考虑市场风险。风险费是容易引起争议的内容，因此在确定风险费用时要有依据，不与合同内容矛盾重复。

2）利润的确定。利润的确定和企业的施工水平、投标环境以及投标策略紧密相关。

（3）常用技巧。拟定投标报价应该与投标策略紧密结合，灵活运用。投标报价的常用技巧主要有：

1）愿意承揽的矿业工程或当前自身任务不足时，报价宜低，采用“下限标价”；当前任务饱满或不急于承揽的工程，可采用暂缓的计策，投标报价可高。

2）对一般矿业工程投标报价宜低；特殊工程投标报价宜高。

3）对工程量大但技术不复杂的工程投标报价宜低；技术复杂、地区偏僻、施工条件艰难或小型工程投标报价宜高。

4）竞争对手多的项目报价宜低；自身有特长又较少有竞争对手的项目报价宜高。

5）工期短、风险小的工程投标报价宜低；工期长又是以固定总价全部承包的工程，可能有一定风险，则投标报价宜高。

6）在同一工程中可采用不平衡报价法，并合理选择高低内容，但以不提高总价为前提，并避免畸高畸低，导致投标作废。

7）对外投资、合资的项目可适当提高。

第二节　合同与索赔管理

一、合同的概念与类型

（一）合同的概念

合同是平等主体的自然人、法人、其他组织之间设立、变更、终止民事权利义务关系的协议。合同作为一种协议，其本质是一种合意，必须是两个以上当事人意思表示一致的民事法律行为。因此，合同的缔结必须由双方当事人协商一致才能成立。

合同的法律特征体现在以下四个方面：

（1）合同是多方当事人自愿达成的民事法律行为。合同的主体必须有两个或两个以上，合同的成立是各方当事人意思表示一致的结果。

（2）合同是明确当事人之间特定权利与义务关系的协议。合同在当事人之间设立、变更、终止民事权利义务关系，以实现当事人的特定需求或愿望。

（3）合同当事人的法律地位是平等的。合同当事人的任何一方不得凭借行政权力、经济实力等优势地位将自己的意志强加给对方。

（4）合同是具有法律效力的协议。合同依法成立生效之后，对当事人具有法律约束力，当事人不得随意变更或解除合同。

合同中所确立的权利、义务，必须是当事人依法可以享有的权利和能够承担的义务，这是合同具有法律效力的前提。在建设工程合同中，发包人必须拥有已经合法立项的项目，承包人必须具有承担承包任务的相应能力。如果在订立合同的过程中有违法行为，当事人不仅达不到预期的目的，还要根据违法情况承担相应的法律责任。如在建设工程合同中，当事人是通过欺诈、胁迫等手段订立的合同，则应当承担相应的法律责任。

（二）合同的类型

《合同法》分则将合同分为15类：买卖合同；供用电、水、气、热力合同；赠与合同；借款合同；租赁合同；融资租赁合同；承揽合同；建设工程合同；运输合同；技术合同；保管合同；仓储合同；委托合同；行纪合同；居间合同。

建设工程项目涉及的合同主要有：买卖合同（如建设工程物资采购合同）；建设工程合同（包括建设工程勘察、设计合同，建设工程施工合同）；委托合同（如建设工程（委托）监理合同）。

按照不同标准，合同还可以作如下分类：

（1）主合同与从合同。

1）主合同：指不依赖其他合同而独立存在的合同。如买卖合同、建筑工程施工合同等。

2）从合同：以主合同的存在为存在前提的合同。如担保合同、抵押合同。

（2）要式合同与不要式合同。

1）要式合同：法律要求必须具备一定形式和手续的合同，如签订建设工程合同必须采用书面形式。

2）不要式合同：法律不要求必须具备一定形式和手续的合同。

(3) 双务合同与单务合同。

1) 双务合同：当事人双方相互享有权利和相互负有义务的合同，如买卖、租赁、承揽、运输等合同。

2) 单务合同：仅有一方负担给付义务的合同，即合同当事人双方并不互相享有权利和负担义务，如赠与合同。

(4) 诺成合同与实践合同。

1) 诺成合同：当事人就合同的主要条款达成协议即能成立的合同，如买卖合同、租赁合同等。

2) 实践合同：要求在当事人意思表示一致的基础上，还必须交付标的物或者其他给付义务的合同，如保管合同。

(5) 有偿合同与无偿合同。

1) 有偿合同：合同当事人双方任何一方均须给予另一方相应权益方能取得自己利益的合同。

2) 无偿合同：当事人一方无须给予相应权益即可从另一方取得利益。

二、合同的谈判与签订

(一) 合同范本简介

(1) 合同协议书。合同协议书是施工合同的总纲性法律文件，经过双方当事人签字盖章后合同即生效。标准化的协议书格式文字量不大，需要结合承包工程的特点填写约定的内容，包括：工程概况、工程承包范围、合同工期、质量标准、合同价款、合同生效时间、对双方有约束力的合同文件等。

(2) 通用条款。通用条款根据法律、法规及项目实施所要求的一般性规定，通用于建设工程施工的条款。通用条款一般是由国家相关部门或地方政府等制定的合同文件范本中的内容，包括：词语定义及合同文件，双方一般权利和义务，施工组织设计和工期，质量与检验，安全施工，合同价款与支付，材料设备的供应，工程变更，竣工验收与结算，违约、索赔和争议，其他，共11部分，47个条款。通用条款在使用时不能作任何改动，应原文照搬。

(3) 专用条款。由于具体实施工程项目的工作内容各不相同，施工现场和外部环境条件各异，因此必须有反映招标工程具体特点和要求的专用合同条款的约定。专用条款是发包人与承包人结合具体工程实际，经协商达成一致意见的条款，是对通用条款的具体化和补充。合同范本中的专用条款部分只为当事人提供了签订具体合同时应包括的内容指南，具体内容由当事人根据工程的实际要求细化。

专用条款是合同谈判的重点，合同双方应充分考虑工程具体情况和特殊要求，补充说明双方在责权利等方面的要求和关系决定。具体工程项目编制专用条款的原则是结合项目特点，针对通用条款的内容进行。

(二) 合同谈判及签订的要点

(1) 关于工程内容和范围及性质的确认。工程承包内容和范围就是合同的标的，合同会谈中如涉及有工程内容和范围，在文本合同中未明确的，或者是相关的修改的内容，必须以“合同补遗”或“会议纪要”等方式作为合同附件，并说明该合同附件是构成合同的一部分。

对于一般的单价合同，在谈判时，双方应共同确定工程量的“增减量幅度”，以明确工程量变更部分的限度，否则承包商有权要求进行单价调整。

(2) 合同价款或酬金条款的确认和价格调整条款的确认。当合同价款形式尚未确定而尚可采用浮动价格、可调价格或成本加酬金等方式时，应根据项目条件、综合自身技术和能力及项目风险性等方面因素，考虑企业利益来确认。

由于矿山工程建设工期相对较长，不稳定因素多，确定价格调整条款对于承包商而言显得更重要。

(3) 付款方式的确定。付款方式往往和工程进度联系在一起，主要形式由工程预付款、工程进度款、竣工结算和退还保留金等，合同应明确支付期限和要求。

(4) 合同变更。矿业工程由于其特殊性，特别是地质情况的不确定性，其内容变更也会更加频繁，因此矿业工程的合同变更会显得更加重要。矿业工程合同通常都有约定的地质条件及相关环境，比如立井施工会有井筒最大涌水量的约定，如果超过一定的涌水量，除了增加施工难度和成本外，还有可能引起施工工艺的重大变化，比如增加工作面预注浆，或是改成冻结法施工；或者是复杂的二、三期工程，施工过程中发现地质资料没有达到预期的目标，而进行工作面探水、瓦斯等额外工作，都是矿业工程合同变更的依据。

特殊情况下，比如立井的施工合同，井筒深度增加超过原设计钢丝绳、提升吊挂系统所能施工的范围，施工单位就必须更换钢丝绳、提升吊挂系统等，从而增加大量的临时设施费用，此时就应进行价格和工程量的调整。

(5) 工程质量与验收。工程质量应满足国家相关规范、标准及相关行业规范要求。矿业工程验收一般分为月度验收和中间验收、隐蔽工程验收和竣工验收等。

(6) 隐蔽工程。由于矿业工程地质环境的复杂多变，经常出现额外的工程变化，比如冒顶、探水、注浆等。因为所有的地质变化引起的额外工程最终都会被覆盖，在工程完工后都很难再加以确认，所以这些工程多数以隐蔽工程出现，这部分工程量有时会占合同比例较高。严格来说，在合同约定的地质条件之外变化超过一定的比例都属于合同变更的范畴，因此，隐蔽工程的约定通常是合同谈判的一个重要部分。

由于矿业工程的隐蔽工程量大，且隐蔽工程直接牵扯到后续工序的进行，如果建设单位或者监理单位不能及时进行验收，将严重影响施工进度。因此，隐蔽工程验收的及时性是矿业工程合同的重要内容。隐蔽工程验收可以按一般规定的程序和现实要求执行，也可以双方专门约定。

(7) 关于工期和维修期的确认。确定工期包括开工日期和竣工日期。确定工期时应充分考虑工程的实际情况，除应考虑自身准备工作必要时间外，还要注意开工的季节影响。承包商应充分表达因发包方原因产生的工程量增减、设计变更以及其他非承包商原因或不可抗力对工期产生的不利影响，承包商有合理要求追赔工期及工程款的权利。

(8) 安全施工。矿业工程属于高危行业，安全事故造成的损失和影响通常都是巨大的。因此，安全施工是矿业工程的重要指标，也理所当然成为合同内容的重要一部分。通常现场安全责任的主体是发包单位，施工单位承担自身现场管理的安全责任。承包人应遵守工程建设安全生产有关管理规定，严格按安全标准组织施工，并随时接受行业安全检查人员依法实施的监督检查，采取必要的安全防护措施，消除事故隐患。由于承包人安全措施不力造成事故的责任和因此发生的费用，由承包人承担；给发包人造成损失的，应按实赔偿。因发包人原因导致的安全事故，由发包人承担相应责任及发生的费用。

(9) 关于违约责任的确定。违约责任是合同的关键条款之一，没有规定违约责任，则合同对于双方难以形成有效的法律约束，难以圆满地确保履行，发生争执也难以解决。

三、合同争议处理

合同争议也称合同纠纷，是指合同当事人对合同规定的权利义务产生了不同的理解。合同争议的解决方法有四种，即和解、调解、仲裁和诉讼。在争议发生后，首先通过和解、调解来解决；如果协商调解解决不成功则进入司法程序，进入司法程序时，就同一纠纷，不能同时使用仲裁和诉讼两种方式。

(1) 和解。和解是指合同纠纷当事人在自愿友好的基础上，互相沟通、互相谅解，从而解决纠纷的一种方式。和解达成的协议不具有强制执行的效力，可以成为原合同的补充部分。当事人不按照和解达成的协议执行，另一方当事人不可以申请强制执行，但是可以追究其违约责任。

(2) 调解。调解是指合同当事人对合同所约定的权利义务发生争议，不能达成和解协议时，在合同管理机关或有关机关、团体的主持下，通过对当事人进行说服教育，促使双方互相作出适当的让步，平息争端，自愿达成协议，以求解决合同争议的方法。调解的方式有以下几种：

1) 民间调解。民间调解是指在当事人以外的第三人或组织的主持下，通过相互谅解，使纠纷得到解决的方式。民间调解达成的协议不具有强制约束力。第三人包括人民调解委员会、企事业单位或其他经济组织、一般公民以及律师、专业人士等作为中间调解人，双方合理合法地达成解决争议的协议。民间调解可以制作书面的调解协议，也可以双方当事人口头达成调解协议，无论是书面的还是口头的调解协议，均没有法律约束力，靠当事人自觉履行。

2) 行政调解。行政调解是指在有关行政机关的主持下，依据相关法律、行政法规、规章及政策，处理纠纷的方式。行政调解达成的协议也不具有强制约束力。行政调解人一般是一方或双方当事人的业务主管部门，业务主管部门对下属企业单位的生产经营和技术业务等情况比较熟悉和了解，他们能在符合国家法律政策的要求下，教育说服当事人自愿达成调解协议。这样既能满足各方的合理要求，维护其合法权益，又能使合同争议得到及时而彻底的解决。

3) 法院调解。法院调解是指在诉讼解决纠纷时在人民法院的主持下，在双方当事人自愿的基础上，以制作调解书的形式，从而解决纠纷的方式。调解书经双方当事人签收后，即具有法律效力。如果一方不履行，另一方当事人可以向人民法院申请强制执行。

4) 仲裁调解。仲裁调解是指选择仲裁解决纠纷时，由仲裁庭作出裁决前进行调解的解决纠纷的方式。当事人自愿调解的，仲裁庭应当调解。仲裁调解达成协议，仲裁庭应当制作调解书或者根据协议的结果制作裁决书。调解书与裁决书具有同等法律效力，调解书经当事人签收后即发生法律效力。如果一方不履行，另一方当事人可以向人民法院申请强制执行。

(3) 仲裁。仲裁是当事人双方在争议发生前或争议发生后达成的协议，自愿将争议交给第三者作出裁决，并负有自动履行义务的一种解决争议的方式。

(4) 诉讼。诉讼是指合同当事人依法请求人民法院行使审判权，审理双方之间发生的合同争议，作出有国家强制力保证实现其合法权益、从而解决纠纷的审判活动。

四、索赔管理

(一) 索赔的概念与特点

索赔是指在工程合同履行过程中，合同当事人一方不履行或未正确履行其义务，而使另一方受到损失，受损失的一方通过一定的合法程序向违约方提出经济或时间补偿的要求。从上述概念可以看出，索赔具有以下基本特征：

(1) 索赔作为一种合同赋予双方的具有法律意义的权利主张，其主体是双向的。在合同的实施过程中，不仅承包商可以向业主索赔，业主也同样可以向承包商索赔。

(2) 索赔必须以法律或合同为依据，只有一方有违约或违法事实，受损方才能向违约方提出索赔。

(3) 索赔必须建立在损害后果已客观存在的基础上，不论是经济损失或权利损害，没有损失的事实而提出索赔是不能成立的。经济损失是指因对方因素造成合同外的额外支出，如人工费、机械费、材料费、管理费等额外开支；权利损害是指虽然没有经济上的损失，但造成了一方权利上的损害，如由于恶劣气候条件对工程进度的不利影响，承包商有权要求工期延长等。

(4) 索赔应采用明示的方式，即索赔应该有书面文件，索赔的内容和要求应该明确而肯定。

(5) 索赔是一种未经对方的单方行为。

(二) 索赔的程序

索赔程序是指从索赔事件产生到最终处理全过程所包括的工作内容和工作步骤。索赔工作实质上是承包商和业主在分担工程风险方面的重新分配过程，涉及双方的经济利益，是一项繁琐、细致、耗费精力和时间的过程。因此，合同双方必须严格按照合同规定办事，按合同规定的索赔程序工作，才能获得成功的索赔。在实际工作中，索赔工作程序一般可分为如下主要步骤：

(1) 索赔的提出。

1) 索赔意向书。在工程实施过程中，一旦发生索赔事件，承包商应在规定的时间内及时向业主或工程师提出索赔意向通知，目的是要求业主及时采取措施消除或减轻索赔起因，以减少损失，并促使合同双方重视收集索赔事件的情况和证据，以利于索赔的处理。索赔意向的提出是索赔工作程序中的第一步，其关键是抓住索赔机会，及时提出索赔意向。

我国建设工程施工合同条件及 FIDIC 合同条件都规定：承包商应在索赔事件发生后的 28 天内，将其索赔意向通知工程师。如果承包商没有在规定的期限内提出索赔意向或通知，承包商则会丧失在索赔中的主动和有利地位，业主和工程师也有权拒绝承包商的索赔要求，这是索赔成立的有效和必备条件之一。因此，承包商应避免合理的索赔要求由于未能遵守索赔时限的规定而导致无效。

2) 索赔申请报告。承包商必须在合同规定的索赔时限内向业主或工程师提交正式的书面索赔报告，其内容一般应包括索赔事件的发生情况与造成损害的情况、索赔的理由和根据、索赔的内容和范围、索赔额度的计算依据与方法等，并附上必要的记录和证明材料。

我国建设工程施工合同条件及FIDIC合同条件都规定，承包商必须在发出索赔意向通知后的28天内或经工程师同意的其他合理时间内，向工程师提交一份详细的索赔报告。如果索赔事件对工程的影响持续时间长，则承包商还应向工程师每隔一段时期提交中间索赔申请报告，并在索赔事件影响结束后28天内，向业主或工程师提交最终索赔申请报告。

(2) 索赔报告的审核。工程师根据业主的委托和授权，对承包商索赔报告的审核工作主要为判定索赔事件是否成立和核查承包商的索赔计算是否正确、合理两方面，并在业主授权范围内作出自己独立的判断。

承包商索赔要求的成立必须同时具备下列四个条件：

1）与合同相比较已经造成了实际的额外费用增加或工期损失。

2）造成费用增加或工期损失的原因不是由于承包商自身的过失所造成。

3）这种经济损失或权利损害也不是应由承包商应承担的风险所造成。

4）承包商在合同规定的期限内提交了书面的索赔意向通知和索赔报告。上述四个条件必须同时具备，承包商的索赔才能成立，其后工程师对索赔报告的审查分两步进行：

第一步，重点审查承包商的索赔要求是否有理有据，即承包商的索赔要求是否有合同依据，所受损失是否确属不应由承包商负责的原因造成，提供的证据是否足以证明索赔要求成立，是否需要提交其他补充材料等。

第二步，以公正的、科学的态度审查并核算承包商的索赔值计算，分清责任，剔除承包商索赔值计算中的不合理部分，确定索赔金额和工期延长天数。

我国建设工程合同条件规定工程师在收到承包人送交的索赔报告和有关资料后于28天内给予答复，或要求承包人进一步补充索赔理由和证据。工程师在收到承包人送交的索赔报告和有关资料后28天内未予答复或未对承包人作进一步要求，视为该索赔报告已经认可。

(3) 索赔的处理。在经过认真分析研究，并与承包人、业主广泛讨论后，工程师应向业主和承包人提出自己的《索赔处理决定》，工程师在《索赔处理决定》中应该简明地叙述索赔事件、理由和建议给予补偿的金额及（或）延长的工期。

工程师还需提出《索赔评价报告》作为《索赔处理决定》的附件，该评价报告根据工程师所掌握的实际情况详细叙述索赔事实依据、合同及法律依据，论述承包人索赔的合理方面及不合理方面，详细计算应给予的补偿。《索赔评价报告》是工程师站在公正的立场上独立编制的。

在收到工程师的《索赔处理决定》后，无论业主还是承包人，如果认为该处理决定不公正，都可以在合同规定的时间内提示工程师重新考虑，工程师不得拒绝这种要求。一般来说，对工程师的处理决定，业主不满意的情况很少，而承包人不满意的情况较多。承包人如果持有异议，应该提供进一步的证明材料，向工程师进一步说明为什么其决定是不合理的，有时甚至需要重新提交索赔申请报告，对原报告作一些修正、补充或作进一步让步。如果工程师仍然坚持原来的决定，或承包人对工程师的新决定仍不满意，则可以按合同中的仲裁条款提交仲裁机构仲裁。

第三节　案 例 分 析

某立井井筒工程，井筒设计净直径 7m，深度 760m，表土段 320m 采用冻结法施工，风化基岩段有两层含水层，采用地面预注浆法施工。承包商通过资格预审后，对招标文件进行了仔细分析，发现业主所提出的工期要求过于苛刻，且合同条款中规定每拖延一天工期罚合同价的 1‰。若要保证实现该工期要求，必须采取特殊措施，从而大大增加成本；另外，还发现原方案风化基岩段采用地面预注浆法施工，治水效果及工期均无法保障，费用并不节省。因此，该承包商在投标文件中说明业主的工期要求难以实现，因而按自己认为的合理工期（比业主要求的工期增加 6 个月）编制施工进度计划并据此报价。同时，还建议将风化基岩段施工方案改为冻结法施工，并对这两种施工方案进行了技术经济分析和比较，证明冻结法施工经济安全可靠。该承包商将技术标和商务标分别封装在封口处，加盖本单位公章和项目经理签字后，在投标截止日期前一天上午将投标文件报送业主。次日（即投标截止日当天）下午，在规定的开标前一小时，该承包商又递交了一份补充材料，其中声明将原报价降低 4%。但是招标单位的有关工作人员认为，根据国际上“一标一投”的惯例，一个承包商不得递交两份投标文件，因而拒收承包商的补充材料。

开标会由市招标办的工作人员主持，市公证处有关人员到会，各投标单位代表均到场。开标前，市公证处人员对各投标单位的资质进行审查，并对所有投标文件进行审查确认，所有投标文件均有效后，正式开标。主持人宣读投标单位名称、投标价格、投标工期和有关投标文件的重要说明。

该项目在施工过程中，由于设计变更，井筒深度增加了 50m，建设单位同意按类似支护厚度的井筒单价计算增加 50m 井筒费用。

问题：

（1）从所介绍的背景资料来看，在该项目招标程序中存在哪些问题？请分别作简单说明。

（2）该承包商运用了哪几种报价技巧，其运用是否得当？请注意加以说明。

（3）在合同变更事件中，建设单位做法合理吗？

答：（1）该项目在投标程序中存在以下问题：

1）招标单位的有关工作人员不应拒收承包商的补充文件，因为承包商在投标截止时间之前递交的任何正式书面文件都是有效文件，都是投标文件的有效组成部分。也就是说，补充文件与原投标文件共同构成一份投标文件，而不是两份相对独立的投标文件。

2）根据《中华人民共和国招标投标法》，应由招标人主持开标会，并宣读投标单位名称。投标价格的内容在招标人委托招标代理机构代理招标时，开标也可由该代理机构主持。

3）资格审查应在投标之前进行（背景资料说明了承包商已通过资格预审），公证处人员无权对承包商资格进行审查，其到场的作用在于确定开标的公正性和合法性（包括投标文件的合法性）。

4）公证处人员确认所有投标文件均为有效标书是错误的，因为该承包商的投标文件仅有单位公章和项目经理的签字，而无法定代表人或其代理人的印鉴，应作为废标处理。

即使该承包商的法定代表人赋予该项目经理有合同签字权，且有正式的委托书，该投标文件仍应作废标处理。

（2）该承包商运用了三种报价技巧，即多方案报价法、增加建议方案法和突然降价法。多方案报价方法和增加建议方案法是针对业主的，是承包商发挥自己技术优势，取得业主信任和好感的有效方法。运用这两种报价技巧的前提均是必须对原招标文件中的有关内容和规定报价，否则，即被认为对招标文件未作出“实质性响应”，而被视为废标。突然降价法是针对竞争对手的，其运用的关键在于突然性，且须保证降价幅度在自己的承受能力范围之内。

其中，多方案报价法运用不当，因为运用该报价技巧时，必须对原方案报价，而该承包商在投标时仅说明了该工期要求难以实现，却并未报出相应的投标价。

增加建议方案法运用得当，通过对两个结构体系方案的技术经济分析和比较，论证了建议方案框架体系的技术可行性和经济合理性，对业主有很强的说服力。

突然降价法也运用得当，原投标文件的递交时间比规定的投标截止时间仅提前一天多，这既是符合常理的，又为竞争对手调整、确定最终报价留有一定时间，起到了迷惑竞争对手的作用。若提前时间太多，会引起竞争对手的怀疑，而在开标前一小时突然递交一份补充文件，这时竞争对手已不可能再调整报价了。

（3）在合同变更事件中，建设单位的做法不合理。因为井筒深度增加 50m，井筒内的所有提升、吊挂设施都应进行调整，特别是各种提升悬吊钢丝绳要进行更换，而不是简单地增加 50m，给施工单位造成了巨大的措施费支出，这种支出必须由建设单位承担。

复习思考题

9-1 简述招投标的原则与范围。

9-2 矿业工程常见的招投标项目内容有哪些？

9-3 简述招标工作程序与招标文件内容。

9-4 简述投标工作程序与投标文件内容。

9-5 投标报价的策略有哪些？

9-6 合同谈判与签订的要点有哪些？

9-7 简述索赔的程序。

参考文献

[1] 陈国山. 采矿技术［M］. 北京：冶金工业出版社，2011.
[2] 陈国山. 采矿概论［M］. 北京：冶金工业出版社，2016.
[3] 孟文芳，等. 机电与矿业工程［M］. 石家庄：河北人民出版社，2012.
[4] 姚立根，等. 工程导论［M］. 北京：电子工业出版社，2012.
[5] 柴彭颐. 项目管理［M］. 北京：中国人民大学出版社，2015.
[6] 李涛. 项目管理实务［M］. 北京：中国人民大学出版社，2015.
[7] 王华. 工程项目管理［M］. 北京：北京大学出版社，2014.
[8] 郭建营. 建设工程项目管理［M］. 合肥：合肥工业大学出版社，2017.
[9] 赖一飞. 项目计划与进度管理［M］. 武汉：武汉大学出版社，2007.
[10] 张现林，等. 建设工程项目管理［M］. 北京：化学工业出版社，2018.
[11] 梁世连. 工程项目管理［M］. 北京：中国建材工业出版社，2010.
[12] 汪雄进，等. 建设工程项目管理［M］. 重庆：重庆大学出版社，2020.
[13] 郑秦云. 建设工程项目管理［M］. 西安：西安交通大学出版社，2015.
[14] 何元斌，等. 工程项目管理［M］. 成都：西南交通大学出版社，2016.
[15] 齐宝库. 工程项目管理［M］. 北京：化学工业出版社，2016.
[16] 程鸿群. 工程项目管理学［M］. 武汉：武汉大学出版社，2008.
[17] 赵金煜，等. 矿建工程项目风险管理理论与方法［M］. 北京：冶金工业出版社，2016.
[18] 余建星. 工程项目风险管理［M］. 天津：天津大学出版社，2006.
[19] 王有志. 现代工程项目风险管理理论与实践［M］. 北京：中国水利水电出版社，2009.
[20] 李媛. 工程招投标与合同管理［M］. 北京：清华大学出版社，北京交通大学出版社，2010.
[21] 刘黎虹，等. 建设工程招投标与合同管理［M］. 北京：化学工业出版社，2018.
[22] 许程洁，等. 工程项目管理［M］. 武汉：武汉理工大学出版社，2012.
[23] 韩少男. 工程项目管理［M］. 北京：北京理工大学出版社有限责任公司，2019.
[24] 赵庆华. 工程项目管理［M］. 南京：东南大学出版社，2011.
[25] 仲景冰，等. 工程项目管理［M］. 北京：北京大学出版社，2006.
[26] 任宏，等. 工程项目管理［M］. 北京：高等教育出版社，2005.
[27] 李金云，等. 土木工程项目管理［M］. 浙江：浙江大学出版社，2018.
[28] 姚亚锋，等. 建筑工程项目管理［M］. 北京：北京理工大学出版社有限责任公司，2020.
[29] 杜贵成. 工程项目管理［M］. 北京：中国水利水电出版社，2008.
[30] 李章政. 工程建设质量管理［M］. 北京：化学工业出版社，2019.
[31] 钟汉华，等. 建筑工程质量与安全管理［M］. 南京：南京大学出版社，2012.
[32] 李云峰. 建筑工程质量与安全管理［M］. 北京：化学工业出版社，2015.
[33] 宋彦朋，等. 工程项目管理［M］. 西安：西北工业大学出版社，2018.
[34] 郑文新. 土木工程项目管理［M］. 北京：北京大学出版社，2011.
[35] 乐云. 工程项目管理（上）［M］. 武汉：武汉理工大学出版社，2008.
[36] 赖笑. 建设工程招投标与合同管理［M］. 重庆：重庆大学出版社，2018.
[37] 张伟. 大中型矿井基本建设程序综述［J］. 山西煤炭管理干部学院学报，2012，25（4）：45-47.
[38] 全国一级建造师执业资格考试用书编写委员会. 矿业工程管理与实务［M］. 北京：中国建筑工业出版社，2022.
[39] 李长权，等. 井巷施工技术［M］. 北京：冶金工业出版社，2008.
[40] 任建喜. 地下工程施工技术［M］. 西安：西北工业大学出版社，2012.

[41] 李慧民. 冶金建设工程技术 [M]. 北京：冶金工业出版社，2005.
[42] 袁钟慧. 矿井提升运输安全技术 [M]. 北京：中国经济出版社，1987.
[43] 周科平，等. 区域矿山创建与集约开采 [M]. 长沙：中南大学出版社，2014.
[44] 陈国山，等. 矿山通风与环保 [M]. 北京：冶金工业出版社，2008.
[45] 郭国政. 煤矿安全技术与管理 [M]. 北京：冶金工业出版社，2006.
[46] 陈国芳，等. 矿山安全工程 [M]. 北京：化学工业出版社，2014.
[47] 李明安，等. 工程项目管理理论与实务 [M]. 长沙：湖南大学出版社，2012.
[48] 肖英才，谢文健. 采矿工程安全管理体系分析 [J]. 山西冶金，2022，45 (2)：369-370.
[49] 贺嘉玉. G 矿井建设工程项目安全事故预防与控制研究 [D]. 西安：西安科技大学，2014.
[50] 向新星. 谈建筑工程施工现场职业健康安全管理和环境保护 [J]. 山西建筑，2016，42 (31)：252-253.
[51] 中华人民共和国住房和城乡建设部，中华人民共和国国家质量监督检验检疫总局. 建设工程项目管理规范：GB/T 50326—2017 [S]. 北京：中国建筑工业出版社，2017：10.
[52] 中华人民共和国国家质量监督检验检疫总局，中国国家标准化管理委员会. 质量管理体系基础和术语：GB/T 19000—2016 [S]. 北京：中国标准出版社，2017：1.
[53] 中华人民共和国住房和城乡建设部，中华人民共和国国家质量监督检验检疫总局. 建筑工程施工质量验收统一标准：GB 50300—2013 [S]. 北京：中国建筑工业出版社，2014：5.
[54] 中华人民共和国住房和城乡建设部，中华人民共和国国家质量监督检验检疫总局. 混凝土结构工程施工质量验收规范：GB 50204—2015 [S]. 北京：中国建筑工业出版社，2015：8.
[55] 中华人民共和国住房和城乡建设部，中华人民共和国国家质量监督检验检疫总局. 露天煤矿工程质量验收规范 GB 50175—2014 [S]. 北京：中国标准出版社，2014：7.
[56] 中国煤炭建设协会. 煤矿井巷工程质量验收规范：GB 50213—2010 [S]. 北京：中国计划出版社，2010：9.
[57] 中国有色金属工业协会. 有色金属矿山井巷工程质量验收规范：GB 51036—2014 [S]. 北京：中国计划出版社，2015：4.
[58] 中华人民共和国住房和城乡建设部，中华人民共和国国家质量监督检验检疫总局. 建设工程工程量清单计价规范：GB 50500—2013 [S]. 北京：中国计划出版社，2013：4.